豐盛鍋飯

근사한 솥밥

您好，我是金妍我。

我在社群網站上分享家常菜料理與食譜，至今已有五年之久。這段期間我分享了「飲食烹飪」和「家庭生活」領域的資訊，也開設了烹飪課程。在做這些事的過程當中，我體會到可以跟許多人共享各式各樣的料理愛好是一件多麼快樂的事。後來我產生一個念頭，想要用簡單又輕鬆的方式把資訊傳達給更多人，所以我花了很長的時間，細心慎重準備了這本書。

我和我先生經營一家小餐廳，今年要邁入第十年。我們經常工作到日夜顛倒，也不知從何時起，我覺得可以在家吃一頓午餐是非常珍貴的事。所以我決定不管再怎麼忙碌，一天之中定要有一餐吃飽。而這項決定也促使我開始研究「鍋飯」的食譜。

鍋飯是越做越能感受到其魅力的料理。一鍋米飯盛裝滿滿的食材（營養素），不僅好吃，還吃得飽。雖然我們夫妻一天只有一餐在家吃，但幸虧有這一餐，讓我們一整天都精力充沛。

所以我能自信滿滿地說，我的鍋飯真的很不一樣！並不是「為了料理而料理」，而是為了讓吃過的人過上踏實的一天，我經過長時間、邊吃邊做之後研究出的食譜。從每個人家裡冰箱都會有的常見材料，到特別日子應景的高級食材，這本書收錄了各種不同的鍋飯食譜。

給讀者的信

另外，還有一個部分我下了很大的功夫，那就是「簡化」。我平常一直處於被時間追趕的狀態，如果一道菜的事前準備很多，我根本沒有動力做。比如說要花時間熬湯，還得額外備料、烹飪步驟繁瑣、用難以取得的材料等等。正因為如此，我致力於研究每個人都能輕易、快速上手，又能做出豐盛感的鍋飯。製作鍋飯的材料沒有太多的限制，幾乎可以說是有什麼就買什麼，不僅能充分利用食材，有的可以拿來熬湯，有的做配料或裝飾點綴。這本書非常值得大家期待！

我除了經營餐廳的正職之外，還有很多與料理研究相關的其他工作，要顧好專業本分之餘同時還要寫書，其實比預期中困難許多，體力、精神上都有些吃力。但是多虧有溫柔的老公（悄悄話：老公是書中的手部模特兒喔！），不僅幫忙檢視食譜，也總是用犀利的標準給予我料理的評價，還會在每每遇到困難的時候，用同樣的溫柔安慰我。除此之外，「我女兒最棒！」、「我姊姊最棒！」總是為我加油的母親、弟弟和弟妹；在媳婦忙不過來時義不容辭來照顧、支持我的溫暖婆婆；總是鼓勵我讓我產生自信，拔刀相助、為我加油的朋友們、姊妹們，以及現在正在閱讀這本書的每一位讀者。因為有你們在我身邊，有你們的這股力量，才能讓我成長到下一個階段。衷心感謝大家。

韓文有句俗話說「韓國人是飯心」，指的是要吃飽才有力氣。真心祝福大家在享用過保證美味的鍋飯後，身體能夠變得更健康，也能過上精力充沛的生活。雖然一整天行程滿檔、忙得不可開交，但只要一天之中能有一餐和家人，或朋友，或是和總是辛苦的自己一同享用，就能夠變得無比幸福！一定要吃得飽飽的唷！

金妍我김연아 敬上

目錄

鍋飯的基本

時刻美味的日常鍋飯

春光明媚的特色鍋飯

炎熱夏季的能量鍋飯

秋冬暖心的豐盛鍋飯

咕嚕咕嚕的鍋飯配湯

美味升級的配飯小菜

更多鍋飯的不同變化

多采多姿的手工醃漬菜

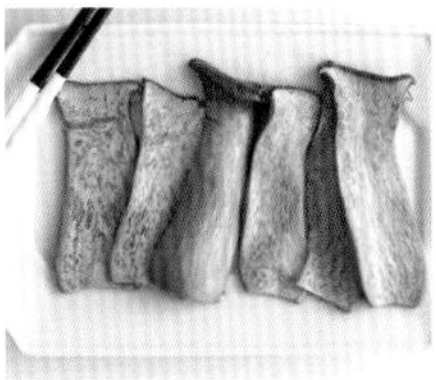

＊ 食譜說明

料理步驟照片上的號碼就是食譜作法上的標號。在料理時，請參考各食譜標號的對應照片。

鍋飯的基本

ELETTA
PASECO

I want
Mirinda
MIRINDA
GOOD GOOD GOOD

2 4 1

飯鍋

韓國有句俗話說「能幹的木匠不靠工具」，但在製作鍋飯時就不是這樣了，因為鍋子扮演了最重要的角色。在料理時，飯的味道會根據飯鍋的材質而有些微的差異。我從無數的產品中篩選出以下幾種適合的飯鍋，分別介紹其特點給大家認識。

1. 砂鍋

用耐熱土製成的砂鍋。鍋蓋有兩層的構造，可以防止煮飯時水分蒸散，煮出來的飯既濕潤又黏稠。（照片產品：ARTO CERAMIC）

2. 琺瑯塗層鑄鐵鍋

在鑄鐵表面上一層琺瑯塗層，構造堅固、耐用，是一種使用起來很方便的產品。煮出來的米飯軟硬適中。（照片產品： Staub、Le Creuset、Vermicular）

3. 鑄鐵鍋

在鑄鐵表層上一層植物油的產品。只要好好保養，這種鍋子可以使用一輩子。煮出來的米飯軟硬適中又有光澤。（照片產品：MOMMY'S POT）

4. 不鏽鋼鍋

使用不鏽鋼 316Ti 鈦合金材料製成的鍋子。優點為易保養、輕量，拿來料理很方便。（照片產品：Saladmaster）

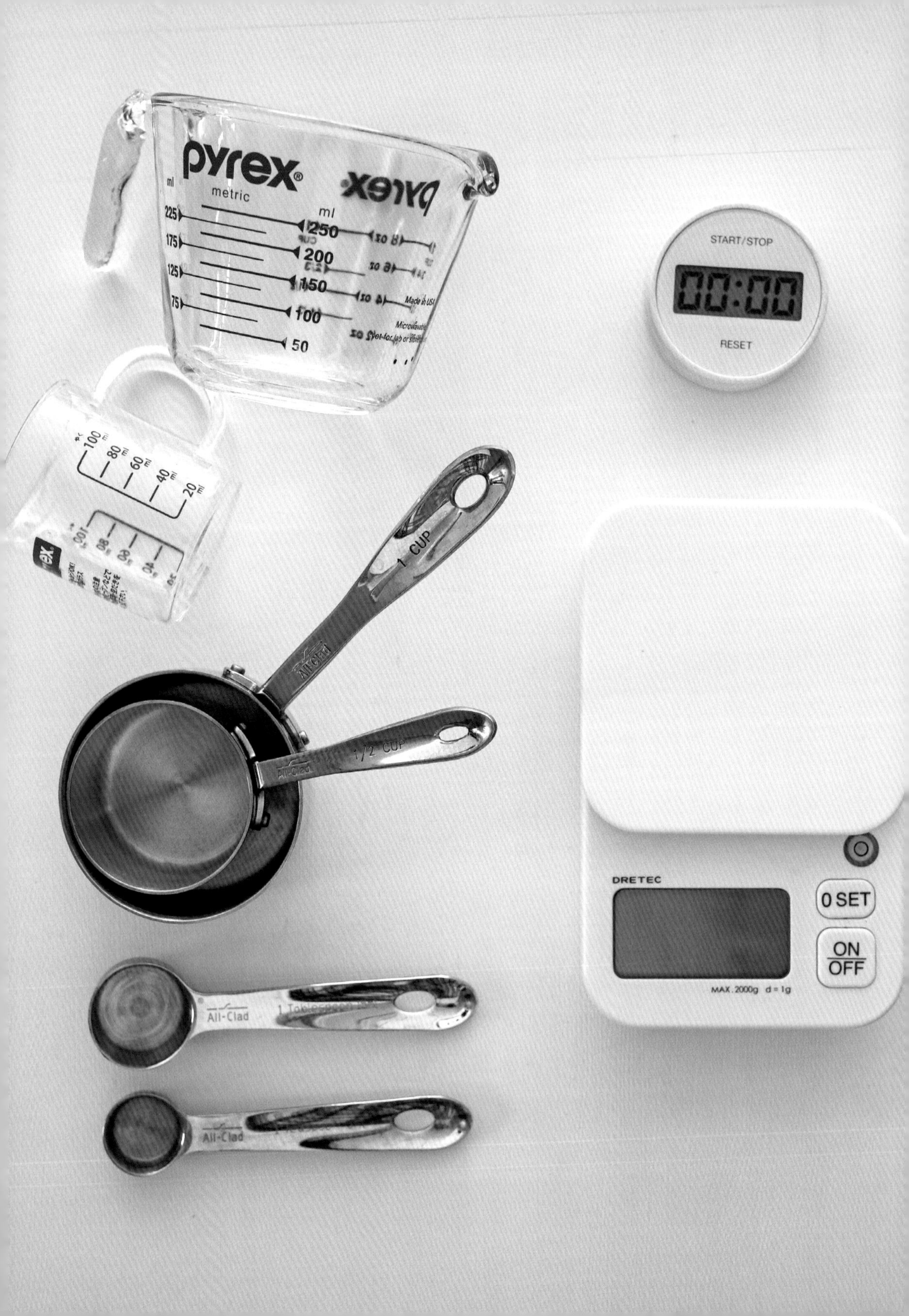
pyrex
metric
ml
250
200
150
100
50
START/STOP
00:00
RESET
1 CUP
All-Clad
1/2 CUP
All-Clad
DRETEC
0 SET
ON
OFF
MAX.2000g d=1g
All-Clad
All-Clad

測量工具

如果是擅長料理的人，大可以用目測估算材料量。但對於一般人來說，為了讓味道更精確、成功率高，直接計量反而是更輕鬆的方式。以下介紹本書中會使用到的所有測量工具。

量杯
測量液體時會用到的工具。

量匙
可以用來測量大部分的材料，是最常使用的工具。

量秤
本書中的材料幾乎都是用秤精確計算出來的用量。維持每次的用量固定，這樣不管何時做來吃，都能吃到相同的味道。

計時器
製作鍋飯還有一個關鍵，就是烹飪的時間。如果能用計時器來計算加熱多少分鐘、燜多少分鐘，邊煮邊確認時間，這樣料理時會更輕鬆。

測量方法

為了讓閱讀更容易，食譜的調味料使用「大匙」、「小匙」和「杯」等單位標示用量。這些單位精確的分量如下：

1 大匙＝ 15ml

1 小匙＝ 5ml

米 1 杯＝ 150g

其餘所有液體都用 ml 來計量

미림
LOTTE
SINCE 1987
엄마생각
7년숙성
간장
초피액젓
www.wachonfood.com
샘표
양조간장
501
Simply Organic
ginger
Simply Organic
garlic powder
프리미엄 굴소스
노고추
매실청
www.wachonfood.co.kr
프리미엄
참치액
500 ml
햇들기름
160ml
경주법주
명가 차례주
GYEONGJU BEOPJU

調味料

以下是我在調味或是製作醬料來提鮮時，主要使用的市售調味料。

韓國魚露　用在涼拌、鍋物、鍋飯都很適合，可以讓食材立刻散發出濃郁的海鮮鮮味。魚露的種類有很多種，除了最常見的鯷魚魚露外，以下兩種也是我很愛用的選擇。

＊鮪魚魚露：由柴魚濃縮液、煙燻鮪魚、昆布等製成的魚露。可以想成是一種非常濃的柴魚高湯。在鍋物或湯品中加一點，湯頭一下子就到位了，真的很神奇！

＊花椒魚露：這個材料比較難取得，是將鯷魚露加上花椒葉經一段時間熟成後製成，可以讓食物散發濃厚的鮮味。如果有買到的話，一定要嘗試看看。

濃醬油　使用大豆和小麥經長時間發酵後製成的醬油。顏色比較深但口味清爽、甜度適中，主要使用於製作鍋飯、醬料或是熱炒料理。

湯醬油　顏色比較淡，但味道比濃醬油更重。因為鹽度高，主要使用於湯料理。

蠔油　讓生蠔在鹽水中發酵製成的中式調味料很適合用來添加香醇味。

料理酒　是將蒸餾酒和糖提煉出來的酒精混合而成，很常用於食物去腥。

清酒　用米製成的酒。和料理酒不同的是，清酒不含糖分，也可以用來去腥，但兩者的味道、香氣皆不同。

青梅汁　青梅加砂糖熟成後製成的醬汁。淡淡的甜味，很適合做涼拌菜或醬菜。

果糖／玉米糖漿　由葡萄糖和果糖結合而成，甜味近似砂糖，但卡路里卻只有砂糖的 75%。烹調後可以增加食物色澤，常用於製作醬料，或是熱炒、燉煮、涼拌等料理。

芝麻油／野生芝麻油　以芝麻或野生芝麻（又稱紫蘇籽）製成的油，香氣比一般食用油更香醇，因此常用於製作鍋飯。

蒜粉　使用便利，可以用來取代味道較重的蒜末或蒜碎。

生薑粉　用於消除肉、魚的腥味。

水芹醬／芹菜醬

材料：醬油1大匙、芝麻油1大匙、果糖1大匙、白芝麻1大匙、切小段的水芹菜（或芹菜）1把

蕗蕎醬

材料：醬油2大匙、果糖1大匙、白芝麻1大匙、辣椒粉1大匙、芝麻油1小匙、冷泡昆布高湯2大匙（P.24）、切段的蕗蕎2把

特製拌飯醬

珠蔥醬／青蔥醬

材料：醬油 1 大匙、辣椒粉 1 大匙、果糖 1 小匙、蒜末 1 小匙、芝麻油 1 小匙、切小段的珠蔥（或青蔥）1 把

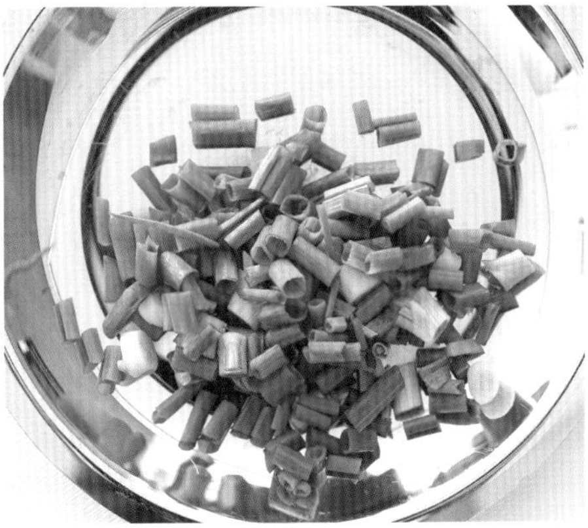

辣椒油

材料：香菇 1 個、大蔥 1 根、辣椒粉 5 大匙、食用油 200ml

1＿香菇切成小丁；蔥切成蔥花。
2＿鍋中加入食用油、辣椒粉、香菇丁、蔥花，用小火煮 10 分鐘。
3＿把鍋中材料過篩，只留下油使用。

1

2

3

小魚乾高湯

使用小的鯷魚乾或鯡魚乾都可以，不需事先炒過，直接熬湯就能煮出濃厚的味道。如果擔心魚腥味的人，可以先剝除魚頭和肚子裡的內臟。

水 500ml ＋小魚乾 1 把

水一開始滾就放入小魚乾，這樣湯頭才會更有味道。續煮約 10 分鐘後關火，待冷卻即可使用。

昆布高湯

煮鍋飯時最常使用的高湯，和米飯很搭，能夠增添鮮甜的滋味。

水 500ml ＋昆布 1 片 (5cm×5cm)

水煮滾後放入昆布，煮約 5 分鐘，待冷卻後即可使用。

冷泡昆布高湯

需要清淡的高湯時，很適合使用此湯頭，風味香醇又清爽。製作醬料時用高湯取代原本的水，味道會更有層次。

水 500ml ＋昆布 1 片 (5cm×5cm)

將昆布浸泡在飲用水中 2 個小時以上。建議先放在冰箱冷藏一晚，第二天即可把浸泡好的高湯拿出來使用。

自製快速高湯

文蛤高湯

市面上最常見的蛤蜊品種，換成花蛤等也可以，使用前務必先泡鹽水吐沙乾淨。

水 500ml ＋文蛤 300g ＋清酒 1 大匙
水煮滾後放入文蛤與清酒，煮約 5 分鐘後關火，待冷卻即可使用。重點是要在水滾後再放入材料。

白蛤高湯

另一種常見的蛤蜊，顏色淺，煮出來的高湯最清澈，使用前一樣要先泡鹽水吐沙。

水 500ml ＋白蛤 200g ＋清酒 1 大匙
水煮滾後放入白蛤與清酒，煮約 5 分鐘，待冷卻後即可使用。重點是要在水滾後再放入材料。

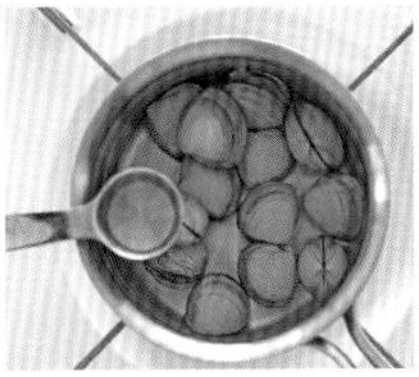

魚骨高湯

魚肉片下來後剩下的魚骨，最適合用來煮高湯。各種魚的魚骨都可以用，但我個人推薦使用鯛魚骨。

水 500ml ＋魚骨＋清酒 1 大匙
把魚骨放進沸騰的水中，並加入清酒，煮約 10 分鐘後關火，待冷卻即可使用。

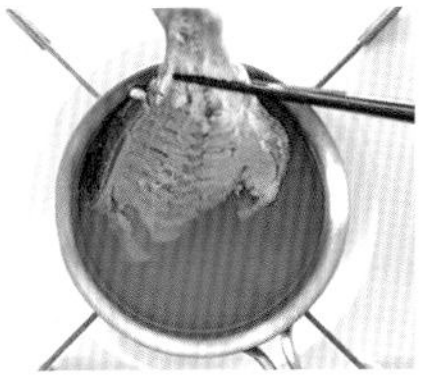

扇貝高湯

各種不同的貝類、海鮮，都是用來煮快速高湯的好食材。煮好後的食材直接就是鍋飯的配料，非常方便。

水 500ml ＋扇貝 700g ＋清酒 1 大匙
帶殼扇貝刷洗乾淨後，加入清酒與水，蓋上鍋蓋煮至沸騰，再繼續煮 5 分鐘，煮好後挑出扇貝肉，待高湯冷卻即可使用。

芹菜昆布高湯

水芹、芹菜、西洋芹都可以。我自己最常使用的是水芹菜，每種味道不太相同，各有一番風味。

水 500ml ＋芹菜 1 把＋昆布 1 片 (5cm×5cm)

芹菜洗淨放入滾水中汆燙後撈出，再加入昆布煮 5 分鐘，待冷卻後即可使用。

大醬昆布高湯

大醬是韓國的味噌，和日本味噌不同的地方，在於要稍微煮過香氣才會濃郁。

水 500ml ＋大醬 1 大匙

＋昆布 1 片 (5cm×5cm)

水煮滾後放入大醬和昆布，煮約 5 分鐘後過篩留清湯，待冷卻即可使用。

蝦高湯

用剝下的蝦頭和蝦殼輕鬆煉出濃郁的蝦高湯，是一種快速方便的海鮮湯底。

水 500ml ＋蝦頭 4 個（大蝦）＋清酒 1 大匙

水滾後加入清酒和蝦頭，略煮 5 分鐘後過篩去除雜質，待冷卻即可使用。

黃豆芽高湯

便宜好用的豆芽，也是煮高湯的好夥伴。煮之前要先洗乾淨，檢查是否有爛根。

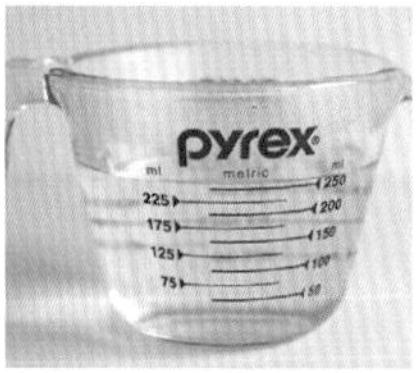

水 500ml ＋黃豆芽 100g ＋鹽少許

水煮滾後放入黃豆芽，加少量鹽，開蓋煮 5 分鐘後撈出黃豆芽，待冷卻即可使用。

香菇高湯

這邊使用的是新鮮香菇。乾香菇的香氣濃郁，但需要事先泡發，有時候沒有時間，我就會用這個方法快速煮出鮮香菇高湯。

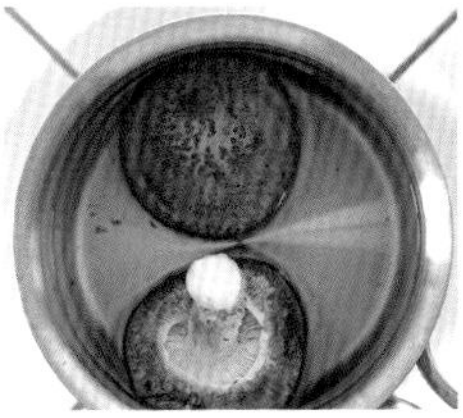

水 500ml ＋香菇 2 朵（大朵）

在湯鍋中放入水和香菇，煮約 10 分鐘後關火，待冷卻即可使用。

章魚昆布高湯

製作海鮮鍋飯的時候，我就會直接用海鮮配料來煮高湯，方便又快速。

水 500ml ＋大章魚腳 1 隻

＋昆布 1 片 (5cm×5cm)

水煮滾後，加入洗好、切好的章魚和昆布，煮約 10 分鐘後關火。撈出章魚和昆布，待冷卻即可使用。

淡菜高湯

各種貝類、海鮮只要加點酒去腥，就可以煮出鮮美的海鮮高湯。

水 500ml ＋淡菜 1kg ＋清酒 1 大匙

水煮滾後，放入洗好的淡菜和清酒，蓋上鍋蓋煮沸，再續煮 5 分鐘後關火。撈出淡菜，待冷卻即可使用。

煮一鍋好吃的飯

材料

米……2 杯
昆布高湯……300ml

1＿米洗乾淨，泡水 30 分鐘後過篩。

TIP 泡水的過程可以讓米粒先吸飽水，煮出來才會飽滿濕潤。

2＿把浸泡過的米放入鍋中。

TIP 建議參考「飯鍋」，選擇蓄熱性高的砂鍋或鐵鍋。

3＿倒入昆布高湯，用大火煮 5 分鐘至沸騰，再轉小火繼續加熱 10 分鐘。

4＿最後關火燜 5 分鐘即可。

TIP 依照鍋子蓄熱性不同，需要的燜煮時間可能有所差異。如果米心還沒有透，或是感覺水分還很多，可以多燜 10-15 分鐘。

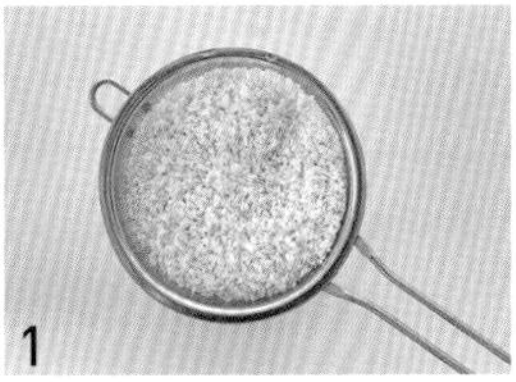
1

2

3

★鍋飯的關鍵在於火候的調整！

雖然看似微小，但飯的味道會依照火候而改變，所以最好多注意火候的調整。

1.「先炒料再煮」的鍋飯：

若是米和材料先一起拌炒再倒入高湯來煮飯，火候最好依序控制在「**中火 5 分鐘→轉小火 10 分鐘→燜 5 分鐘**」。（前提為鍋子的溫度在拌炒時溫度已經夠熱）

2.「直接煮」的鍋飯：

若是一剛開始就把米和高湯放入鍋中煮飯，這時火候控制就要改成「**大火 5 分鐘→轉小火 10 分鐘→燜 5 分鐘**」，這樣做出來的飯最好吃。（鍋子不用預熱）

日常鍋飯
時刻美味的

咖哩雞腿鍋飯

feat. 冷泡昆布高湯

主材料

白米 ······ 2 杯
雞腿 ······ 4 隻
咖哩塊 ······ 40g
洋蔥 ······ 1/2 顆
冷泡昆布高湯 ······ 350ml

* 高湯作法請參考 P24

調味料

奶油 ······ 20g
牛奶 ······ 50ml
鹽 ······ 少許
胡椒 ······ 少許

1＿ 白米洗淨，泡水 30 分鐘後瀝乾備用。

2＿ 雞腿洗淨後用刀在表面劃幾道，再浸泡牛奶至少 30 分鐘去除肉腥，接著用流水沖洗乾淨備用。

3＿ 洋蔥切絲。

4＿ 平底鍋預熱後抹 10g 奶油，放雞腿煎到兩面上色。

TIP 這個動作是要煎出雞肉的香氣，因為後面還會煮，中間不用煎到熟沒關係。

5＿ 飯鍋預熱後抹上 10g 奶油，加入洋蔥絲翻炒到透明、出現香氣。

6＿ 洋蔥炒好後，加入浸泡過的米、100ml 冷泡昆布高湯及咖哩塊，拌炒至咖哩塊均勻溶解。

7＿ 略微翻炒後，倒入剩下的 250ml 冷泡昆布高湯，並放上煎好的雞腿，蓋鍋蓋用小火煮 10 分鐘。

8＿ 接著關火，不掀蓋燜 5 分鐘即可。

TIP 開蓋後可再依喜好撒上蔥花、辣椒末。

2

3

4

5

6

8

青蔥牛肉鍋飯

feat. 昆布高湯

主材料

白米……………………………2 杯
牛肉（牛腩）………………200g
青蔥……………………………2 根
昆布高湯………………………300ml

* 高湯作法請參考 P24

調味料

葡萄籽油………………………1 大匙
濃醬油…………………………1 大匙
芝麻油…………………………1 大匙

2

3

5

6

7

1 __ 白米洗淨，泡水 30 分鐘後瀝乾備用。

2 __ 牛肉切大塊，用廚房紙巾吸乾血水。平底鍋熱鍋後，放入牛肉煎到兩面上色。

TIP 牛肉煮後會縮小，切大塊比較能保留口感。

3 __ 待牛肉冷卻，加 1 大匙濃醬油、1 大匙芝麻油拌勻。

4 __ 青蔥切成蔥花。

5 __ 飯鍋預熱後淋 1 大匙葡萄籽油，加入蔥花稍微拌炒，再放入浸泡過的米，繼續拌炒均勻。

6 __ 倒入 300ml 昆布高湯，蓋上鍋蓋後，用中火煮 5 分鐘，再轉小火續煮 10 分鐘。

7 __ 煮好後掀蓋，把牛肉放在飯上，關火再燜 5 分鐘即可。

TIP 想要味道鹹一點的話，可以多加鹽調味，吃起來會比只有醬油更具層次。也可以依喜好撒上芝麻增添香氣。

醬燒牛蒡羊栖菜鍋飯

feat. 昆布高湯

主材料

白米 2 杯
乾燥羊栖菜 100g
牛蒡 100g
香菇 1 朵
胡蘿蔔 40g
昆布高湯 300ml

* 高湯作法請參考 P24

調味料

醋 1 大匙
芝麻油 1 大匙

調味醬

濃醬油 3 大匙
果糖 2 大匙
砂糖 1 大匙
料理酒 1 大匙
芝麻油 1 大匙
昆布高湯 100ml

1 _ 白米洗淨，泡水 30 分鐘後瀝乾備用。

2 _ 牛蒡洗淨，用削皮刀削掉外皮，再像削鉛筆般一邊旋轉牛蒡一邊用刀子將牛蒡削成絲。準備一鍋 500ml 水加 1 大匙醋，放入牛蒡浸泡 10 分鐘後洗淨。香菇、胡蘿蔔切丁備用。

3 _ 乾燥羊栖菜泡冷水 10 分鐘還原後，沖洗乾淨。

4 _ 準備一個湯鍋，放入混勻的調味醬，煮沸後加入羊栖菜，轉中火煮到收汁（大約 20 分鐘）。

5 _ 飯鍋預熱後淋上 1 大匙芝麻油，加入牛蒡絲稍微拌炒，再放入浸泡過的米，繼續拌炒均勻。

6 _ 接著倒入 300ml 昆布高湯，放入香菇丁、胡蘿蔔丁，用中火煮 5 分鐘，再轉小火續煮 10 分鐘。

7 _ 煮好後掀蓋，把剛做好的醬燒羊栖菜放在飯上，蓋鍋蓋後關火燜 5 分鐘即可。

TIP 也可以再依喜好撒少許蔥花增添香氣。

2

3

4

5

6

7

濟州島是我最喜歡的旅遊地點。美麗的大自然孕育出各種豐美的海產，對料理愛好者來說魅力十足。羊栖菜也是濟州常見的小菜食材，口感有嚼勁，再加上豐富的營養價值，沒理由不吃吧？同時盛裝著醬燒羊栖菜及清香牛蒡的鍋飯，僅僅一鍋就能嚐到多采多姿的味道。告訴你們一個祕密！這可是我最喜愛的鍋飯，因為只要煮這道，根本就不需要其他小菜了。嘻嘻！

蕈菇牛肉鍋飯
feat. 昆布高湯

主材料

白米……………………………… 2 杯
牛絞肉…………………………… 100g
香菇……………………………… 1 朵
鴻喜菇…………………………… 60g
杏鮑菇…………………………… 60g
銀杏果…………………………… 10 粒
蔥花、芝麻……………………… 各少許
昆布高湯………………………… 300ml

* 高湯作法請參考 P24

調味料

牛肉醃料

濃醬油…………………… 1 大匙
料理酒…………………… 1 大匙
胡椒……………………… 少許

其他

芝麻油…………………… 1 大匙
鹽………………………… 少許

1 _ 白米洗淨，泡水 30 分鐘後瀝乾備用。

2 _ 香菇切薄片；鴻喜菇切除根部後剝小朵；杏鮑菇切成適合食用的塊狀後備用。

3 _ 牛絞肉用醃料拌勻後，靜置醃漬 30 分鐘。

4 _ 平底鍋熱鍋後，把醃好的牛絞肉稍微拌炒一下。

5 _ 在飯鍋中放入浸泡過的米、倒入 300ml 昆布高湯後，把備好的菇類在鍋中漂亮地圍成一圈，再放上銀杏果。取少許鹽均勻撒在菇上，用大火煮 5 分鐘至沸騰後，再轉小火續煮 10 分鐘。

6 _ 煮好後掀蓋，把炒好的牛絞肉放到飯上後撒上蔥花、芝麻，蓋上鍋蓋關火燜 5 分鐘即可。

2

3

4

5

6

蘿蔔葉蝦仁鍋飯
feat. 昆布高湯

主材料

白米	2 杯
乾燥蘿蔔葉	40g
銀杏果	10 粒
蝦子（大蝦）	3 隻
香菇	2 朵
芝麻	少許
昆布高湯	300ml

* 高湯作法請參考 P24

調味料

野生芝麻油	2 大匙
濃醬油	1 大匙

2

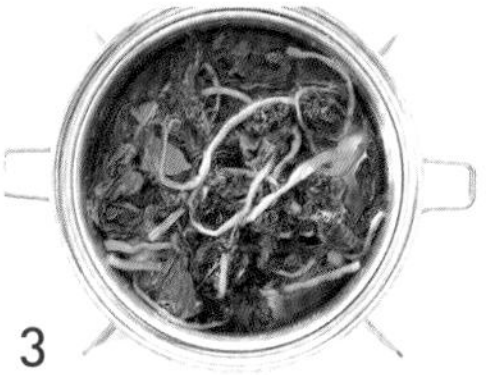
3

4

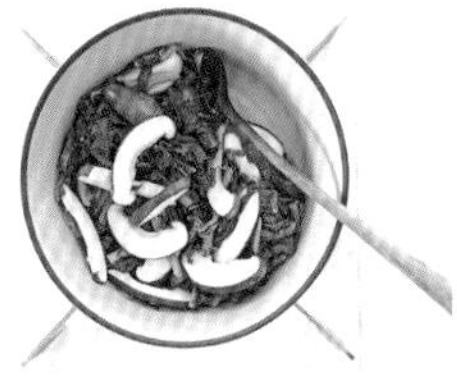
5

6

1 __ 白米洗淨，泡水 30 分鐘後瀝乾備用。

2 __ 乾蘿蔔葉在水中浸泡半天以上還原。

3 __ 浸泡後，剝除蘿蔔葉硬梗的外皮，放入滾水中煮 30 分鐘。

4 __ 大蝦去頭、殼後切丁；香菇切除根部後切薄片。煮過的蘿蔔葉用水沖洗後擠乾，切成長 1 公分的小段。

5 __ 飯鍋預熱後淋上 1 大匙野生芝麻油，放入蘿蔔葉和香菇片拌炒出香氣，再放入浸泡過的米和 1 大匙濃醬油繼續拌炒。

6 __ 接著倒入 300ml 昆布高湯，放上銀杏果和切丁的蝦子，用中火煮 5 分鐘，再轉小火續煮 10 分鐘。

7 __ 煮好後，不掀蓋關火再燜 5 分鐘，最後淋上 1 大匙野生芝麻油及芝麻，拌勻即可。

蕨菜章魚鍋飯

feat. 昆布高湯

主材料

米……………………………………2 杯
蕨菜乾………………………………30g
章魚…………………………………300g
蔥花、芝麻…………………………各少許
昆布高湯……………………………300ml
* 高湯作法請參考 P24

調味料

野生芝麻油…………………………1 大匙
濃醬油………………………………1 大匙
大蒜粉………………………………少許
清酒…………………………………1 大匙

1＿ 白米洗淨，泡水 30 分鐘後瀝乾備用。

2＿ 將蕨菜乾浸泡冷水半天後，放入滾水中煮 10 分鐘，再沖洗乾淨、擰乾備用。

3＿ 將章魚表面髒汙搓洗乾淨後，煮一鍋水快速汆燙。

4＿ 燙過的蕨菜剪成適當大小；章魚腳切大塊。

5＿ 飯鍋預熱後淋上 1 大匙野生芝麻油，放入蕨菜、少許大蒜粉、1 大匙濃醬油，稍微拌炒一下，再放入浸泡過的米繼續拌炒。

6＿ 接著倒入 300ml 昆布高湯，用中火煮 5 分鐘至沸騰，再轉小火加熱 10 分鐘。

7＿ 放上章魚，撒上蔥花、芝麻，熄火再燜 5 分鐘即可。

TIP 拌飯更美味的醬料：醬油 2 大匙、果糖 1 大匙、辣椒粉 1 大匙、芝麻粒 1 大匙、野生芝麻油 1 小匙

2

3

4

5

5-2

6

DESIGN ADDICTED

豆腐雞胸肉鍋飯

feat. 昆布高湯

主材料

白米	2 杯	銀杏果	10 粒
豆腐	100g	蔥花、黑芝麻	各少許
雞胸肉	300g	昆布高湯	300ml
香菇	2 朵	* 高湯作法請參考 P24	

調味料

醬油	1 大匙	葡萄籽油	少許
清酒	1 大匙	鹽	少許
胡椒	少許		

1 _ 白米洗乾淨，用清水浸泡 30 分鐘後瀝乾。

2 _ 在雞胸肉上倒入 1 大匙醬油、1 大匙清酒、少許胡椒，混合均勻後靜置醃漬。

3 _ 豆腐切成 1 公分厚片，在平底鍋上淋葡萄籽油、撒少許鹽後，放入豆腐片煎到兩面金黃上色。

4 _ 飯鍋預熱後淋少許油（材料分量外），放入醃好的雞胸肉，兩面稍微煎上色，再切成適合入口的大小。

5 _ 煎過雞胸肉的飯鍋不用洗，直接放入浸泡過的米、倒入 300ml 昆布高湯。

6 _ 放入雞胸肉、香菇、銀杏果、豆腐，蓋鍋蓋，用大火煮 5 分鐘至沸騰，再轉小火加熱 10 分鐘。

7 _ 接著關火，不開蓋燜 5 分鐘，再撒上少許鹽及蔥花、黑芝麻並用鍋鏟攪拌後，即可盛入碗中享用。

TIP 醃漬：肉、魚在料理前先用調味料等醃製入味，煮出來才會有味道。

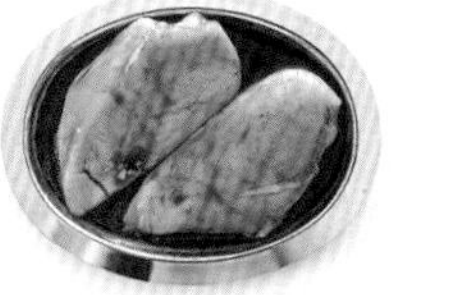
2

3

4

5

6

海帶魚板鍋飯

feat. 小魚乾高湯

主材料

白米…………………………………2 杯
海帶芽………………………………10g
魚板…………………………………2 片
蔥花、黑芝麻………………………各少許
小魚乾高湯…………………………300ml
* 高湯作法請參考 P24

調味料

芝麻油………………………………1 大匙
魚露…………………………………1 大匙
蒜粉…………………………………少許
鹽……………………………………少許

2

1 __ 白米洗乾淨，用清水浸泡 30 分鐘後瀝乾。

2 __ 海帶芽浸泡冷水 30 分鐘後，沖洗瀝乾，切小塊備用。

3 __ 魚板切絲，放入已經熱好鍋的平底鍋中，稍微拌炒。

4 __ 飯鍋預熱後淋 1 大匙芝麻油，先放海帶芽拌炒，再放 1 大匙魚露，炒到海帶芽變軟。接著放入浸泡過的米、少許蒜粉繼續拌炒。

5 __ 接著倒入小魚乾高湯，用中火煮 5 分鐘，再轉小火續煮 10 分鐘。

6 __ 煮好後，掀蓋放上炒好的魚板，蓋上鍋蓋後關火，再燜 5 分鐘。

7 __ 完成後，依個人喜好加少許芝麻油（材料分量外）和鹽調味，最後撒入蔥花及黑芝麻即可。

3

5

6

地瓜泡菜鍋飯

feat. 昆布高湯

主材料

米……………………………………2 杯
地瓜…………………………………1 條（300g）
韓式泡菜……………………………130g
黑芝麻、蔥花………………………各少許
昆布高湯……………………………300ml

* 高湯作法請參考 P24

調味料

野生芝麻油…………………………1 大匙
濃醬油………………………………1 大匙
砂糖…………………………………1 小匙

2

3

5

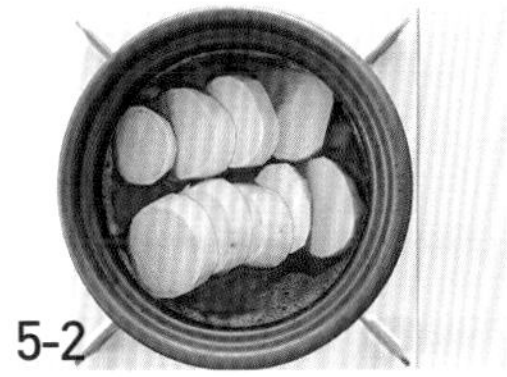
5-2

1 _ 白米洗乾淨，用清水浸泡 30 分鐘後瀝乾。

2 _ 地瓜去皮、洗淨後，切成厚度 2 公分的圓片；將泡菜上的醬料刮乾淨，再切成小片狀。

3 _ 飯鍋預熱後淋 1 大匙野生芝麻油，先放切好的泡菜拌炒，再放入 1 小匙砂糖。

4 _ 稍微翻炒後，放入浸泡過的米、1 大匙濃醬油拌炒。

5 _ 接著放上地瓜、倒入 300ml 昆布高湯，用中火煮 5 分鐘後，再轉小火續煮 10 分鐘。

6 _ 煮好後，不掀蓋關火燜 5 分鐘，最後撒上黑芝麻及蔥花即可。

鍋巴粥

1＿白米洗乾淨，用清水浸泡 30 分鐘後瀝乾。

2＿先照「煮一鍋好吃的飯（P29）」煮飯，但只要小火加熱的時間多 5 分鐘，底部就會形成鍋巴。

3＿形成鍋巴之後，用鍋鏟輕輕挖出上層的飯，並在飯鍋中倒入沸水（淹過底部的米就好），蓋上鍋蓋靜置 10 分鐘。

4＿充分攪拌後，盛入碗中即可享用鍋巴粥。

2

3

春光明媚的
特色鍋飯

DESIGN ADDICTE

10

蛤蜊野菜鍋飯

feat. 文蛤高湯

主材料

白米……2 杯
文蛤（或其他蛤蜊）……300g
楤木芽……70g
黑芝麻……少許

調味料

清酒……1 大匙
芝麻油……1 大匙
濃醬油……1 大匙

2

3

4

5

6

1 _ 白米洗淨，泡水 30 分鐘後瀝乾備用。

2 _ 煮高湯：蛤蜊泡鹽水吐沙後，用 1 大匙鹽（材料分量外）搓洗乾淨。煮一鍋水，水滾後加 1 大匙清酒與蛤蜊，煮約 5 分鐘，蛤蜊開口後撈起，湯留著當高湯。

3 _ 把楤木芽切掉根部、去除爛葉後，快速放入鹽水裡汆燙後撈起放涼。

TIP 楤木芽是一種季節性的山野菜，買不到的時候，也可以換成比較具有口感的其他蔬菜，試試看不同的味道搭配。

4 _ 把楤木芽多餘的水分擠乾後切段。

5 _ 飯鍋預熱後倒入 1 大匙芝麻油，加入浸泡過的米、1 大匙濃醬油，拌炒均勻，再取 300ml 煮蛤蜊的高湯倒入鍋中，中火加熱 5 分鐘。

6 _ 開始沸騰後，轉小火，續煮 5 分鐘。接著打開鍋蓋，放上切好的楤木芽、蛤蜊肉、黑芝麻。

7 _ 蓋上鍋蓋續煮 5 分鐘，關火，不開蓋燜 5 分鐘即可。

TIP 拌飯更美味的醬料：珠蔥醬（P23）

★蛤蜊吐沙的祕訣！

將 1 大匙海鹽溶於 1 公升的水中，放入蛤蜊，置於光照不到的地方 1 小時以上，蛤蜊就會把雜質吐乾淨。

楤木芽是很難買的季節性限定山野菜，有著漂亮的淺綠色，微微的苦味，真的很有魅力！其實我以前不太喜歡楤木芽，覺得味道很重。但現在偶爾看到有人在賣，就會立刻買下來，或是季節來臨時，我媽媽也會到韓國山林間採集，所以我每年都能吃到楤木芽。多虧了媽媽，才讓我在不知不覺中成為了一名楤木芽迷。如果沒有楤木芽也沒關係，一起試著用滿滿海鮮味的蛤蜊搭配季節性野菜，做出自家的美味鍋飯吧！一起感受春天氣息充斥整個口腔的幸福感。

鯛魚馬鈴薯鍋飯
feat. 魚骨高湯

主材料

米……………………………2 杯
鯛魚………………………
　　中型 1 隻（400g）
馬鈴薯…………………1 顆
蔥花、芝麻…………各少許

調味料

清酒………………………
　　　　　1 大匙 +1 小匙
芝麻油…………………1 大匙
濃醬油…………………1 大匙

2

1＿白米洗淨，泡水 30 分鐘後瀝乾備用。

2＿鯛魚洗淨，去除鱗片與內臟後，把魚肉從魚骨上片下來，魚肉切成兩塊。馬鈴薯用削皮刀去皮後，切成 1 公分厚的片狀。

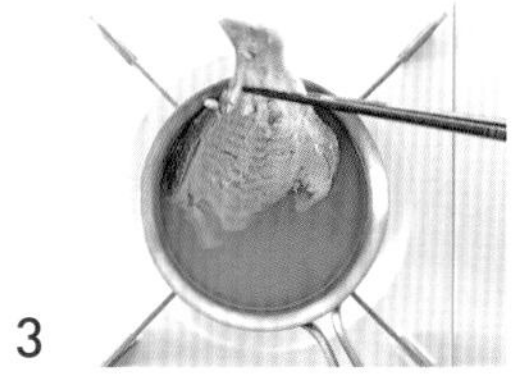
3

3＿煮高湯：在 500ml 水中加入剩下的鯛魚骨（魚頭除外）和 1 大匙清酒，煮約 10 分鐘後瀝出高湯放涼。

4

4＿用刀在魚肉表面劃幾道後，放在耐熱容器上，均勻灑 1 小匙清酒，再放入預熱至 200 度的烤箱烤 5 分鐘。

TIP 如果沒有烤箱，可以在平底鍋上淋少許葡萄籽油，將魚肉兩面煎至金黃即可。

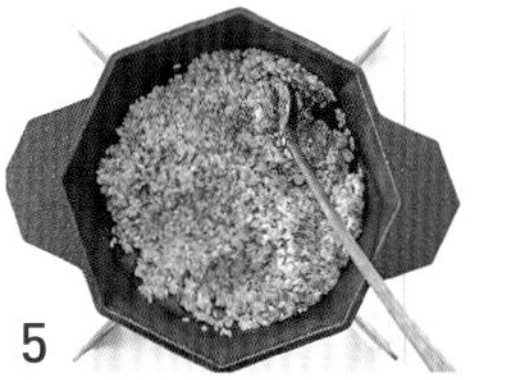
5

5＿湯鍋預熱後淋上 1 大匙芝麻油，加入浸泡過的米後稍微拌炒一下，再放入 1 大匙濃醬油，繼續拌炒至米透出光澤感。

6

6＿接著加入 300ml 的魚骨高湯，放上烤過的魚肉和馬鈴薯片，蓋上鍋蓋以中火加熱 5 分鐘至沸騰。

7＿聽到噗嚕噗嚕的沸騰聲後，轉小火、續煮 10 分鐘再關火，不開蓋燜 5 分鐘，最後掀蓋，加入蔥花及芝麻即可。

TIP 拌飯更美味的醬料：芹菜醬（P22）

多年前我在社群網站上認識了一對夫妻，先生的興趣是釣魚。這對夫妻總是把親手釣到的鯛魚，經過處理和真空包裝之後寄給我。這樣的溫暖舉動不知不覺也邁入第五年了。真的非常感謝他們。多虧他們，我才能用新鮮的鯛魚做各式各樣的料理，也因此提升了許多烹飪技術。我做的鯛魚料理中，最受好評的就是這道——鯛魚馬鈴薯鍋飯。在特別的日子裡，用新鮮的魚配上當季馬鈴薯來做，就能給人費盡心思的豐盛感。但其實，作法遠比想像中簡單呢！

蘆筍番茄鍋飯
feat. 冷泡昆布高湯

主材料

白米……2 杯
牛番茄（熟透的）……1 顆
蘆筍……3 根
牛絞肉……100g
蔥花、芝麻……各少許
冷泡昆布高湯……300ml
* 高湯作法參考 P24

調味料

醃料

濃醬油……1 大匙
料理酒……1 大匙
胡椒……少許

其他

芝麻油……1 大匙
鹽……少許

1 _ 白米洗淨，泡水 30 分鐘後瀝乾備用。

2 _ 牛番茄洗淨後，底部用刀劃十字，頂端稍微剪開。蘆筍用削皮刀去除硬皮後，切成 5 公分小段。

3 _ 牛絞肉加入醃料調味，醃漬 30 分鐘。

4 _ 飯鍋預熱後淋 1 大匙芝麻油，加蘆筍和少許鹽炒勻。

5 _ 接著加入牛絞肉稍微炒香，再加入浸泡過的米拌炒。

6 _ 在米中央放上牛番茄，接著倒入 300ml 冷泡昆布高湯，以中火煮 5 分鐘至沸騰，再轉小火加熱 10 分鐘。

7 _ 熄火後，不開蓋燜 5 分鐘，最後再加入蔥花、芝麻即完成。

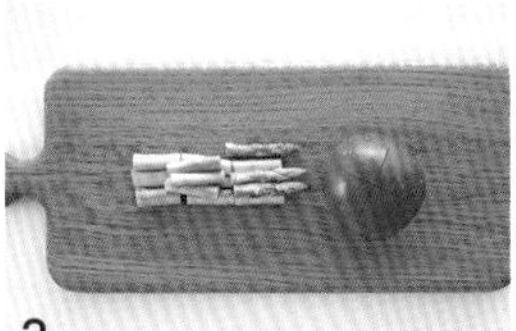
2

3

4

5

6

竹筍蛤蜊鍋飯

feat. 白蛤高湯

主材料

白米 ………………………………… 2 杯
即食竹筍 ………………………… 100g
白蛤（或其他蛤蜊）…… 200g
蔥花、芝麻……………………… 各少許

調味料

濃醬油……………………………… 1 大匙
芝麻油……………………………… 1 大匙
清酒 ………………………………… 1 大匙

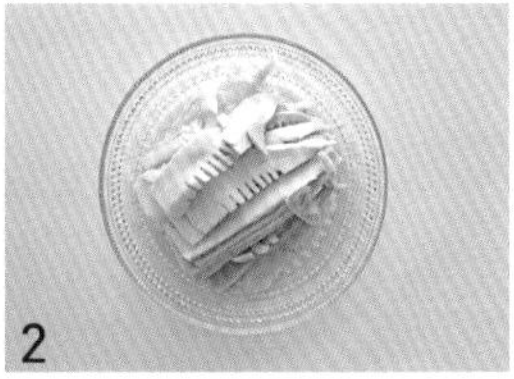
2

3

4

4-2

5

1 __ 白米洗淨，泡水 30 分鐘後瀝乾備用。

2 __ 竹筍用流水洗淨瀝乾，切成片狀。

3 __ 煮高湯：白蛤撒鹽（材料分量外）搓洗乾淨，煮一鍋水，水滾後加 1 大匙清酒汆燙白蛤，等白蛤開口後，瀝出高湯、取下白蛤肉，備用。

4 __ 飯鍋預熱後淋 1 大匙芝麻油，加入浸泡過的米和 1 大匙濃醬油，稍微拌炒後，倒入 300ml 白蛤高湯，放上竹筍片，以中火煮 5 分鐘，再轉小火煮 10 分鐘。

5 __ 煮好後，開蓋把白蛤肉放在飯上，再蓋上鍋蓋，關火燜 5 分鐘，最後再加入蔥花及芝麻即完成。

TIP 拌飯更美味的醬料：蕗蕎醬（P22）

小章魚芹菜鍋飯

feat. 芹菜昆布高湯

主材料

白米……2 杯
小章魚……200g
水芹菜莖（保留少許葉子）……100g
昆布……1 片（5×5cm）

其他

麵粉……1 大匙
鹽……少許
芝麻……少許

調味醬

濃醬油……1 大匙
料理酒……1 大匙
清酒……1 大匙
青梅汁……1 大匙
砂糖……1 小匙
蒜末……1 小匙
辣椒醬……1 小匙
果糖……1 小匙
芝麻油……1 小匙
胡椒……少許

1＿白米洗淨，泡水 30 分鐘後瀝乾備用。

2＿小章魚加 1 大匙麵粉用力搓揉、去除表面雜質。

3＿小章魚用流水沖洗乾淨、瀝乾，和調味醬拌勻。

4＿煮高湯：水芹菜莖洗淨，切成 5 公分的長段。煮一鍋水加少許鹽，放入水芹菜莖汆燙 20 秒後撈出。同一鍋水再放入一片昆布，煮 5 分鐘後撈出，完成高湯。

TIP 如果沒有水芹菜，也可以改用芹菜或西洋芹，和小章魚的味道也很搭。

5 飯鍋中放入米和 300ml 高湯，大火煮 5 分鐘。

6＿沸騰後轉小火、開蓋，放上調過味的小章魚，再蓋上鍋蓋，轉小火續煮 10 分鐘。

7＿煮好後開蓋，放入汆燙好的水芹後，蓋上鍋蓋，關火再燜 5 分鐘，最後加入芝麻即可。

TIP 拌飯更美味的醬料：芹菜醬（P22）

2

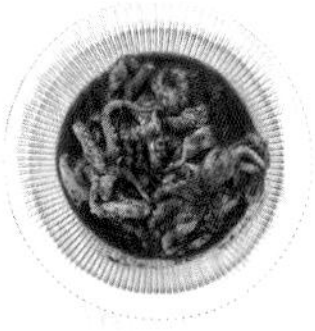
3

4

5

6

7

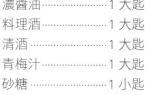

DESIGN ADDICTE

螺肉大醬鍋飯

feat. 大醬昆布高湯

主材料

白米 ································· 2 杯
螺肉（螺獅或其他螺肉）
································· 100g
胡蘿蔔 ································· 40g
櫛瓜 ································· 40g
青蔥 ································· 1/2 根
昆布 ································· 1 片（5×5cm）
白芝麻 ································· 少許

調味料

大醬 ································· 1 大匙
芝麻油 ································· 2 大匙
清酒 ································· 1 大匙

2

3

4

5

6

7

1 __ 白米洗淨，泡水 30 分鐘後瀝乾備用。

2 __ 食材洗淨。胡蘿蔔和櫛瓜切丁；青蔥切成粗蔥花。

3 __ 螺肉用流水洗淨，倒入 1 大匙清酒拌勻後備用。

4 __ 煮高湯：煮滾 500ml 的水，加入 1 大匙大醬和昆布，保持沸騰狀態煮 5 分鐘後，過篩去除湯中雜質，備用。

5 __ 飯鍋預熱後淋 1 大匙芝麻油，加入胡蘿蔔丁、櫛瓜丁和蔥花、白芝麻稍微拌炒，再加入浸泡過的米拌勻。

6 __ 倒入 300ml 步驟③的高湯，中火煮 5 分鐘。

7 __ 沸騰後，轉小火續煮 5 分鐘，開蓋放入螺肉，再蓋上鍋蓋續煮 5 分鐘。

8 __ 煮好後，關火再燜 5 分鐘，最後起鍋前加 1 大匙芝麻油，用飯勺拌勻即可。

TIP 想要味道重一點，可以加鹽調到喜歡的鹹度。

炎熱夏季的能量鍋飯

鮑魚營養鍋飯

feat. 昆布高湯

主材料

白米 ································ 2 杯
鮑魚 ································ 6 顆
胡蘿蔔 ···························· 40g
銀杏果 ···························· 10 粒
芝麻 ································ 少許
昆布高湯 ························· 300ml

* 高湯作法請參考 P.24

調味料

芝麻油 ···························· 2 大匙
濃醬油 ···························· 1 大匙
清酒 ································ 1 大匙

1 _ 白米洗淨，泡水 30 分鐘後瀝乾備用。

2 _ 鮑魚連殼刷洗乾淨後，取下肉，再去除鮑魚的嘴巴和內臟。接著把其中 3 顆鮑魚切成適合入口的大小，另外 3 顆在表面用刀劃幾道。取下來的內臟切碎。

3 _ 胡蘿蔔切半圓片，銀杏果用流水沖洗乾淨備用。

4 _ 平底鍋預熱後淋上 1 大匙芝麻油、加入鮑魚肉稍微炒一下，取出備用。

5 _ 飯鍋預熱後淋 1 大匙芝麻油、放入鮑魚內臟拌炒。

6 _ 加入浸泡過的米、1 大匙濃醬油、1 大匙清酒拌炒均勻，倒入 300ml 昆布高湯和銀杏果，用中火煮 5 分鐘至沸騰後，轉小火加熱 10 分鐘。

7 _ 煮好後將備好的鮑魚肉排到飯上，關火，燜 5 分鐘，最後撒上芝麻即完成。

TIP 拌飯更美味的醬料：珠蔥醬（P23）

2

3

4

5

6

7

還記得前些年去濟州島旅遊，那時造訪了一家需要排隊才吃得到的人氣餐廳。在那間店裡我就是點了鮑魚鍋飯來吃，真的是非常美味！好吃到我回家後立刻研究，又做來吃了一次，而且做得比想像中還要好呢！忍不住想炫耀一下，當時跟我同行的朋友們都說，我做的比那家餐廳更好吃，對我的鍋飯讚不絕口！從那時起，鮑魚鍋飯就成為我的拿手招牌。這次收錄在書中的是升級版，保證比當時那個版本更好吃。相信我，今天就來試著做做看豪華的鮑魚鍋飯吧！

櫛瓜干貝鍋飯

feat. 冷泡昆布高湯

主材料

白米 .... 2 杯
干貝（切薄片）................ 150g
櫛瓜 50g
芝麻 .... 各少許
冷泡昆布高湯 300ml

* 高湯作法請參考 P24

調味料

奶油 10g
蝦醬 .... 1 小匙
鹽 .... 少許
葡萄籽油 .... 少許

2

3

4

5

6

1 __ 白米洗淨，泡水 30 分鐘後瀝乾備用。

2 __ 干貝片用流水洗淨後瀝乾；櫛瓜洗淨，切 2 公分寬的條狀；蝦醬稍微切末。

3 __ 在飯鍋中放入浸泡過的米、倒入 300ml 冷泡昆布高湯，用大火煮 5 分鐘至沸騰，再轉小火煮 10 分鐘。

4 __ 在櫛瓜條上淋葡萄籽油，加入蝦醬末拌勻。

5 __ 平底鍋預熱後抹上奶油，放入干貝稍微煎過，撒少許鹽調味。

6 __ 飯煮好後，開蓋放入煎好的干貝和拌好的櫛瓜，再蓋上鍋蓋，關火燜 5 分鐘，撒上芝麻即可。

TIP 拌飯更美味的醬料：濃醬油 2 大匙、果糖 1 大匙、芝麻粒 1 大匙、冷泡昆布高湯 2 大匙

DESIGN

豬肉茄子鍋飯
feat. 冷泡昆布高湯

主材料

白米 ………………… 2 杯
茄子 ………………… 1 條（150g）
豬絞肉 ……………… 150g
蔥花、黑芝麻 ……… 各少許
冷泡昆布高湯 ……… 250ml

* 高湯作法請參考 P24

調味料

調味醬

濃醬油 ……………… 1 大匙
芝麻油 ……………… 1 大匙

醃料

濃醬油 ……………… 1 大匙
清酒 ………………… 1 大匙
砂糖 ………………… 1 小匙
蒜末 ………………… 1 小匙
胡椒 ………………… 少許

1 __ 白米洗淨，泡水 30 分鐘後瀝乾備用。

2 __ 茄子洗淨後縱向對切，再切成半月形片狀。

3 __ 豬絞肉和醃料混合均勻，靜置備用。

4 __ 飯鍋預熱後淋 1 大匙芝麻油、加入茄子拌炒，這時再加 1 大匙濃醬油拌勻。

5 __ 放入醃好的豬絞肉一起拌炒。

6 __ 接著加入浸泡過的米，稍微拌炒後，倒入 250ml 冷泡昆布高湯，用中火煮 5 分鐘，再轉小火煮 10 分鐘。

7 __ 最後關火，不開蓋燜 5 分鐘，最後加入蔥花、黑芝麻即完成。

2

3

4

5

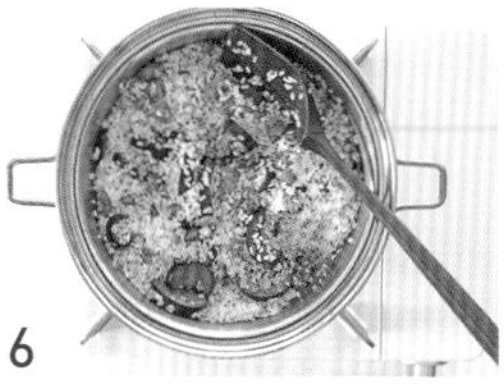
6

超甜玉米鍋飯

feat. 冷泡昆布高湯

主材料

白米 ………………………………… 2 杯
甜玉米………………………………… 1 根
洋蔥 ………………………………… 1/2 顆
蔥花、黑芝麻………………… 各少許
冷泡昆布高湯………………… 300ml

* 高湯作法請參考 P.24

調味料

奶油 ………………………………… 10g

2

3

4

5

1 __ 白米洗淨，泡水 30 分鐘後瀝乾備用。

2 __ 甜玉米洗淨，用刀削下玉米粒；洋蔥切絲備用。

3 __ 飯鍋預熱後抹奶油，加入洋蔥絲炒到半透明，再加入浸泡過的米拌炒。

4 __ 接著倒入 300ml 冷泡昆布高湯。

5 __ 玉米粒和玉米芯一起放入鍋中，用中火煮 5 分鐘，再轉小火續煮 10 分鐘。

6 __ 最後關火，不開蓋燜 5 分鐘，最後加入蔥花、黑芝麻即可。

南瓜泡菜鮮蝦鍋飯
feat. 蝦高湯

主材料

白米 ………………………… 2 杯
南瓜 ………………………… 200g
韓式泡菜 ………………………… 130g
蝦子（大蝦）………………… 4 隻
蔥花、黑芝麻……………… 各少許

調味料

野生芝麻油………………………… 1 大匙
清酒 ………………………… 1 大匙
濃醬油………………………… 1 大匙

2

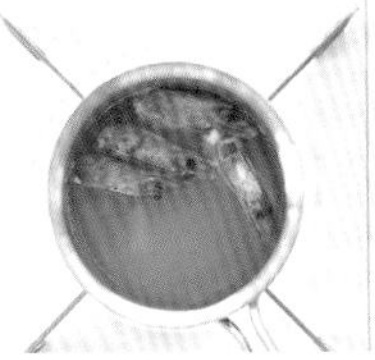
3

4

5

6

1 __ 白米洗淨，泡水 30 分鐘後瀝乾備用。

2 __ 南瓜洗淨、帶皮切塊；泡菜擠乾醬料後，切小塊。蝦子洗淨，拔除蝦頭、蝦殼後，切成約 1 公分大小（可保留 1、2 隻蝦仁不切，擺盤比較好看）。

3 __ 煮高湯：在 500ml 的水中放入處理乾淨的蝦頭、1 大匙清酒，煮 10 分鐘至沸騰、熬出高湯後，過篩掉雜質、放涼即可。

4 __ 飯鍋預熱後淋 1 大匙野生芝麻油，放入泡菜稍微拌炒到香氣出來。

5 __ 再加入浸泡過的米、1 大匙濃醬油拌炒。

6 __ 炒到均勻混合後，就放入南瓜、倒入高湯，用中火煮 5 分鐘至沸騰，再轉小火續煮 5 分鐘。開蓋，放入蝦子，再蓋上鍋蓋，小火煮 5 分鐘。

7 __ 最後關火，不開蓋燜 5 分鐘，最後加入蔥花及黑芝麻即可。

以前小時候我沒胃口的時候，媽媽都會做泡菜飯給我吃。她會把泡菜鋪在電鍋最底層來煮飯，而我都會把黏在底部的泡菜刮下來吃。這道料理是我回想起這段記憶而研究出來的。除了精心熬出蝦高湯的鮮味，南瓜和蝦子的夢幻組合也很能勾動味蕾。大家一定要試試看這個味道！

地瓜牛排鍋飯

feat. 昆布高湯

主材料

白米……2 杯
地瓜……1 條
肋眼牛排……300g
洋蔥……1/2 顆
昆布高湯……300ml
蔥花、芝麻……各少許

* 高湯作法請參考 P.24

調味料

調味醬

料理酒……1 大匙
濃醬油……2 大匙
果糖……1 大匙
砂糖……1 小匙

醃料

橄欖油……2 大匙
鹽、胡椒……各少許

其他

奶油……10g

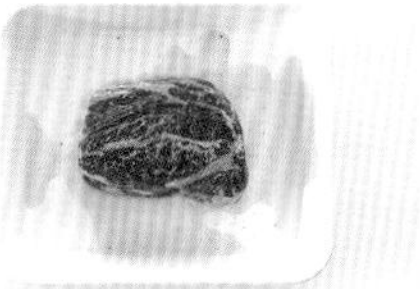
2

3

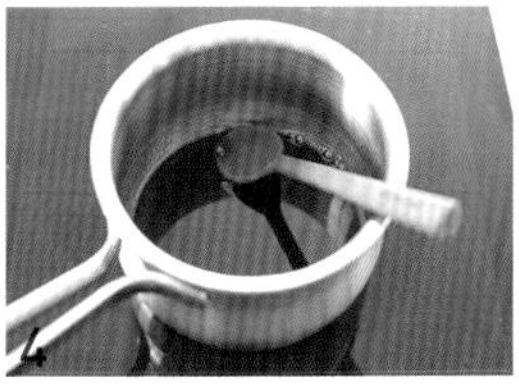
4

5

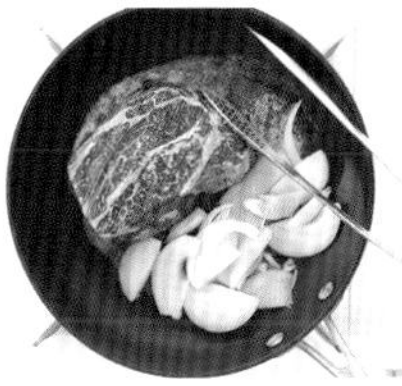
6

7

1 _ 白米洗淨，泡水 30 分鐘後瀝乾備用。

2 _ 將肋眼牛排兩面均勻塗抹醃料，靜置室溫 20 分鐘。

3 _ 地瓜去皮、切丁；洋蔥切絲。

4 _ 把所有調味醬的材料放入湯鍋中煮 5 分鐘。

5 _ 在飯鍋中放入浸泡過的米、倒入 300ml 昆布高湯，再放上切好的地瓜，用大火煮 5 分鐘至沸騰，再轉小火續煮 10 分鐘。

6 _ 平底鍋預熱後抹上奶油，煎肋眼牛排，鍋邊同時放入洋蔥絲一起煎炒。當牛排兩面差不多煎熟後，取出靜置 5 分鐘切成厚片。

7 _ 飯煮好後，開蓋放入煎好的洋蔥和牛排，再均勻淋入步驟④的調味醬後，關火，不開蓋燜 5 分鐘，最後加入蔥花及芝麻即可。

★「一咬下就有滿滿肉汁！」的牛排靜置技巧：

牛排煎好不立刻切，用熱度鎖住肉汁，才能享用到最佳美味，也可以用錫箔紙包住肉後靜置 5 分鐘再切開。

明太子蒜味鍋飯

feat. 昆布高湯

主材料

白米 ······························ 2 杯
明太子 ···························· 100g
蒜頭 ······························ 5 瓣
芝麻 ······························ 少許
昆布高湯 ·························· 300ml

* 高湯作法請參考 P24

調味料

芝麻油 ···························· 1 大匙
珠蔥或青蔥 ························ 5 根
料理酒 ···························· 1 大匙

1 __ 白米洗淨，泡水 30 分鐘後瀝乾備用。

2 __ 明太子切成約 1 公分厚；蒜頭切片；蔥切蔥段。

3 __ 切好的明太子均勻灑 1 大匙料理酒，備用。

4 __ 飯鍋預熱後淋 1 大匙芝麻油，加入蒜片稍微拌炒。

5 __ 接著加入浸泡過的米略為拌炒，再倒入 300ml 昆布高湯，用中火煮 5 分鐘後，轉小火續煮 5 分鐘。

6 __ 開蓋，放上切好的明太子，再續煮 5 分鐘。

7 __ 煮好後關火，不開蓋燜 5 分鐘。最後起鍋前再撒上蔥段及芝麻，垂涎三尺的鍋飯就完成了。

TIP 拌飯更美味的醬料：芝麻油 1 大匙、濃醬油 1 大匙、芝麻粒 1 大匙

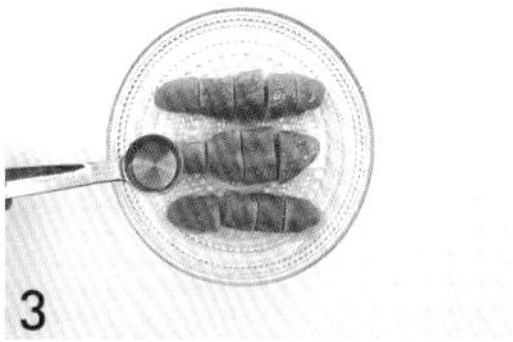

秋冬暖心的 豐盛鍋飯

Chromecast

蘿蔔牡蠣鍋飯

feat. 昆布高湯

主材料

白米 ………………………… 2 杯
牡蠣 ………………………… 300g
白蘿蔔 ……………………… 150g
胡蘿蔔 ……………………… 40g
蔥花 ………………………… 少許
昆布高湯 …………………… 250ml

* 高湯作法參考 P24

調味料

濃醬油 ……………………… 1 大匙
芝麻油 ……………………… 1 大匙
料理酒 ……………………… 1 大匙
鹽 …………………………… 少許

1 __ 白米洗淨，泡水 30 分鐘後瀝乾備用。

2 __ 將牡蠣泡入水中，加少許鹽輕輕晃一晃，再用流水洗淨後過篩瀝乾，加 1 大匙料理酒去腥。

3 __ 白蘿蔔去皮，切成約 0.5 公分寬的粗絲；胡蘿蔔去皮切小片。

4 __ 飯鍋預熱後淋 1 大匙芝麻油，加入白蘿蔔絲、胡蘿蔔片拌炒，再加入浸泡過的米、1 大匙濃醬油後拌勻。

5 __ 接著倒入 250ml 昆布高湯，用中火煮 5 分鐘至沸騰後，轉小火。

6 __ 打開鍋蓋放入牡蠣後，續煮 10 分鐘。

7 __ 接著蓋上鍋蓋，關火再燜 5 分鐘，加入蔥花即可。

2

3

4

5

6

冬天到了，我最先想到的就是牡蠣：「啊！現在牡蠣差不多都變得肥嘟嘟的了吧！」有機會買到新鮮牡蠣的話，一定要試著照食譜在家挑戰看看！只要有當季的白蘿蔔和牡蠣，就能在很短的時間內做好。做過一次後心裡一定會想：「早該在家裡做來吃了！」

SIGN ADD

鮭魚鍋飯
feat. 冷泡昆布高湯

主材料

白米 ································· 2 杯
鮭魚排································ 200g
青椒 ································· 1 顆
芝麻 ································· 少許
冷泡昆布高湯 ···················· 300ml
* 高湯作法參考 P24

調味料

鮭魚醃料

冷泡昆布高湯 ···················· 100ml
* 高湯作法參考 P24

濃醬油································ 2 大匙
料理酒································ 1 大匙

其他

葡萄籽油 ··························· 少許

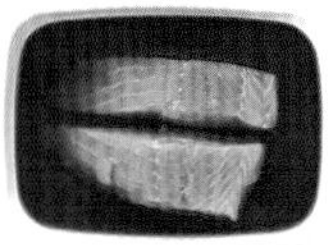
2

3

4

5

6

7

1 __ 白米洗淨，泡水 30 分鐘後瀝乾備用。

2 __ 鮭魚排放入醃料中，置於冰箱冷藏 2 小時以上醃漬。

3 __ 青椒洗淨後剖半、去除中間的膜和籽後，切成絲。

4 __ 平底鍋熱鍋後，淋葡萄籽油，將鮭魚的正、反兩面稍微煎到上色。

5 __ 在飯鍋中放入浸泡過的米，淋上 2 大匙鮭魚的醃料。

6 __ 倒入 300ml 冷泡昆布高湯、放上鮭魚，用大火煮 5 分鐘至沸騰，再轉小火續煮 10 分鐘。

7 __ 煮好後掀鍋，放入青椒絲，再蓋上鍋蓋，關火燜 5 分鐘，最後撒上芝麻即可。

黃豆芽魷魚鍋飯

feat. 黃豆芽高湯

主材料

白米……………………………… 2 杯
黃豆芽…………………………… 100g
魷魚……………………………… 1 隻
青蔥……………………………… 1 根
黑芝麻…………………………… 少許

調味料

芝麻油…………………………… 1 大匙
料理酒…………………………… 1 大匙
鹽………………………………… 少許

2

3

4

4-2

6

7

1＿白米洗淨，泡水 30 分鐘後瀝乾備用。青蔥切成蔥花。

2＿煮高湯：黃豆芽洗淨，水滾後加少許鹽，放入黃豆芽汆燙 5 分鐘後撈出，即為高湯。

3＿魷魚去除內臟和外膜、清洗乾淨後，切成長寬約 2 公分的塊狀，再加 1 大匙料理酒拌勻。

4＿飯鍋預熱後淋 1 大匙芝麻油、加入蔥花，再加浸泡過的米一起拌炒。

5＿炒到一定程度後，倒入 280ml 高湯，中火煮 5 分鐘。

6＿煮約 5 分鐘沸騰後，加入魷魚，轉小火續煮 10 分鐘。

7＿煮好後，放入汆燙好的黃豆芽，蓋上鍋蓋，關火燜 5 分鐘，最後加入黑芝麻即可。

TIP 拌飯更美味的醬料：蕗蕎醬（P22）

蓮藕章魚鍋飯

feat. 昆布章魚高湯

主材料

白米……………………………… 2 杯
章魚……………………………… 300g
蓮藕……………………………… 100g
胡蘿蔔…………………………… 50g
昆布……………………………… 1 片（5×5cm）
蔥花、黑芝麻…………………… 各少許

調味料

濃醬油…………………………… 1 大匙
芝麻油…………………………… 1 大匙
醋………………………………… 1 小匙
麵粉……………………………… 少許

1 __ 白米洗淨，泡水 30 分鐘後瀝乾備用。

2 __ 蓮藕和胡蘿蔔去皮後洗淨、切小片。在水中加 1 小匙醋後，放入蓮藕片浸泡約 5 分鐘，取出洗淨。

3 __ 煮高湯：章魚撒上麵粉後用力搓揉去除雜質，再沖洗乾淨。準備一鍋滾水，加入章魚和一片昆布後煮 10 分鐘，瀝出高湯備用。取出後的章魚切成一口大小。

4 __ 飯鍋預熱後，淋 1 大匙芝麻油，加入蓮藕片和胡蘿蔔片略微拌炒。

5 __ 接著加入浸泡過的米，再加 1 大匙濃醬油一起拌炒。倒入 300ml 高湯，用中火煮 5 分鐘至沸騰，再轉小火續煮 10 分鐘。

6 __ 煮好後，掀蓋放上切好的章魚，蓋上鍋蓋後關火，再燜 5 分鐘，加入蔥花及黑芝麻即可。

2

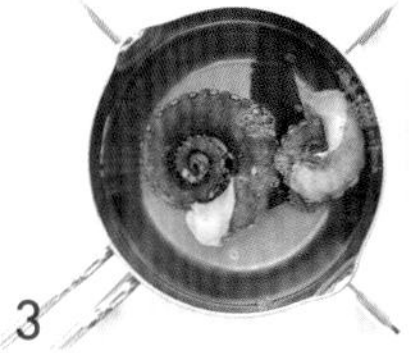
3

4

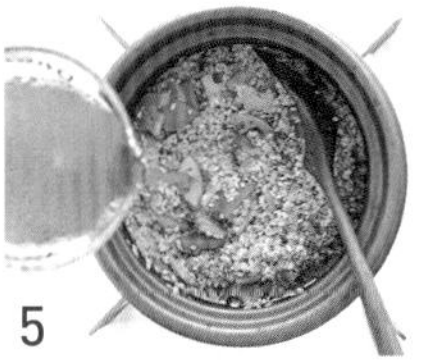
5

6

菠菜扇貝鍋飯
feat. 扇貝高湯

主材料

白米 ………………………… 2 杯
菠菜 ………………………… 100g
扇貝 ………………………… 700g
黑芝麻 ……………………… 少許

調味料

芝麻油 ……………………… 1 大匙
清酒 ………………………… 1 大匙
鹽 …………………………… 少許

2

3

4

5

1＿ 白米洗淨，泡水 30 分鐘後瀝乾備用。

2＿ 菠菜洗淨，切掉根部、去除爛葉後洗淨。平底鍋淋 1 大匙芝麻油後，把菠菜放入鍋中稍微拌炒。

3＿ 煮高湯：將扇貝外殼刷洗乾淨，煮一鍋水，煮滾後加 1 大匙清酒，放入扇貝快速汆燙，再取出扇貝肉。瀝出汆燙扇貝的水，當成高湯備用。

4＿ 在飯鍋中放入浸泡過的米，加入 300ml 高湯，用大火煮 5 分鐘至沸騰，轉小火續煮 10 分鐘。

5＿ 飯煮好後掀蓋，放入菠菜、扇貝肉，蓋上鍋蓋，再關火燜 5 分鐘，最後加入黑芝麻即可。

TIP 拌飯更美味的醬料：醬油 1 大匙、芝麻油 1 大匙、芝麻粒 1 大匙、果糖 1 大匙

DESIGN

蔥辣貝鍋飯

feat. 昆布高湯

主材料

白米……2 杯
毛蚶或血蛤……1kg
* 除了貝類，也可以選擇花枝、章魚等其他海鮮
青陽辣椒……3 條
珠蔥或青蔥……5 根
昆布高湯……300ml
* 高湯作法參考 P24

調味料

醬料

濃醬油……4 大匙
辣椒粉……1 大匙
果糖……1 大匙
芝麻粒……1 大匙
芝麻油……1 大匙

其他

鹽……1 大匙
清酒……1 大匙

1＿白米洗淨，泡水 30 分鐘後瀝乾備用。

2＿準備 1 公升的水加 1 大匙鹽，放入毛蚶後蓋上黑色塑膠袋，置於冰箱冷藏 3 小時吐沙。把吐完沙的毛蚶用力搓揉清洗，並不斷換水到搓揉後水依然清澈。

3＿水煮滾後，放入毛蚶和 1 大匙清酒，用筷子以同方向繞圈攪拌，等毛蚶開殼後即可熄火。

4＿撈出煮熟的毛蚶，取出毛蚶肉。

5＿青陽辣椒洗淨、切斜片，蔥切成 5 公分長段。

6＿混合青陽辣椒、蔥和所有醬料材料。

7＿使用容量大、高度低的飯鍋，在飯鍋中放入浸泡過的米、倒入昆布高湯，用大火煮 5 分鐘至沸騰，轉小火續煮 10 分鐘。

8＿當飯煮好後，掀蓋放入毛蚶肉，再蓋上鍋蓋，關火燜 5 分鐘。

9＿混勻切好的青陽辣椒、蔥與步驟⑥的醬料後，依喜好淋在煮好的飯上享用。

2

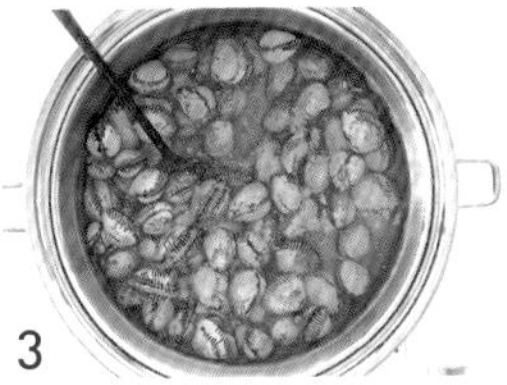
3

5

6

7

去東海玩的時候，如果沒吃到會遺憾的料理是什麼？沒錯，就是毛蚶拌飯。但是不可能每次想吃毛蚶拌飯就跑去東海啊！我一邊想著有沒有在家也能做的方法，一邊研究出了這道食譜。這個配方很適合各種海鮮，也可混合不同的種類，做成豪華版的辣海鮮鍋飯！入味的海鮮，配上煮到軟硬度剛剛好的鍋飯，再加上特製醬料，輕輕攪拌後享用，即使待在家，也彷彿置身在海邊哦！

牛蒡蟹肉鍋飯

feat. 香菇高湯

主材料

白米……2 杯
牛蒡……100g
蟹肉（此處使用紅雪蟹）……150g
香菇……2 大朵
蔥花、芝麻……各少許

調味料

濃醬油……1 大匙
料理酒……1 大匙
芝麻油……1 大匙

其他

醋……1 大匙

1＿白米洗淨，泡水 30 分鐘後瀝乾備用。

2＿牛蒡洗淨後，用削皮刀削掉外皮，再以削鉛筆的方式，一邊旋轉牛蒡一邊用刀子削成絲。準備一鍋 500ml 水加 1 大匙醋，將牛蒡浸泡 10 分鐘後洗淨。

3＿把蟹肉的水分擠乾，加 1 大匙料理酒拌勻。

4＿煮高湯：準備一鍋 500ml 水，放 2 朵香菇，煮 10 分鐘熬成高湯。

5＿飯鍋預熱後淋 1 大匙芝麻油，加入牛蒡絲拌炒，再加入浸泡過的米和 1 大匙濃醬油一起拌炒。

6＿倒入 300ml 高湯，用中火煮 5 分鐘至沸騰，轉小火續煮 10 分鐘。

7＿開蓋，放入蟹肉後再續煮 5 分鐘。

8＿飯煮好後，蓋上鍋蓋，關火再燜 5 分鐘，最後撒上蔥花、芝麻即可。

TIP 拌飯更美味的醬料：珠蔥醬（P23）

2

3

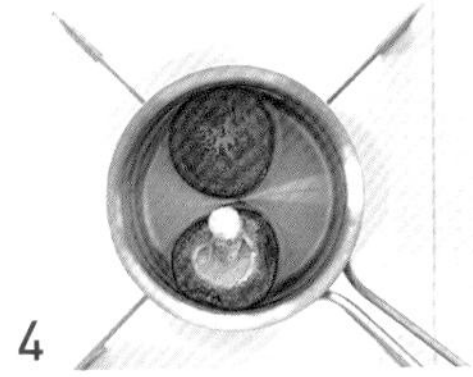
4

5

6

7

在螃蟹盛產的秋季，找一個特別的日子，把肥美的蟹肉買回家，做看看這道超級豪華的螃蟹鍋飯吧！害怕有腥味嗎？不用擔心！當季的美味牛蒡不僅能去腥，還能增添香甜味，讓每粒米飯都散發出誘人的味道。

淡菜海帶鍋飯

feat. 淡菜高湯

主材料

白米……………………………… 2 杯
淡菜……………………………… 1kg
白蘿蔔…………………………… 50g
海帶芽…………………………… 10g
蔥花……………………………… 少許

調味料

魚露……………………………… 1 大匙
芝麻油…………………………… 1 大匙
清酒……………………………… 1 大匙
蒜粉……………………………… 少許

2

3

4

5

6

1 __ 白米洗淨，泡水 30 分鐘後瀝乾備用。

2 __ 煮高湯：淡菜刷洗乾淨後，煮一鍋滾水，加 1 大匙清酒，放入淡菜快速汆燙後取出，鍋中的水留作高湯，備用。

3 __ 白蘿蔔去皮切小方片；海帶芽泡冷水至少 10 分鐘後，用水沖洗再擠乾，切成適合食用的大小。

4 __ 飯鍋預熱後淋 1 大匙芝麻油，加入海帶芽、蒜粉、蔥花拌炒，再依序放入白蘿蔔片、1 大匙魚露、浸泡過的米，這些材料不要一次放入，稍微間隔開來，先炒一下再加下一種，才能充分釋放食材的香氣。

5 __ 接著倒入 280ml 高湯，用中火煮 5 分鐘至沸騰，再轉小火續煮 10 分鐘。

6 __ 當飯煮好後，掀蓋放入淡菜肉，蓋上鍋蓋，關火再燜 5 分鐘即可。

TIP 如果覺得味道太淡，可以再加鹽調味，味道會比加醬油更有層次。

咕嚕咕嚕的鍋飯配湯

자린

CRYSTAL
AQUAMARINE

DESIGN

嫩豆腐清湯

主材料

嫩豆腐……400g
香菇……2 朵
蝦子……3 隻
青蔥……1/2 根
小魚乾高湯……600ml
* 高湯作法請參考 P24

調味料

魚露……1 大匙
湯醬油……1 小匙
芝麻油……1 大匙
蒜末……1 大匙

1 __ 嫩豆腐壓碎後，和水一起放入碗中，輕輕晃動清洗，再瀝乾多餘水分。

2 __ 香菇切除根部後切碎末。蝦子洗淨，拔除蝦頭和蝦殼，蝦肉切小塊。青蔥洗淨後切成蔥花。

3 __ 湯鍋預熱後淋芝麻油，加入蒜末、香菇末稍微拌炒，再倒入 600ml 小魚乾高湯煮至沸騰。

4 __ 接著加入瀝乾的嫩豆腐，煮 10 分鐘。

5 __ 再加入魚露、湯醬油來調味，並放入蔥花。

TIP 有花椒魚露的話也很推薦，可以增添不一樣的辛香料香氣。

6 __ 最後加入蝦肉，攪拌均勻以免結成一團。

1

2

3

4

6

辣牛肉蘿蔔湯

主材料

牛腩 ………………………… 200g
白蘿蔔 ……………………… 200g
青蔥 ………………………… 2 根
洋蔥 ………………………… 1/2 顆
香菇 ………………………… 3 朵
綠豆芽 ……………………… 150g

調味料

辣椒粉 ……………………… 4 大匙
魚露 ………………………… 2 大匙
湯醬油 ……………………… 2 大匙
料理酒 ……………………… 1 大匙
蒜末 ………………………… 1 大匙
芝麻油 ……………………… 1 大匙
水 …………………………… 1000ml

1 _ 牛腩切大塊，在冷水中浸泡 10 分鐘去血水，接著沖洗乾淨、瀝乾。綠豆芽洗淨瀝乾備用。

2 _ 白蘿蔔去皮切小塊，青蔥洗淨與洋蔥切絲，香菇切片。

3 _ 碗中放白蘿蔔，加上辣椒粉、魚露、湯醬油、料理酒、蒜末混合均勻。

TIP 有花椒魚露的話也很推薦，可以增添不一樣的辛香料香氣。

4 _ 湯鍋預熱後淋芝麻油，放入牛腩稍微煎到表面上色，再放入調味過的白蘿蔔一起拌炒。

5 _ 接著倒入 1000 ml 水煮沸後略滾 5 分鐘，再把青蔥、洋蔥、香菇、綠豆芽統統加入鍋中，蓋上鍋蓋，小火慢煮 30 分鐘以上。

小黃瓜海帶冷湯

主材料

小黃瓜……………………………… 1 條
海帶芽……………………………… 10g
冷泡昆布高湯………………… 800ml
* 高湯作法請參考 P24

調味料

湯醬油……………………………… 1 大匙
砂糖………………………………… 1 大匙
鹽…………………………………… 1 小匙
醋…………………………………… 3 大匙
青梅汁……………………………… 2 大匙
芝麻粒……………………………… 1 大匙
紅辣椒……………………………… 1 條

1

2

3

1 __ 小黃瓜洗淨、用鹽搓掉表面刺刺的突起後，切絲。海帶芽泡冷水 30 分鐘後，洗淨、擠乾多餘水分，剪成適合食用的大小。紅辣椒剖半、去籽，切小片。

2 __ 在冷泡昆布高湯中，加入湯醬油、砂糖、鹽、醋、青梅汁、芝麻粒，攪拌均勻，湯底即完成。

3 __ 再加入切好的小黃瓜絲、海帶芽和紅辣椒混合均勻。

4 __ 碗中加一點冰塊，再把湯盛入碗中，即完成令人垂涎的冷湯。

茄子冷湯

主材料

茄子 ………………………………… 1 條
洋蔥 ………………………………… 1/2 顆
珠蔥或青蔥 ……………………… 2 根
鹽 ………………………………………… 少許
冷泡昆布高湯 ………………… 600ml

* 高湯作法請參考 P24

調味料

茄子調味醬

濃醬油 …………………………… 1 大匙
蒜末 ………………………………… 1 小匙

冷湯調味醬

湯醬油 …………………………… 1 大匙
砂糖 ………………………………… 1 大匙
醋 ………………………………………… 2 大匙
芝麻粒 …………………………… 1 大匙

1

2

1 __ 茄子洗淨，縱切成四等分後，再切成約 5 公分的長段，均勻撒少許鹽，靜置讓茄子出水、瀝乾。洋蔥切細絲；珠蔥切蔥花。

TIP 茄子撒少許鹽逼出水分後，口感會變得比較扎實，不會太過軟爛。

3

2 __ 將蒸鍋放在爐上，先等水滾後，放上茄子蒸 5 分鐘。

3 __ 待茄子冷卻後，加入備好的調味醬混合均勻。

4

4 __ 在冷泡昆布高湯中，倒入所有冷湯調味醬並拌勻。

5 __ 最後放入調味好的茄子、洋蔥絲、蔥花即完成。

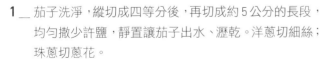

魷魚辣豆芽湯

主材料

魷魚 …………………………… 1 隻
黃豆芽 ………………………… 200g
青蔥 …………………………… 1 根
小魚乾高湯 …………………… 1000ml
* 高湯作法請參考 P24

調味料

辣椒粉 ………………………… 1 大匙
蒜末 …………………………… 1 大匙
魚露 …………………………… 1 大匙
湯醬油 ………………………… 1 大匙

1

2

3

4

1 __ 魷魚剔除內臟及外膜、清洗後，切成適合食用的長條狀。黃豆芽洗淨、瀝乾水分；青蔥洗淨斜切片備用。

2 __ 在小魚乾高湯中加入黃豆芽、1 大匙辣椒粉，蓋上鍋蓋，用小火煮 5 分鐘。

3 __ 再把切好的魷魚放入湯中，煮至沸騰，接著加入蒜末、魚露、湯醬油調味。

TIP 有花椒魚露的話也很推薦，可以增添不一樣的辛香料香氣。

4 __ 最後放入蔥片拌勻即完成。

海鮮蛋花湯

主材料

魷魚 ………………………… 1 隻（僅身體部位）
蝦子 ………………………… 6 隻
雞蛋 ………………………… 1 顆
洋蔥 ………………………… 1/2 顆
青蔥 ………………………… 1 根
小魚乾高湯 ………………… 800ml

* 高湯作法請參考 P24

調味料

葡萄籽油 …………………… 2 大匙
料理酒 ……………………… 1 大匙
蒜末 ………………………… 1 大匙
紅辣椒 ……………………… 10 片（依個人喜好）
魚露 ………………………… 1 大匙
鮪魚魚露 …………………… 1 大匙

1 _ 魷魚去外膜和內臟，洗淨後切花刀，再切成長條。蝦子拔除蝦頭、蝦殼。洋蔥切粗絲；青蔥切蔥花。

2 _ 湯鍋預熱後淋上葡萄籽油，放入洋蔥稍微拌炒。

3 _ 再放入魷魚、蝦子、1 大匙料理酒、蒜末繼續拌炒。

4 _ 接著加入蔥花和紅辣椒片稍微拌炒，再倒入 800ml 小魚乾高湯煮 10 分鐘。

5 _ 把 1 顆蛋打勻後，均勻地倒入湯中，最後加魚露和鮪魚魚露調味即可。

TIP 此處用不同的魚露增添鮮味變化，如果沒有的話就用一般魚露。有花椒魚露的話也可以，風味會有更多層次。

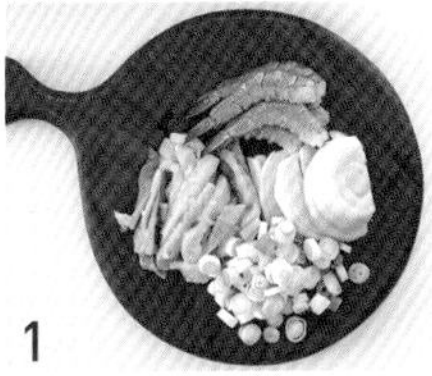
1

2

3

4

5

牛肉魷魚豆腐湯

主材料

豆腐 ………………………………… 200g
牛腩 ………………………………… 100g
魷魚 ………………………………… 1 隻（僅身體部位）
白蘿蔔 ……………………………… 150g
青蔥 ………………………………… 1 根
水 …………………………………… 800ml

調味料

芝麻油 ……………………………… 1 大匙
料理酒 ……………………………… 1 大匙
湯醬油 ……………………………… 1 大匙
魚露 ………………………………… 1 大匙
蒜末 ………………………………… 1 大匙
鹽 …………………………………… 少許

1＿ 豆腐先切成 2cm 厚片。預熱平底鍋後淋一點芝麻油（材料分量外），將豆腐煎至金黃後取出，再切成 2cmx2cm 的小方塊。

2＿ 牛腩泡冷水 10 分鐘去血水後，沖洗乾淨、瀝乾。魷魚去除外膜和內臟，洗淨後切成與豆腐差不多的大小。白蘿蔔去皮、切丁；青蔥洗淨、切斜片備用。

3＿ 湯鍋預熱後淋 1 大匙芝麻油，牛腩略煎至表面變色。

4＿ 再放入白蘿蔔、魷魚、蒜末和 1 大匙料理酒拌炒。

5＿ 接著倒入 800ml 水煮沸後，蓋上鍋蓋轉小火。

6＿ 煮到白蘿蔔變軟後，放入 1 大匙湯醬油、1 大匙魚露、煎過的豆腐，煮沸，起鍋前加少許鹽和蔥片即可。

TIP 起鍋前先試味道，如果覺得味道夠了，就可以省略鹽巴。

2

3

4

5

6

DESIGN ADDICTE

牛肉海帶湯

主材料

牛腩 ………………………………… 100g
海帶芽 ……………………………… 40g
水 …………………………………… 1000ml+200ml

調味料

芝麻油 ……………………………… 1 大匙
蒜粉 ………………………………… 1 小匙
魚露 ………………………………… 2 大匙
鹽 …………………………………… 少許

1

2

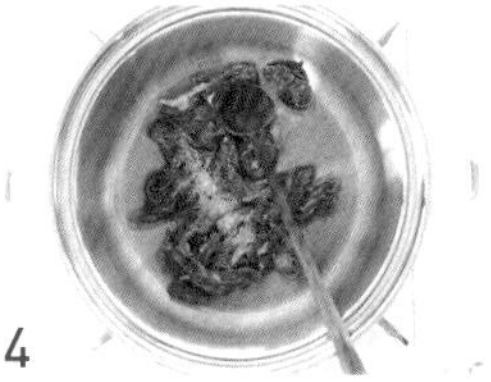
4

5

6

1 _ 牛腩稍微切大塊後，泡冷水 10 分鐘去血水，洗淨、瀝乾。

2 _ 海帶芽泡冷水 30 分鐘，沖洗後剪成適合食用的大小，再擠乾多餘水分。

3 _ 滾一鍋 1000ml 的水。

4 _ 湯鍋預熱後淋 1 大匙芝麻油，放入牛腩和蒜粉拌炒。

5 _ 再放入海帶芽、魚露，拌炒到海帶變軟後，倒入煮好的 1000ml 沸水，用小火慢煮 1 小時以上。

TIP 有花椒魚露的話也很推薦，可以增添不一樣的辛香料香氣。

6 _ 最後增添 200ml 水煮沸，起鍋前再加少許鹽調味。

TIP 起鍋前先試味道，如果覺得味道夠了，就可以省略鹽巴。

STAUB

蛤蜊韭菜湯

主材料

赤嘴蛤（或是其他蛤蜊）
.... 400g
韭菜 60g
馬鈴薯 .... 1 顆
紅辣椒 .... 1 條
小魚乾高湯 800ml
* 高湯作法請參考 P24

調味料

大醬 .... 2 大匙
辣椒粉 .... 1 大匙
花椒魚露 .... 1 小匙
蒜末 .... 1 小匙

1 __ 讓赤嘴蛤泡鹽水至少一小時吐沙、洗淨備用。

2 __ 紅辣椒洗淨後去頭尾切小圓片；韭菜洗淨後切 5 公分長段。馬鈴薯去皮，先剖半再切成半圓形片，接著泡冷水 10 分鐘後瀝乾。

3 __ 在湯鍋中倒入 800ml 小魚乾高湯煮沸，放入大醬拌溶後，放入馬鈴薯。

4 __ 馬鈴薯煮熟後，放入蛤蜊、1 大匙辣椒粉、1 小匙魚露、1 小匙蒜末煮沸，最後放入韭菜，關火即完成。

TIP 馬鈴薯的烹煮時間依照個人喜好，喜歡口感明顯煮熟就好，喜歡鬆軟的就煮久一點。

TIP 有花椒魚露的話也很推薦，可以增添不一樣的辛香料香氣。

1

2

3

4

SIGN ADDICTE

馬鈴薯清湯

主材料

明太魚乾……………………20g
馬鈴薯………………………2 顆
青蔥…………………………1/2 根
小魚乾高湯…………………800ml

* 高湯作法請參考 P24

調味料

芝麻油………………………1 小匙
蒜末…………………………1 大匙
魚露…………………………1 大匙

1

2

3

4

1 __ 明太魚乾撕開，灑點水沾濕後靜置一下，再擠乾多餘水分，切成適合食用的大小。馬鈴薯去皮、切細條，泡冷水 10 分鐘去除表面澱粉後後瀝乾。青蔥切蔥花備用。

2 __ 湯鍋預熱後淋 1 小匙芝麻油，放入明太魚乾和 1 大匙蒜末拌炒均勻，再倒入 800ml 小魚乾高湯煮 10 分鐘。

3 __ 接著放入切好的馬鈴薯，蓋上鍋蓋，煮約 10 分鐘，把馬鈴薯煮熟。

4 __ 最後放上蔥花，加入 1 大匙魚露調味即完成。

TIP 有花椒魚露的話也很推薦，可以增添不一樣辛香料香氣。

美味升級的
配飯小菜

鮑魚炒時蔬

主材料

鮑魚 ………………………………… 3 顆
蘆筍 ………………………………… 5 根
紅甜椒……………………………… 1/2 個
茄子 ………………………………… 1/2 條

調味料

奶油 ………………………………… 10g
蒜末 ………………………………… 1 小匙
料理酒……………………………… 1 大匙
濃醬油……………………………… 1 大匙
蠔油 ………………………………… 1 大匙
芝麻 ………………………………… 少許

1

2

3

4

1 __ 鮑魚連殼刷洗乾淨後，取下肉，再去除鮑魚的嘴巴和內臟，把鮑魚肉切塊。紅甜椒剖半、去籽，切成 1 公分寬的長條。茄子洗淨後縱切，再切成半圓形片。蘆筍洗淨、用削皮刀去除外層硬皮後切長段。

2 __ 平底鍋預熱後放入奶油，再加進蘆筍拌炒。

3 __ 接續放入鮑魚肉、1 小匙蒜末和 1 大匙料理酒拌炒。

4 __ 最後放入茄子、甜椒、1 大匙濃醬油和 1 大匙蠔油及芝麻，拌炒均勻即可。

DESIGN ADDICTE

辣炒櫛瓜

主材料

櫛瓜……………………………1 條
洋蔥……………………………1/2 顆
紅辣椒…………………………1 條
青蔥……………………………1 根
黑芝麻…………………………少許
小魚乾高湯……………………100ml

* 高湯作法請參考 P24

調味料

調味醬

辣椒粉…………………………1 大匙
魚露……………………………1 大匙
蝦醬……………………………2 小匙
蒜末……………………………1 大匙
料理酒…………………………1 大匙

其他

葡萄籽油………………………少許

1 __ 食材洗淨。櫛瓜橫切成三等分後，再切成 1 公分寬的長條狀；洋蔥切絲；青蔥斜切片；紅辣椒切圓片；蝦醬裡的小蝦稍微切末。

2 __ 混合所有調味醬材料。

3 __ 平底鍋預熱後淋葡萄籽油，再依序加入洋蔥和櫛瓜拌炒到香氣出來。

4 __ 接著倒入 100ml 小魚乾高湯和調味醬，蓋上鍋蓋，用中火煮。

5 __ 燉煮到剩少許湯汁時，加入蔥片、紅辣椒片及黑芝麻，拌勻即可。

1

2

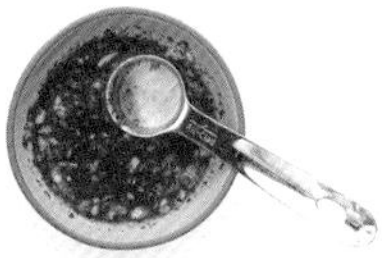
3

4

5

醬燒酸泡菜

主材料

韓式泡菜……250g
青蔥……1 根
紅辣椒……1 條
黑芝麻……少許
小魚乾高湯……200ml

* 高湯作法請參考 P24

調味料

洗米水……800ml
野生芝麻油……2 大匙
大醬……2 大匙
砂糖……1 大匙

1

2

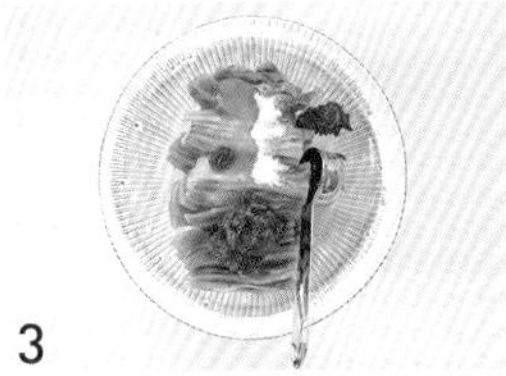
3

4

5

1 __ 將泡菜上的醬料刮乾淨後，泡入洗米水中 1 小時以上，去除裡頭的鹽分。

2 __ 接著將泡菜沖洗乾淨並擠乾多餘水分，切成 5 公分長段。青蔥斜切片；紅辣椒切成末。

3 __ 碗中裝入泡菜、2 大匙野生芝麻油、2 大匙大醬和 1 大匙砂糖，攪拌均勻。

4 __ 使用容量大、較淺的湯鍋，鍋底鋪上泡菜後，倒入 200ml 小魚乾高湯，用大火煮沸後，轉小火續煮 20 分鐘以上。

5 __ 燉煮到鍋中剩些許湯汁時，加入蔥片和辣椒末拌勻，撒上芝麻即完成。

韓式午餐肉蛋捲

主材料

雞蛋……………………………6 顆
午餐肉…………………………100g
珠蔥或青蔥……………………3 根

調味料

砂糖……………………………1 小匙
鹽………………………………少許
胡椒……………………………少許
葡萄籽油………………………少許

1

2

3

4

1 __ 雞蛋打入碗中，用打蛋器攪拌到均勻滑順後過篩。午餐肉和珠蔥切末。

2 __ 把備好的雞蛋、午餐肉、珠蔥、1 小匙砂糖、少許鹽和胡椒混合攪勻。

3 __ 平底鍋預熱後淋上少許葡萄籽油，輕輕倒入蛋液並慢慢捲起。

TIP 此處用的是玉子燒鍋，煎出來形狀比較漂亮。

4 __ 捲好後，把每一面煎到均勻上色，再趁熱將形狀調整漂亮即可。

TIP 也可以趁熱用竹簾或保鮮膜包起來塑型。

DESIGN ADDICTE

蔥拌小黃瓜

主材料

珠蔥或青蔥……………………5 根
小黃瓜…………………………1 條

調味料

醬料

辣椒粉…………………………2 大匙
濃醬油…………………………2 大匙
青梅汁…………………………1 大匙
砂糖 ……………………………1 小匙
蒜末 ……………………………1 小匙
醋………………………………1 小匙
芝麻油…………………………1 小匙
芝麻粒…………………………1 大匙

1

2

3

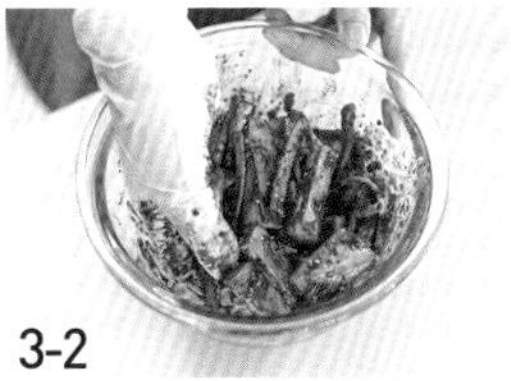
3-2

1 __ 蔥洗淨後，切成 5 公分長段。小黃瓜洗淨、用鹽搓掉表面刺刺的突起，切成和蔥段差不多的長度後，每塊再縱切四等分。

TIP 珠蔥和青蔥都可以，珠蔥比較甜，青蔥的味道比較嗆辣。

2 __ 混合所有醬料的材料。

3 __ 把切好的蔥、小黃瓜和醬料統統放入碗中，再一起攪拌均勻即可。

DESIGN ADDICTE

糖醋香菇

主材料

香菇 ………………………… 5 朵
青椒 ………………………… 1/2 顆
紅甜椒……………………… 1/2 顆
洋蔥 ………………………… 1/2 顆
太白粉……………………… 1 大匙
蔥花、芝麻……………… 少許
葡萄籽油 ………………… 適量

糖醋醬汁

砂糖 ………………………… 2 大匙
料理酒……………………… 1 大匙
濃醬油……………………… 1 大匙
醋…………………………… 2 大匙
太白粉水 ………………… 2 大匙
（1 大匙太白粉 +2 大匙水）
蠔油 ………………………… 1 大匙

1 __ 香菇洗淨切除根部後切成四等分。青椒和紅甜椒洗淨去籽後，和洋蔥一起均切成差不多大小的片狀。

2 __ 混合所有糖醋醬汁的材料。

3 __ 將香菇裝進保鮮盒或塑膠袋中，撒 1 大匙太白粉，搖一搖混勻。

4 __ 鍋中倒入葡萄籽油加熱至 180℃。備好熱油鍋後，放入香菇炸至表面酥脆。

TIP 油量建議蓋過香菇，或至少蓋到一半，用半煎炸的方式炸到酥脆。

5 __ 平底鍋預熱後淋上少許葡萄籽油，放入青椒、紅甜椒和洋蔥稍微拌炒，再把糖醋醬汁倒入鍋中。

6 __ 待醬汁收至濃稠後，放入炸香菇、蔥花、芝麻混勻。

1

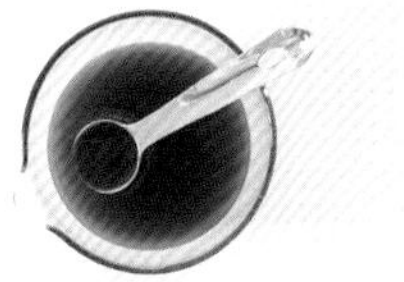
2

3

4

5

6

DESIGN ADDICT

蒟蒻燒魷魚

主材料

魷魚 ………………………… 1 隻
蒟蒻 ………………………… 200g
青陽辣椒 ……………… 5 條
蒜頭 ………………………… 10 粒

調味料

醬料

濃醬油…………………… 2 大匙
料理酒…………………… 2 大匙
果糖 ……………………… 2 大匙
清酒 ……………………… 1 大匙
胡椒 ……………………… 少許

淋醬

芝麻油…………………… 1 大匙
芝麻 ……………………… 1 大匙

其他

葡萄籽油 ……………… 1 大匙
清酒 ……………………… 1 大匙

1

2

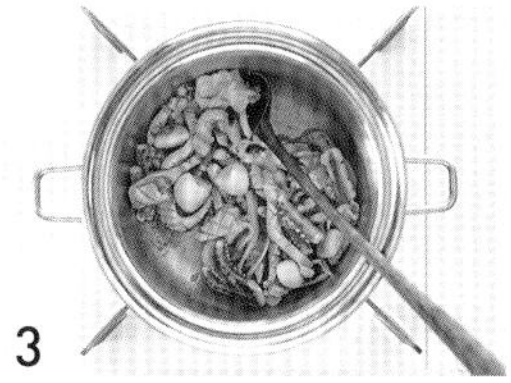

3

4

5

1 __ 魷魚去除外膜後洗淨、身體和腳分切，先在身體表面用刀淺淺劃出格紋，再切成長條狀。青陽辣椒斜切成兩等分；蒜頭剝皮。

2 __ 蒟蒻切成約 1 公分厚的片狀，煮一鍋水加 1 大匙清酒，放入蒟蒻汆燙後撈出，用冷水沖洗，接著於蒟蒻中間劃一刀，將上下兩端穿過中間的洞繞圈。

3 __ 平底鍋預熱後淋 1 大匙葡萄籽油，放入蒜頭拌炒，再加魷魚一起拌炒。

4 __ 倒入所有醬料煮沸後，加入蒟蒻和青陽辣椒，蓋上鍋蓋，轉小火燉煮。

5 __ 煮到收汁後，最後加 1 大匙芝麻油和 1 大匙芝麻混合均勻即可。

生拌魷魚醬

主材料

魷魚 …………………………… 2 隻（僅身體部分）

調味料

辣椒粉（細）………………… 4 大匙
清酒 …………………………… 2 大匙
魚露 …………………………… 3 大匙
果糖 …………………………… 3 大匙
生薑粉 ………………………… 1 小匙

裝飾材料

青陽辣椒 ……………………… 1 條
蒜頭 …………………………… 2 粒
芝麻油 ………………………… 少許
芝麻粒 ………………………… 少許

1

2

3

4

1 __ 魷魚去除外膜和內臟後洗淨、切絲；蒜頭切薄片；青陽辣椒切圓片。

2 __ 在碗中放入處理好的魷魚，加入辣椒粉、清酒混勻後，靜置冰箱 30 分鐘醃漬。

3 __ 醃好的魷魚加入魚露、果糖和生薑粉混勻後，再放回冰箱靜置兩天。

4 __ 魷魚醬熟成後，每次只取出要吃的分量，與蒜片、青陽辣椒、芝麻油和芝麻粒混合即可。

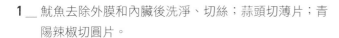

DESIGN ADD

青辣椒小魚乾

主材料

鯷魚乾 ······ 40g
青陽辣椒 ······ 15 條

調味料

醬料

濃醬油 ······ 3 大匙
果糖 ······ 2 大匙
料理酒 ······ 1 大匙
清酒 ······ 1 大匙
水 ······ 6 大匙
胡椒 ······ 少許

淋醬

果糖 ······ 1 小匙
芝麻 ······ 1 大匙

其他

葡萄籽油 ······ 1 大匙

1

2

3

4

1 __ 鯷魚乾篩掉多餘的粉和雜質，放入平底鍋快速乾炒。
TIP 細粉雜質容易燒焦、產生苦味。

2 __ 青陽辣椒洗淨後斜切成兩等分。

3 __ 湯鍋預熱後淋葡萄籽油，加入鯷魚乾稍微拌炒之後，再加入青陽辣椒和備好的醬料，用中火煮沸後，轉最小火，蓋上鍋蓋、燉煮 30 分鐘。

4 __ 30 分鐘後如果還剩一些水分，就開大火煮至收汁。關火後，再加 1 小匙果糖和芝麻拌勻即可。

蒸糯米椒

主材料

糯米椒（或小黃瓜辣椒等不辣品種）
……………………………………… 200g
麵粉 …………………………………… 3 大匙

醬料

濃醬油 ………………………………… 1 大匙
魚露 …………………………………… 1 大匙
辣椒粉 ………………………………… 2 大匙
果糖 …………………………………… 1 大匙
料理酒 ………………………………… 1 大匙
蒜末 …………………………………… 1 小匙
芝麻油 ………………………………… 1 小匙
芝麻 …………………………………… 1 大匙
蔥花 …………………………………… 1 大匙

1

2

3

4

5

1 _ 糯米椒去蒂、洗淨，瀝乾裝入保鮮盒或塑膠袋中。

TIP 只要是不辣的品種都可以使用，比較常用的是小黃瓜辣椒、糯米椒。

2 _ 在糯米椒上撒 3 大匙麵粉，搖一搖混合均勻。

3 _ 準備蒸鍋，煮水到開始冒熱氣時，就可以放入糯米椒蒸 5 分鐘。

4 _ 混合所有醬料的材料。

5 _ 待蒸好的糯米椒冷卻後，倒入醬料拌一拌即可。

不同變化
更多鍋飯的

韓式蔬菜飯捲

主材料

烤海苔片……3 片
剛煮好的鍋飯……350g
蘿蔓萵苣……3 片
魚板……2 片
雞蛋……2 顆
胡蘿蔔……100g
小黃瓜……1 條
蟹肉棒……3 條

調味料

辣魚板調味醬

青陽辣椒粉……1 大匙
濃醬油……1 大匙
果糖……1 大匙

拌飯醬

芝麻油……1 大匙
芝麻……1 大匙
醋……1 小匙
鹽……少許

其他

鹽……適量
胡椒……適量
葡萄籽油……適量

2

3

4

4-2

6

1 _ 蘿蔓萵苣洗淨、瀝乾；小黃瓜洗淨、切絲，加 1 小匙鹽抓醃後，擠乾水分備用。

TIP 蘿蔓萵苣也可以換成其他生菜。

2 _ 胡蘿蔔切絲，加少許鹽拌炒均勻。

3 _ 在碗中把雞蛋打勻，加少許鹽和胡椒，用平底鍋煎成薄片後切絲。

4 _ 魚板切絲，先放入平底鍋中稍微拌炒，再倒入辣魚板調味醬拌炒均勻。

5 _ 蟹肉棒放入平底鍋中快速炒過。準備好步驟① - ⑤的食材，準備當配料。

6 _ 把剛煮好的鍋飯加上拌飯醬拌一拌後，薄薄鋪在海苔上，墊一片蘿蔓萵苣，擺上各種材料後捲起來。

7 _ 切成適合一口食用的大小，漂亮地擺盤，再撒上芝麻即可。

忠武飯捲

主材料

烤海苔片……3 片
剛煮好的鍋飯……300g
魷魚……1 隻
白蘿蔔……150g

調味料

白蘿蔔醃料

砂糖……1 大匙
醋……1 大匙
鹽……1 小匙

拌飯醬

芝麻油……1 大匙
芝麻……1 小匙
醋……1 小匙
鹽……少許

白蘿蔔調味料

辣椒粉……1 大匙
砂糖……1 大匙

魷魚調味醬

細辣椒粉……1 大匙
粗辣椒粉……1 大匙
濃醬油……1 大匙
魚露……1 大匙
果糖……1 大匙
蒜末……1 大匙
料理酒……1 大匙
芝麻油……1 大匙
砂糖……1 小匙
胡椒……少許
珠蔥（切蔥花）……3 根

1

2

3

4

5

1 __ 魷魚去外膜洗淨後，頭和身體分切，均切成長條狀。煮一鍋水，水滾後快速放入汆燙、撈起瀝乾。

2 __ 白蘿蔔去皮後，用削皮刀削成薄片，加入備好的醃料，醃 1 小時以上。

3 __ 用棉布把醃好的白蘿蔔擠乾水分，接著和備好的調味料一起混勻。

4 __ 汆燙過的魷魚加上魷魚調味醬混合均勻後，再加入調味好的白蘿蔔。

5 __ 海苔剪成四等分；把剛煮好的鍋飯加入拌飯醬拌勻後，薄薄鋪在海苔上捲起來。

6 __ 捲好的飯捲對半切，漂亮地擺盤。最後，在旁邊擺上魷魚拌蘿蔔搭配食用。

杏鮑菇飯捲

主材料

剛煮好的鍋飯……………………200g
杏鮑菇…………………………3 朵
火腿片…………………………15 片左右
洋蔥……………………………1/2 顆
紅辣椒…………………………1/2 條
蔥………………………………3 根
奶油……………………………10g
芝麻……………………………少許

醬汁

柚子醬…………………………1 大匙
濃醬油…………………………1 大匙
醋………………………………1 大匙
芥末籽醬………………………1 大匙

1 _ 蔬菜洗淨。杏鮑菇和火腿片切成同樣大小的長形薄片。洋蔥和紅辣椒切末；蔥切成蔥花。

2 _ 混合所有醬汁的材料。

3 _ 平底鍋預熱後抹上奶油，放入杏鮑菇片和火腿片煎到兩面金黃後取出。

4 _ 接著放入洋蔥末和紅辣椒末拌炒，再加進剛煮好的鍋飯一起拌炒（起鍋前可再依照喜好加入蔥花和芝麻拌勻）。

5 _ 把炒好的飯捏成長橢圓狀。

6 _ 在杏鮑菇片上疊火腿片和捏好的飯，將杏鮑菇片和火腿片兩端折起包住飯後，用牙籤固定。

7 _ 漂亮地盛盤，並搭配事先備好的醬汁食用。

1

3

3-2

4

4-2

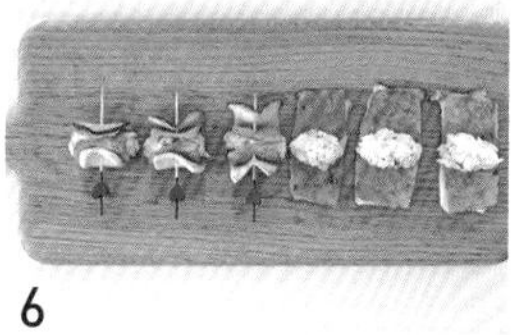
6

魚板炒魷魚蓋飯

主材料

剛煮好的鍋飯………………… 2 碗
魷魚 ………………………………… 1 隻（僅身體部位）
四角魚板 ………………………… 4 片
洋蔥 ………………………………… 1/2 顆
青椒 ………………………………… 1/2 顆
青蔥 ………………………………… 1/2 根
辣椒油……………………………… 2 大匙 * 辣椒油作法請參考 P23

調味料

醬料

濃醬油……………………………… 2 大匙
蠔油 ………………………………… 1 大匙
蒜末 ………………………………… 1 大匙
料理酒……………………………… 1 大匙
芝麻油……………………………… 1 大匙
冷泡昆布高湯………………… 3 大匙 * 高湯作法請參考 P24

其他

果糖 ………………………………… 1 大匙
芝麻油……………………………… 1 大匙
黑芝麻……………………………… 少許

1

2

3

4

1 __ 魚板、洋蔥、青椒、青蔥均切成差不多長度的細絲。

2 __ 魷魚去外膜洗淨後切細絲，快速放入滾水中汆燙、撈起備用。

3 __ 在平底鍋中倒入 2 大匙辣椒油，拌炒洋蔥和青椒。

4 __ 接著加入魚板、魷魚和醬料快速拌炒後，加入青蔥、果糖和芝麻油拌勻。

5 __ 擺盤時，先盛上剛煮好的鍋飯，旁邊再漂亮地擺上魚板炒魷魚、撒上黑芝麻即完成。

鮮蝦奶油咖哩飯

主材料

剛煮好的鍋飯……………………2 碗
咖哩塊……………………………80g
蝦子………………………………10 隻
洋蔥………………………………1 顆
胡蘿蔔……………………………80g
香菇………………………………3 朵
珠蔥或青蔥………………………2 根
芝麻………………………………少許
奶油………………………………30g
鮮奶油……………………………100ml
水…………………………………600ml

1

2

3

4

5

6

1 _ 蝦子洗淨，拔除蝦頭、蝦殼，其中 5 隻蝦子切末。洋蔥切絲，胡蘿蔔和香菇切薄片，蔥洗淨、切蔥花。

2 _ 平底鍋預熱後融化 20g 奶油，加入洋蔥用小火拌炒至洋蔥呈半透明的焦黃色。

3 _ 再加入胡蘿蔔、香菇稍微拌炒後，倒入 600ml 水，用中火開始煮。

4 _ 接著放入咖哩塊拌煮到溶解，然後用手持攪拌棒將鍋中材料攪打成糊狀。

5 _ 最後加入蝦末和鮮奶油，煮 5 分鐘。

6 _ 平底鍋預熱後融化 10g 奶油，煎另外 5 隻完整的蝦子。

7 _ 擺盤時，先盛上剛煮好的鍋飯和咖哩，再放上煎好的蝦子和蔥花、芝麻即完成。

午餐肉泡菜蓋飯

主材料

剛煮好的鍋飯 ⋯⋯⋯⋯⋯⋯ 2 碗
午餐肉 ⋯⋯⋯⋯⋯⋯⋯⋯⋯ 200g
泡菜（熟透的）⋯⋯⋯⋯⋯ 250g
青蔥 ⋯⋯⋯⋯⋯⋯⋯⋯⋯⋯ 1 根
洋蔥 ⋯⋯⋯⋯⋯⋯⋯⋯⋯⋯ 1/2 顆
冷泡昆布高湯 ⋯⋯⋯⋯⋯⋯ 100ml

* 高湯作法請參考 P24

調味料

炒泡菜調味料

芝麻油 ⋯⋯⋯⋯⋯⋯⋯⋯⋯ 1 大匙
辣椒粉 ⋯⋯⋯⋯⋯⋯⋯⋯⋯ 1 大匙
濃醬油 ⋯⋯⋯⋯⋯⋯⋯⋯⋯ 1 大匙
砂糖 ⋯⋯⋯⋯⋯⋯⋯⋯⋯⋯ 1 大匙

其他

果糖 ⋯⋯⋯⋯⋯⋯⋯⋯⋯⋯ 1 大匙
芝麻油 ⋯⋯⋯⋯⋯⋯⋯⋯⋯ 1 大匙
芝麻 ⋯⋯⋯⋯⋯⋯⋯⋯⋯⋯ 1 大匙

1

2

2-2

3

4

1 __ 午餐肉和洋蔥切丁；泡菜切小塊；青蔥洗淨切蔥花。

2 __ 平底鍋預熱後淋上 1 大匙芝麻油，加入洋蔥和蔥花（保留少許當裝飾）炒香，再加入午餐肉繼續拌炒。

3 __ 接著加入泡菜、辣椒粉、醬油和砂糖一起炒，再倒入 100ml 冷泡昆布高湯，蓋上鍋蓋，用小火煮 5 分鐘。

4 __ 最後加入果糖、芝麻油和芝麻，拌炒均勻。

5 __ 擺盤時，盛上剛煮好的鍋飯，放上炒好的午餐肉泡菜，再撒少許蔥花裝飾即可。

牛肉蔬菜拌飯

主材料

剛煮好的鍋飯…………………2 碗
小黃瓜…………………………1/2 條
胡蘿蔔…………………………100g
香菇……………………………3 朵
牛絞肉…………………………100g
銀杏果…………………………10 粒
雞蛋……………………………1 顆

調味料

牛肉調味醬

濃醬油…………………………1 大匙
清酒……………………………1 大匙
砂糖……………………………1 小匙

其他

鹽………………………………少許
芝麻……………………………少許

1 __ 蔬菜洗淨。小黃瓜切成薄圓片。平底鍋上先撒少許鹽，再放入小黃瓜快速拌炒。

2 __ 胡蘿蔔切細絲，香菇切薄片。一樣在平底鍋上先撒少許鹽後，分別放入胡蘿蔔、香菇、銀杏果快速炒熟。

3 __ 鍋中放入牛絞肉和牛肉調味醬，炒熟即可。

4 __ 剛煮好的鍋飯鋪在盤上，把炒過的小黃瓜、胡蘿蔔、香菇、牛肉和銀杏漂亮地放在飯上、圍成一圈，最後在正中央打一顆生蛋黃、撒上芝麻即可。

TIP 拌飯更美味的醬料：濃醬油 1 大匙、芝麻油 1 大匙、果糖 1 大匙、冷泡昆布高湯 2 大匙

1

2

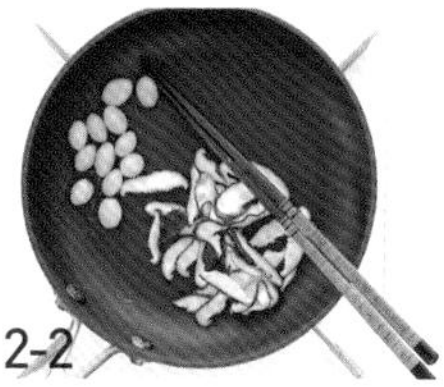
2-2

3

4

蟹肉棒蛋炒飯

主材料

剛煮好的鍋飯 ……………… 300g
蟹肉棒 ……………… 100g
青椒 ……………… 1/2 顆
紅甜椒 ……………… 1/2 顆
青蔥 ……………… 1 根
雞蛋 ……………… 2 顆
蔥花、黑芝麻 ……………… 少許

調味料

葡萄籽油 ……………… 2 大匙
濃醬油 ……………… 1 大匙
鮪魚魚露 ……………… 1 大匙
果糖 ……………… 1 大匙
鹽 ……………… 少許
砂糖 ……………… 少許

1 __ 蟹肉棒撕成絲；食材洗淨。青椒和紅甜椒切丁；青蔥切成蔥花。

2 __ 雞蛋中加少許砂糖和鹽打勻，倒入熱好倒油的平底鍋中，用筷子迅速拌炒熟後，起鍋備用。

3 __ 平底鍋預熱後淋葡萄籽油，加入蔥花拌炒，再加入青椒和紅甜椒拌炒。

4 __ 接著加入剛煮好的鍋飯，一邊把飯鋪平、一邊拌炒，再加入濃醬油、鮪魚魚露以及蟹肉棒持續拌炒。

5 __ 關火後，把剛做好的炒蛋和果糖加入鍋中拌勻，撒上蔥花及黑芝麻即可。

羊栖菜飯糰

主材料

剛煮好的鍋飯……………………300g
醬燒羊栖菜…………………………50g
＊作法請參考 P109
牛蒡……………………………………30g
胡蘿蔔………………………………30g

調味料

芝麻油………………………………1 小匙
濃醬油………………………………1 小匙
料理酒………………………………1 小匙
鹽……………………………………少許
芝麻…………………………………少許

1 __ 醬燒羊栖菜剪成小段備用。牛蒡去除外皮、切碎，浸泡在加了醋的水中 10 分鐘後沖洗乾淨。胡蘿蔔洗淨後去皮切末。

2 __ 在平底鍋中倒入 1 小匙芝麻油，加入牛蒡炒香，再加入濃醬油和料理酒一起拌炒，盛入碗中。

3 __ 胡蘿蔔撒上少許鹽後放入鍋中炒熟。

4 __ 在剛煮好的鍋飯中加入醬燒羊栖菜、炒好的牛蒡、胡蘿蔔及少許芝麻粒，整體攪拌均勻，再捏成適合入口的飯糰大小。

5 __ 漂亮地擺盤後，再撒點芝麻即完成。

1

2

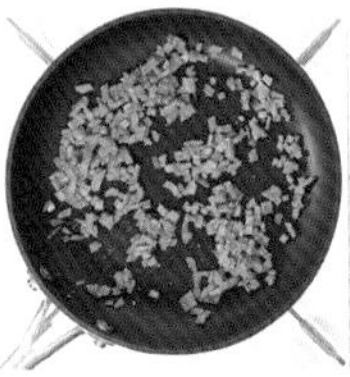
3

4

手工醃漬菜
多采多姿的

醃漬杏鮑菇

主材料

杏鮑菇…………………………… 10 朵

醃醬料

冷泡昆布高湯………………… 500ml

* 高湯作法請參考 P24

濃醬油…………………………… 200ml

清酒……………………………… 50ml

砂糖……………………………… 2 大匙

果糖……………………………… 2 大匙

1 __ 杏鮑菇切掉底部後，切成薄片。

2 __ 把備好的醃醬料加進鍋中煮至沸騰。

3 __ 準備一個乾淨、消毒過的容器，鋪上杏鮑菇片，趁熱倒入煮好的醃醬料，蓋上蓋子。

4 __ 靜置室溫 24 小時，過程中幫杏鮑菇上下翻面一次即可。完成後即可放入冰箱冷藏保存。

醃漬小黃瓜辣椒

主材料

水果小黃瓜⋯⋯⋯⋯⋯⋯⋯ 5 條
青辣椒⋯⋯⋯⋯⋯⋯⋯⋯⋯ 10 條

醃醬料

水⋯⋯⋯⋯⋯⋯⋯⋯⋯⋯⋯ 300ml
濃醬油⋯⋯⋯⋯⋯⋯⋯⋯⋯ 250ml
醋⋯⋯⋯⋯⋯⋯⋯⋯⋯⋯⋯ 250ml
砂糖⋯⋯⋯⋯⋯⋯⋯⋯⋯⋯ 80g
青梅汁⋯⋯⋯⋯⋯⋯⋯⋯⋯ 50ml
清酒⋯⋯⋯⋯⋯⋯⋯⋯⋯⋯ 50ml

1 __ 小黃瓜用鹽搓掉表面突起後，洗淨並切成厚度 1 公分的圓片；青辣椒斜切片。

2 __ 準備一個乾淨、消毒過的玻璃瓶，裝入剛切好的小黃瓜和青辣椒。

3 __ 把備好的醃醬料加進鍋中煮至沸騰。

4 __ 把煮好的醃醬料趁熱倒入瓶中，待冷卻後靜置室溫 24 小時。完成後即可放入冰箱冷藏保存。

醃漬海苔

主材料

烤海苔片 .... 20 片

* 特別推薦「烤腸海苔（곱창김）」，是產自韓國全羅南道珍島郡附近海域的高級海苔，僅能在每年 10 月中旬至 11 月中旬採集。有機會的話一定要吃一次看看！

芝麻 .... 2 大匙

醃醬料

冷泡昆布高湯 .... 6 大匙

* 高湯作法請參考 P24

濃醬油 .... 6 大匙

清酒 .... 1 大匙

砂糖 .... 2 大匙

果糖 .... 2 大匙

料理酒 .... 1 大匙

青梅汁 .... 2 大匙

蒜末 .... 1 大匙

1 __ 把海苔剪成三等分。

2 __ 在鍋中加入備好的醃醬料，煮至沸騰，再轉小火煮 15 分鐘。

3 __ 準備一個乾淨、消毒過的容器，放 5 片海苔後，均勻抹上醃醬料、撒點芝麻。每次都放 5 片海苔，反覆此步驟。

4 __ 最後把剩下的醃醬料均勻淋在海苔上。

5 __ 靜置室溫 24 小時，中間上下翻面一次。時間到後就放冰箱冷藏保存。

辣醬醃明太魚

主材料

明太魚乾 200g

調味料

調味醬

冷泡昆布高湯 .... 6 大匙

* 高湯作法請參考 P24

辣椒粉 .... 4 大匙

濃醬油 .... 2 大匙

魚露 .... 2 大匙

果糖 .... 6 大匙

韓式辣椒醬 200g

1 __ 在明太魚乾上倒入冷泡昆布高湯、辣椒粉拌勻後，靜置一段時間。

2 __ 再加入濃醬油、魚露、果糖、韓式辣椒醬，攪拌均勻。

3 __ 裝入容器時，稍微用力按壓擠出中間的空氣。

4 __ 靜置室溫 24 小時後，即可放入冰箱冷藏保存。

5 __ 每次食用時只取需要的量，再加上少許的芝麻油和芝麻粒（材料分量外）拌一拌即可。

醃漬嫩蘿蔔

主材料

蘿蔔……………………………… 1kg
紅甜椒…………………………… 1 顆

醃漬液

水………………………………… 400ml
砂糖……………………………… 120g
醋………………………………… 200ml
醃漬香料（Pickling Spice）
…………………………………… 1 大匙
鹽………………………………… 1 小匙

1 __ 蘿蔔用削皮器去皮後，切成約 1 公分寬的長條。

2 __ 紅甜椒洗淨後切半去籽後、切小塊。

3 __ 準備一個乾淨、消毒過的玻璃瓶，下層先放入蘿蔔，上層再裝紅甜椒。

4 __ 接著把醃漬液的材料加進湯鍋中煮至沸騰。

5 __ 把煮好的醃漬液趁熱倒入玻璃瓶中封起，靜置室溫 24 小時後放冰箱冷藏保存。

醃漬洋蔥

主材料

洋蔥（大）⋯⋯ 2 顆

醃漬液

水⋯⋯ 400ml
醬油⋯⋯ 50ml
砂糖⋯⋯ 80g
醋⋯⋯ 50ml
青梅汁⋯⋯ 3 大匙
醃漬香料（Pickling Spice）⋯⋯ 1 大匙
鹽⋯⋯ 1 小匙

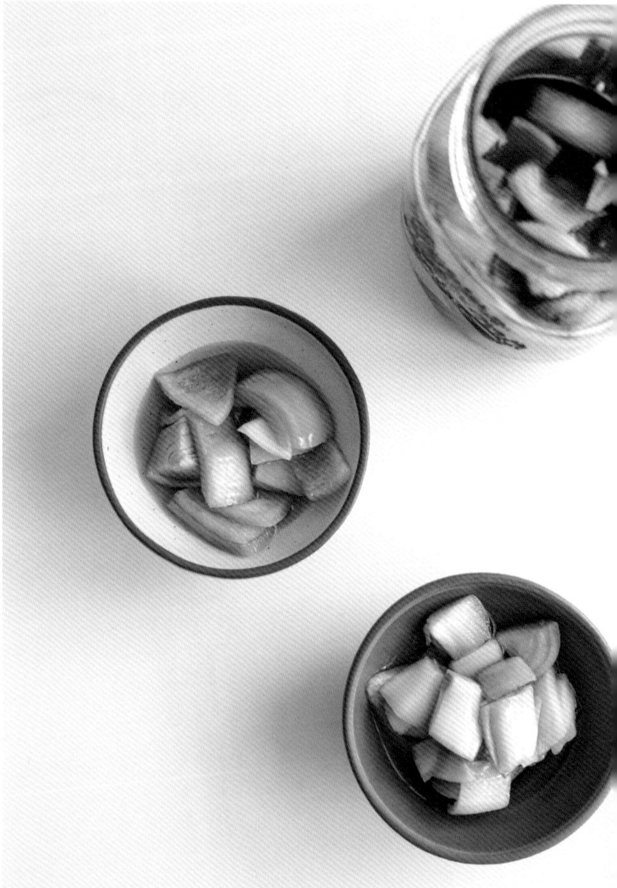

1__洋蔥切塊。

2__把醃漬液的材料加進鍋中煮至沸騰。

3__準備一個乾淨、消毒過的玻璃瓶，在瓶中裝滿洋蔥、趁熱倒入醃漬液。

4__靜置室溫 24 小時後放冰箱冷藏保存。

甜菜漬蓮藕

主材料

蓮藕 …… 400g
甜菜根 …… 50g

醃漬液

水 …… 500ml
砂糖 …… 200g
醋 …… 200ml
醃漬香料（Pickling Spice）…… 1 大匙

1 __ 蓮藕用削皮器去皮後，切成 0.5 公分厚的片狀。準備一大碗水加少許醋（材料分量外），將蓮藕浸泡 10 分鐘後，用冷水沖洗乾淨。

2 __ 甜菜根放入冷水中煮滾、取出剝皮，用調理棒或果汁機打成泥後，過濾出甜菜根汁。

3 __ 把醃漬液的材料加進鍋中煮至沸騰。

4 __ 準備一個乾淨、消毒過的玻璃瓶，在瓶中裝滿蓮藕、趁熱倒入甜菜根汁、醃漬液。靜置室溫 24 小時後放冰箱冷藏保存。

台灣廣廈國際出版集團
Taiwan Mansion International Group

國家圖書館出版品預行編目（CIP）資料

豐盛鍋飯：一鍋一餐，省時美味！輕鬆組合季節食材×風味高湯，韓國人氣美食總監的日常私家菜 / 金妍我 著；林大懇譯. -- 新北市：臺灣廣廈有聲圖書有限公司, 2021.12
面； 公分
ISBN 978-986-130-524-0
1.飯粥 2.食譜

427.35 110019898

台灣廣廈

豐盛鍋飯

一鍋一餐，省時美味！輕鬆組合季節食材×風味高湯，韓國人氣美食總監的日常私家菜

作　　者／金妍我
譯　　者／林大懇
編輯中心編輯長／張秀環
編輯／蔡沐晨
封面設計／曾詩涵・**內頁排版**／菩薩蠻數位文化有限公司
製版・印刷・裝訂／東豪・弼聖・秉成

行企研發中心總監／陳冠蒨
媒體公關組／陳柔彣
綜合業務組／何欣穎

發 行 人／江媛珍
法律顧問／第一國際法律事務所 余淑杏律師・北辰著作權事務所 蕭雄淋律師
出　　版／台灣廣廈
發　　行／台灣廣廈有聲圖書有限公司
地址：新北市235中和區中山路二段359巷7號2樓
電話：（886）2-2225-5777・傳真：（886）2-2225-8052

代理印務・全球總經銷／知遠文化事業有限公司
地址：新北市222深坑區北深路三段155巷25號5樓
電話：（886）2-2664-8800・傳真：（886）2-2664-8801
郵政劃撥／劃撥帳號：18836722
劃撥戶名：知遠文化事業有限公司（※單次購書金額未滿500元需另付郵資60元。）

■出版日期：2021年12月
ISBN：978-986-130-524-0

ISBN 978-98685736-0-4
00499
9 789868 573604

定價 NT 499 元

創意的過程

12個日本頂尖設計大師的創意故事

12人の
デザイン
創造プロセス

石原義久（石原エディター事務所）　編集

序言

現今討論設計的創作過程的雜誌愈來愈多，但相關的書籍卻很少。《創意的過程》企圖嘗試以文字來表達平面設計複雜、令人無法想像的創作過程，其難度雖有別於製作作品本身，卻同樣艱難。在讀者開始閱讀本書時，很快便會發現本書的主題和內容格式雖然統一，但卻清楚地呈現出十二位設計創意工作者截然不同的個人風格。

「簡化思考複雜的事物，深思簡化思考的內容」是青木克憲先生奉為圭臬，並運用在創作上的重要話語。透過這樣的概念，他不僅創造出許多經典之作，而且設計也多饒富趣味。

而副田高行先生則希望「不光只是說明工作，而是能夠透過轉個彎繞個路，來充分表達工作的內容」，他以豐富的圖文填滿了十六頁的篇幅。

原研哉先生提供了構思無印良品的廣告「地平線」與「家」的實地記錄；平野敬子女士的行動電話「Ｆ７０２ｉＤ所作」也是不容易的作品。而谷口廣樹先生的「猿猴的工作」，則以繪畫思考為中心，發展出獨具風格的世界觀。

還有六、七十歲老練的設計師們，詳細地敘述自己累積了數十年的豐富工作經驗談。

以電影《吸血鬼》（Dracula, 1992）獲得奧斯卡最佳服裝設計的石岡瑛子，文筆十分優美，她在書中提到她強烈意識到自己雖身為創作者，同時也是「觀眾席上的觀眾」。

長期擔任資生堂《花椿》雜誌美術指導的仲條正義，則認為設計「有的作品當然很費工夫，有的卻不費吹灰之力。無論如何最重要的就是好品味，惟有發揮好的品味，看的人才會有反應」。

此外，松永真以巧妙的文筆描述他多年來的創作紀錄。宮田識與企業合作，持續進行具有強烈個人風格的創作工作。三十出頭、屬於年輕世代的森本千繪活力十足地說：「我喜歡在事後去探究最初的靈感，找出產生這種直覺的理由，每件作品都必定有其理由。」

「ニャンまげ」和「TBS豬」的創作者佐野研二郎，雖然在二〇〇八年一月剛成立自己的事務所，卻已經能夠確實掌握「超軟納豆」（とろっ豆）等商品的特徵；而參與「NTT DOCOMO」iD和「RAHMENS」劇團海報設計的水野學，不僅創作出許多知名作品，還曾在多達四十本雜誌上出現，展現他驚人的創作活力。

本書對初學者或許有些許的困難，但若能對讀者有所助益實屬萬幸。

二〇〇八年七月
石原編輯事務所
石原義久

解讀創作現場

武藏野美術大學教授　美術評論家　柏木博

呈現作品的方法

三十多年前，我曾寫過幾篇短文刊登在雜誌上，內容描述羅蘭・巴特（Roland Barthes）和畢托（Michel Butor）等思想家、作家的一些趣聞軼事。現在雖然印象有些模糊，但我記得曾經提到羅蘭・巴特不喜歡用原子筆寫作，因此改用鋼筆，而且只要遇到瓶頸就會買新的鋼筆。當時他還曾經想要改用打字機。我還記得當時知道像羅蘭・巴特這樣的人也用鋼筆寫作一事，讓我覺得很有趣。

艾力・克萊普頓（Eric Clapton）在接受訪問時，（對Mark Roberty）曾提到：「有時候我用 Stratocaster（FENDER的電吉他系列）電吉他演奏藍調時，會突然想用 Les Paul（Gibson 的電吉他系列）彈，有時明明用 Les Paul 彈得很好，卻又會覺得如果是 Stratocaster 的琴頸的話該有多好……。我的吉他弦高一律是八分之一英吋（三公釐多），我喜歡固定的弦高。受不了琴頭的弦枕太低，會讓我握著琴頸的手動作太快。」吉他之神艾力克・萊普頓對樂器在觸感上的講究程度著實讓人驚訝。

無論是文章、影像或音樂，作品的創作過程都是趣意盎然的，是一種跨領域的趣味。

青木克憲、石岡瑛子、佐野研二郎、谷口廣樹、仲條正義、原研哉、平野敬子、副田高行、松永真、水野學、宮田識和森本千繪等十二位從事設計工作的創意工作者，所說的話也都各有深意。

創意工作者所寫的文章大多是描述與自己工作相關的成功案例，但本書卻與這些書籍稍有不同。

很多人覺得手上若有一些成功案例的書籍，就可以獲得成功的模式。但對於這樣的情形，亨利・波卓斯基（Henry Petroski）曾提醒大家，「如果太過依賴成功的前例很可能會導致失敗」，「模仿成功案例在短時間內也許有效，但這樣的行為不可避免且讓人驚訝地是，將終會導致失敗」、「一個設計成功的原因，

可能來自具體或不具體的事物，但取決於會預測失敗如何產生」摘錄自《從失敗中學習成功的祕訣：設計的矛盾情結》（*Success through Failure: The Paradox of Design*）一書。

因此，在閱讀本書時，雖然也可當作是創意工作者的成功案例分享，但如果將重點放在創作過程上，讀起來則會更有趣。我在前面曾提到羅蘭·巴特、畢托和艾力·克萊普頓，不只是為了要吸引想成為作家或吉他手的人，對讀者或聽眾應該也是很有趣的事。因此除了創意工作者或想成為創意工作者的人之外，本書對於看過他們所呈現的作品的大眾，應該也是值得玩味的。

創作的方法

與其由我來介紹這十二位創意工作者，不如請大家直接閱讀他們的文章。接下來我就來介紹幾個讓我印象深刻的章節。

首先是石岡瑛子。她在文章中回憶自己和大導演柯波拉（Francis Ford Coppola，兩人合作《吸血鬼》一片）合作的經驗，從她的的文章就可以了解柯波拉是個什麼樣的人，或許應該說石岡女士怎麼看柯波拉這個人。同時從她「我必須回應柯波拉的要求，找出我從未想過的答案。然而如果只是改變還不夠，必須給他一個完美的答案」的描述中，可看出與柯波拉合作的石岡女士對柯波拉的敬意，以及她如何處理工作時的壓力。從這點不難看出，對石岡女士來說，這是一次非常辛苦的合作經驗。

在仲條正義堪稱「語錄」的篇章中，則充滿了他個人瀟灑反諷式的風格，十分有趣。「只要將腦袋放空，就有更大的空間接受新的可能性」、「三流是非常刺激的」、「睜開眼睛就忘記恥辱」、「惡劣的條件是金雞蛋」等文句，充分展現出仲條式的思考模式。

因為在仲條正義的事務所打工，而開始從事設計工作的青木克憲說：「後來因為大學落榜才報考美術大學，課堂上我不擅長素描，也不太會畫畫。當時的作品是用很多東西拼貼完成的。」由於無法將心中的意象具體描畫出來，所以只好以拼貼既有圖像的方式來完成作品，這件事充分展現了青木克憲在表達自我心中意象上的熱情，非常有趣。

松永真提到他在二十五年前，接受訪問時曾說：「我想那些不那麼一板一眼的人比較風趣，中規中矩

的人確實很無趣。我偶爾去喝個酒，就會有人說：『真難得！松永先生也來了！』我就會拼命地找藉口解釋。不過我現在不這麼做了，反而會理直氣壯地說：『你們這些人還在這裡混，我一個星期有五天都在家吃飯。』」由此可看出松永先生過著規律的生活，工作相當認真，這也算是趣事一樁。

佐野研二郎提到他請藝術大學的學生幫忙排列六千件T恤，並用吊車從上空拍照製作「Laforet Grand Bazar 2004」海報（Laforet百貨公司是原宿知名的時尚指標），還說在工作結束後和學生一起吃的烤肉是「人間美味」，由此可感受到他多麼樂在創作。

每一位創意工作者都用自己的方法和風格來創作，沒有固定的形式，而這應該就是今日創意工作者的創作特色吧！

扛負時代狂奔的創意工作者們

平面設計創意工作者　永井一正

本書網羅了像森本千繪三十出頭，以及像仲條正義七十好幾的十二位跨世代創意工作者，由於每個人身處的時代不同，因此對於設計的想法也隨著時代、環境而改變。

戰後設計可分為草創和成熟兩個時期，「日本宣傳美術會」（又稱日宣美，Japan Advertising Artists Club）在草創時期扮演了關鍵性的角色。日宣美成立於一九五一年，結束於一九七〇年。提到戰後日本平面設計的盛況，絕對不能不提到日宣美。當時是平面設計從草創走向全盛的時期，創作者的個人風格備受重視，創意工作者逐漸開始了解社會需求，因而得以恣意揮灑個人色彩。

仲條正義、石岡瑛子和松永真等人皆曾入選日宣美展，展露頭角活躍至今。他們扛負起日本平面設計的使命，開創出屬於自己的獨特時代。石岡瑛子在她為PARCO百貨等公司製作的海報和廣告中，以鮮明的視覺風格，帶領起當代設計潮流，之後前往美國為電影《吸血鬼》擔任服裝設計，並以此榮獲奧斯卡獎，在世界的各個舞台備受矚目。而仲條正義則是以融合了簡潔、大膽、新穎、懷舊和前衛等多項特點的跨時代創作，展現出令人驚豔的自由風格。當他在為《花椿》雜誌進行編輯設計時，將時尚的現代性忠實且適切地傳達出來。松永真在一九六七年榮獲日宣美特選，同時也為日宣美寫下最後一章。這幅作品的插畫與後來「Freaks」的自由造型有關。松永真清晰明確的抽象設計，成為他蘊含豐富意象世界的原點。他近年所創作的「HIROSHIMA APPEALS 2007」海報就是最具體的代表（概念源自於廣島原爆事件），將廢核的想法散播至世界各地。簡言之，日宣美時代的設計師，以自己鮮明的個性建構了許多企業的品牌。

本書介紹的幾乎都是在日宣美時代之後的創意工作者，但是無論是哪一位，都是在釐清客戶的本質後，才著手設計工作。他們在掌握企業成立的目的以及企業如何為消費者生產實用的產品的同時，與公司合而

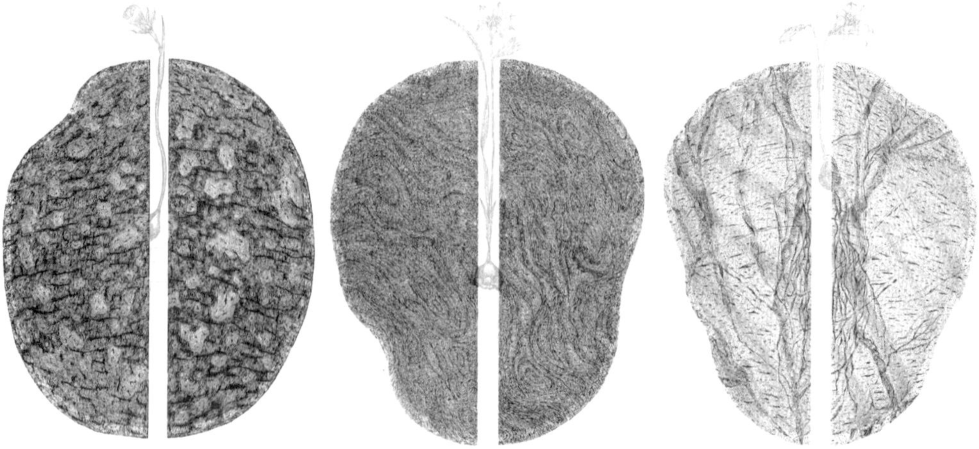

LIFE 海報／2008／永井一正

為一，創造出能夠達成企業目標的品牌，以深入了解對方為基礎來進行創作，之後當然就是發揮創意工作者個人的風格和獨創性。

宮田識和副田高行是進入成熟期的一代，身為美術指導的他們，考量的是更大型企業的品牌設計與溝通傳達，從多面向來發展向秀男（LIGHT PUBLICITY）等人所領導的日本美術設計。除了希望能夠同時充實現代人的物質和心靈，也強烈意識到現在和未來都無法避免的環境問題的重要性。宮田識成立D-BROS，挑戰製作實用的設計產品，並企圖推廣至企業界。副田高行則在跨領域的廣告活動中，直接探究環境議題，且透過企業的廣告落實他的想法。

平野敬子、原研哉和谷口廣樹雖然屬於同一世代，彼此有一些共通點，但仍以各自不同的設計風格活躍在設計領域。平野敬子重視支撐日本優良傳統的品格和美學，抱持著利用設計來服務社會和大眾的理念。她的作品靜謐明快，有時如NTT DOCOMO的手機「所作」的設計和廣告般，將禮儀和節制的觀念帶入設計中。而原研哉則是將確實的設計想法，透過各類展覽和書籍滲透到社會中，從無印良品的產品概念

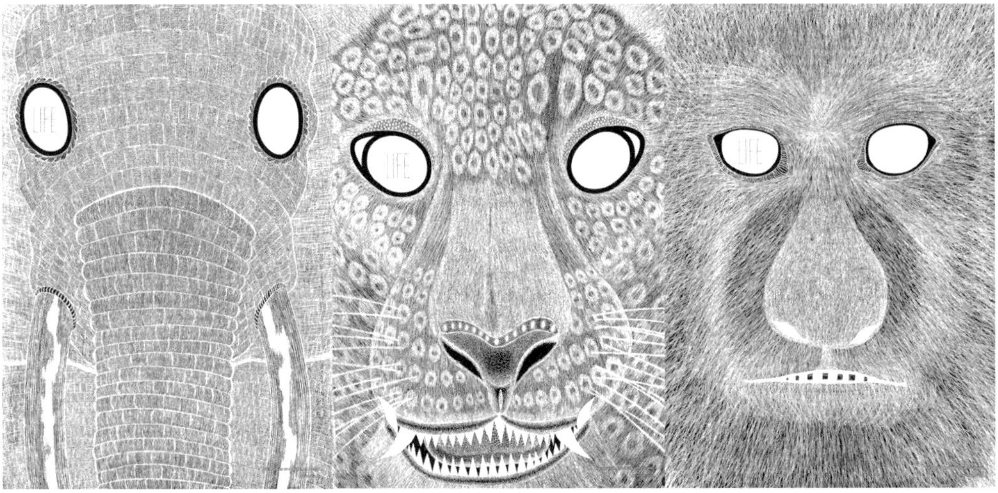

LIFE 海報／2007／永井一正

到廣告表現都非常傑出。谷口廣樹的插畫則是帶你走進插畫的世界，令人不禁沈浸其中。

無論是青木克憲從紙機器人展開他在設計上的嘗試；水野學挑戰各類主題，從概念建構出現代設計；佐野研二郎從企業和商品核心發想出充滿魅力的設計，或是森本千繪自在且具有透明感、溫暖且深入人心的表現手法。綜言之，觀察這些走在時代前端的創意工作者的作品，是一件非常愉悅的事。

青木克憲

簡化思考複雜的事物，深思簡化思考的內容，清楚呈現深思的結果，認真將呈現出的結果傳達給別人。

青木克憲　AOKI Katsunori
［簡歷］1965年生於東京日本橋，曾任職SUN AD株式會社。於1999年成立Butterfly Stroke株式會社，除廣告外，業務內容還包括平面設計、影像和產品設計，是一位從企劃提案到作品完成可一貫作業的創意工作者。另外，還包括Copet、Kami Robo、Hat-tricks等形象商品的授權與製作。

我曾經從事過平面設計和廣告製作的工作，目前則主要擔任各類企劃和產品的美術指導和製作人。這樣的我奉為圭臬的一句話就是本章標題所寫的「簡化思考複雜的事物，深思簡化思考的內容，清楚呈現深思的結果，認真將呈現出的結果傳達給別人。」

這是我所認識的一位株式會社會長對員工所說的話，我在一旁聽到時，覺得心有戚戚焉，因為這句話清楚說明了創作的過程，同時也是我製作的過程中不可或缺的想法。日後我在工作時，經常想起這句話並加以活用。

讀者在工作時也不妨想想這句話，對於自己負責的工作是否進行順利、主題為何、今後該如何進行，應該會有不同的感受。在不斷反覆思考的過程中，工作應該會更縝密，彼此的交流也會更加深入。

而學生或社會新鮮人，在找到自己未來的方向後，也務必想想這句話。因為我認為這句話除了對從事設計的人，對從事任何行業的人也都一定有所助益。

為了創造新作品

客戶（廣告主、廠商等）希望製作出符合所有人（消費者）需求的設計、創意或娛樂產品。

然而要創作出能滿足眾人需求的作品，是非常困難的事。因此不只是設計師，許多從事與製作相關的創意工作者，經常會企圖加入流行的元素，藉以表現出時代的氛圍。這是因為他們覺得其中一定有可以滿足所有人需求的要素，就這樣，帶有流行感的表達方式和技法經過不斷模仿、放大和再生，在一段時間後，就會變得普通且平凡無奇，從流行變成一般。

如果能夠巧妙且迅速地搭上流行的列車，或許就能夠在某種程度上受惠於這個方法。然而絕大多數的時候，多半是剛搭上的列車正好開始走下坡。地下文

化（另類／次文化）被拿來當作主流欣賞，之後變成了無新意的一般事物的速度比想像中還要快。

因此對我們來說，與其追逐流行，更重要的是創造新的事物。如果能夠因此形成流行最好。大家一定要牢記一件事，那就是思考創造「想讓它成為主流、變成主流」的作品。

確定自己的目標，培養自己的表現技術

為了創造流行而非跟隨流行，所需要的是停止盲目的創作，確定自己想要呈現的主題內容，並且磨練表達的基本技巧。這才是創意工作者必須突破的第一道關卡，為此必須先確定自己的目標與方向。

解決的方法之一就是，確實培養技術。一開始先學會一項，之後就會愈來愈輕鬆。

透過自問自答的方式，找出前進的方向，這看似簡單，其實十分困難。但只要確定之後，接下來就可以非常有效率地進行後續的工作。即使無法達成現階段的目標，但一定會發現後續的問題，而可以繼續輕鬆工作。

每個人的想法和標準不同，結果當然也就不同。每位從事設計的創作者都有他獨特的動機，因此只要能釐清自己的想法，就能夠找出當下的目標，而表現的方向也就會自然浮現。

當然也可以事先規劃好不同階段的目標。先完成眼前的小型目標，即刻享受成就感，那也是個不錯的主意。

我最初的目標是成為平面設計業界的資深先輩

老實說我並不是從一開始就很清楚自己的目標。我的老家位於東京日本橋和神田之間，從小就在昭和初期的現代建築中長大，這樣的環境讓我十分著迷於建築和空間。高中時，最想要從事與空間和室內設計相關的工作，然而在現實生活中卻並未朝著夢想前進，只是一股腦地投入社團活動，對於建築和空間的憧憬，也僅只是憧憬。

後來因為大學落榜才報考美術大學，課堂上，我不擅長素描，也不太會畫畫。為了彌補這個缺憾，即使沒辦法自己畫，我還是非常熱衷於收集自己喜歡或可傳達概念的圖像，並以拼貼的方式來解決不能畫畫的問題。現在想起來，我用的這個方法，或許就是「構圖＝設計」、「收集自己喜歡或可傳達概念的圖像＝導演（圖像的構成）」。

結果在補習班時，我的平面構圖獲得了老師的讚賞，原本嚮往城市建築和空間設計的我，輕易地就轉換跑道，轉到平面設計領域。不過這只是因為當時的我，還在摸索美術和設計之間的差別。

走一步算一步的我，在之後於仲條正義先生的事務所打工時有了轉機。能夠在仲條正義這位大師的身邊觀察他工作

的情形，是我學習的最好方式。我看著仲條先生設計的 logo 出現在產品包裝、包裝紙、看板和廣告上，它們之後被複製，並廣為流傳，這讓我再度感覺到「這才是設計」，因此開始對平面設計產生興趣。

從專業雜誌和設計師前輩的言談中，我才知道即使是平面設計，也有各種不同的類別，也才知道廣告業可說是平面設計的主角。除了仲條正義先生之外，我開始認識許多讓我崇拜的設計師和美術指導。

因為莫名地崇拜某個人而喜歡某樣事物，開始思考自己要如何才能達到目標。為了實現夢想而開始採取行動後，我覺得每天都過得好快樂、好有趣。原本模糊不清的目標，在我開始接觸崇拜的設計師後逐漸明朗。這是因為我愈來愈了解自己要什麼，對我來說，能夠接觸這些設計師是很好的經驗。我認為擁有目標，對於確立方向非常重要。

將自己擅長的表現技術發揮至極致

日後我因緣際會進入了SUNAD株式會社。一九八九年是泡沫經濟的全盛時期，有八到九成的工作是由美術指導前輩的助理完成的。這是因為當時的景氣欣欣向榮，工作多得前輩做不完，而我也因此可以在前輩的監督下負責部分的工作。

我希望在工作上能有好表現，所以參考商品之前的宣傳流程和比稿的呈現方式，試圖找出業主的需求。話雖如此，卻找不到方法來呈現商品，因為還在探索自己擅長的表現方式，只能一味悶著頭努力，這當然創作不出好的作品。當時我的作品就好像是烹飪教室的學生所煮的菜，表面上也許好看，但味道普通，了無新意。就算做得好，也只是照本宣科，無法獲得別人的認同。我雖然經常參加設計比賽，但幾乎全軍覆沒。

就在這個時候，我獲得舉行學生時代作品個展的機會。當時的我對印刷的方式非常感興趣，一直想製作大型海報，但缺乏主題很難舉辦展覽，因此即使沒有統一的企劃，還是運用統一的字體，將作品加以整合。表面上看起來，也像是個有主題的展覽。插畫也為了配合字體，而開始使用電腦——利用字體取樣繪製插圖，創作出有如符號般的畫。那時所選用的字體就是Triplex light字體。

因為在這次的展覽中，我運用單一字體的設計方式，讓我獲益良多，後來有好一陣子，我無論接到什麼類型的工作，都會試著用同樣的方法來執行。我之所以會有這樣的執著，是因為希望能夠完全了解這個作法，然後再創作出自己的作品（自己的方法）。我在仲條正義先生的事務所工作時，迷上logo設計，所以對我來說在字體上鑽研琢磨也是自然而然的結果。

在執著一種字體二、三年後，我終於建構出屬於自己的設計手法，之後一連串的工作和作品，讓我獲得「日本平面

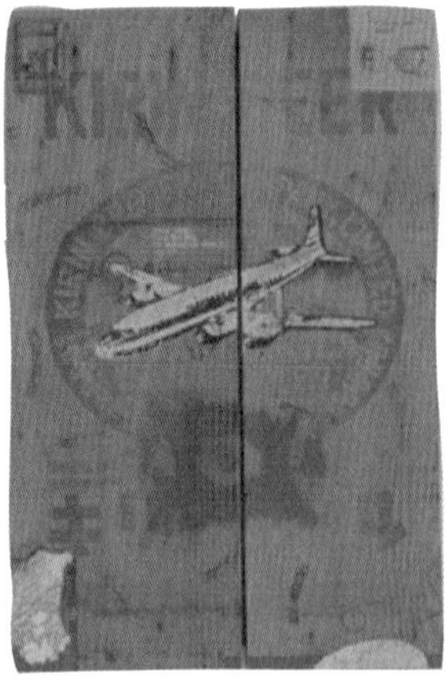

學生時代的作品／1986

VISUAL ART'87

視覺展 logo／1987

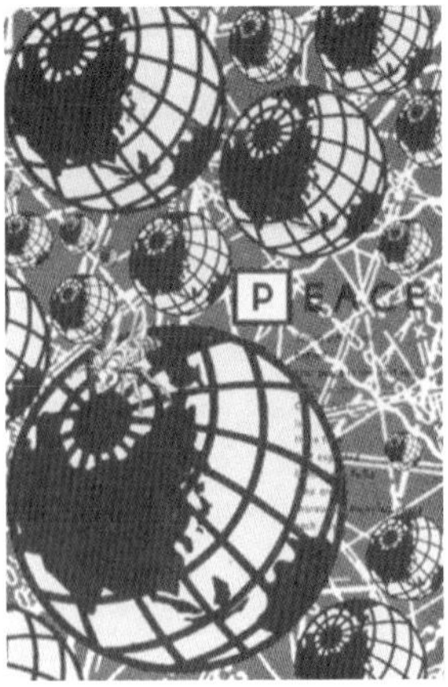

Peace Crad／1988

個展作品／1990

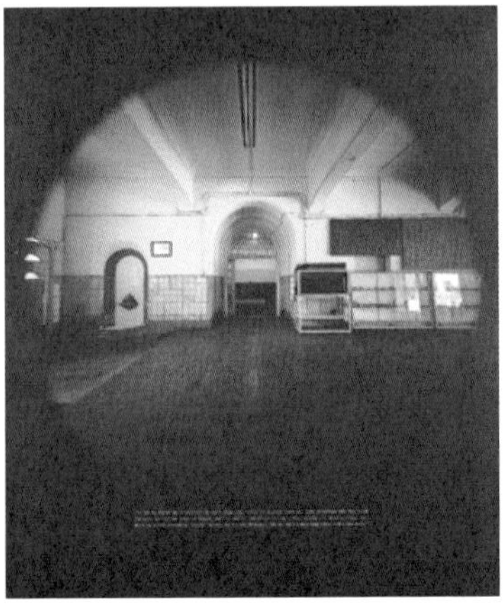

個展作品（小時候上的小學）／1992

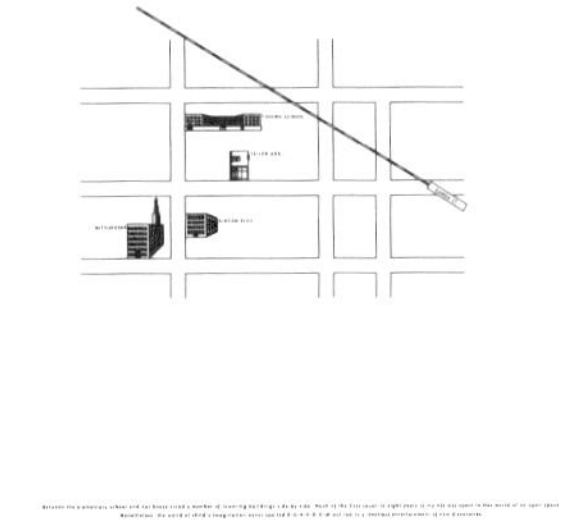

個展作品（標明老家和小學的地圖）／1992

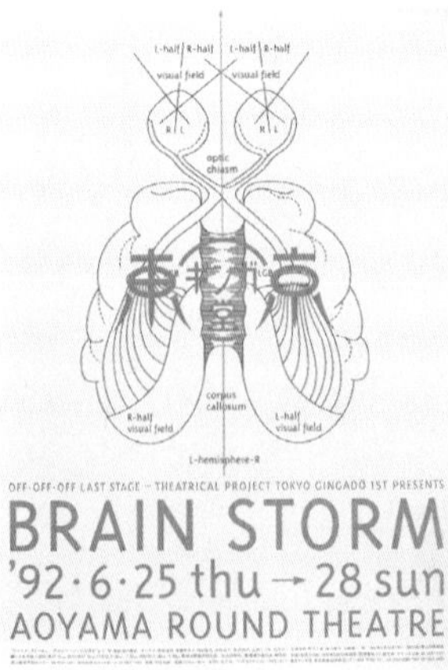

東京ギンガ堂／1992

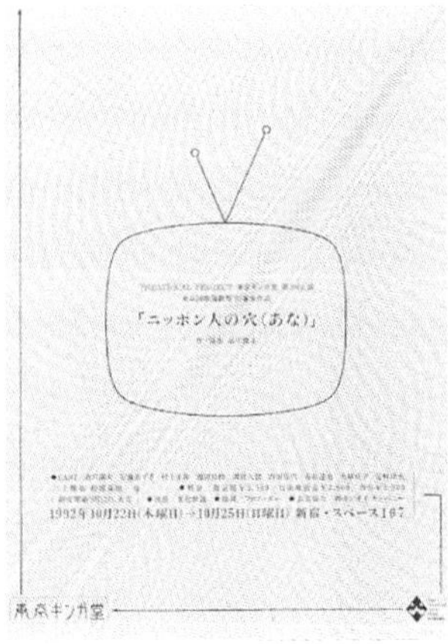

東京ギンガ堂／1992

個展作品／1990

HIROMICHI NAKANO
TOKYO COLLECTION
SPRING & SUMMER '98
at LAFORET MUSEUM HARAJUKU
11tue. NOVEMBER. 1997
The doors open at 19:30/The curtainrises at 20:00
Illustrated by TAIYO MATSUMOTO

hiromichi nakano 標誌／1992～　末次 akemi 收藏展／1991　hiromichi nakano 東京收藏展／1997　TCC 廣告年鑑／1996
HB GALLERY HB FILE 大賽／1998　TK GATEWAY TRAIN 雜誌創刊海報／1997

設計師協會」（JAGDA, Japan Graphic Designers Association，成立於一九七八年）的新人獎（青木克憲於一九九三年獲獎，同時獲得新人獎的設計師還包括佐藤卓、澤田泰廣）。

簡化思考複雜的事物：快速統整

要想用自己的方式找出每個人都能接受並樂在其中的創意，收集資料是十分重要的事。首先就是參考以往的工作流程和對手商品的設計手法，同時優先考量商品的行銷方式。

有時候自認熟悉的商品行銷方式，常常只是自己的感覺而已。大家常說要睜大眼睛，試著跟隨流行也很重要。有時將感覺和想法融合為一，便會創造出新的設計方法。不過如果只是這樣，就只能說是一種自我滿足。但是，若是將自己的直覺具體地呈現出來，反而可以很快地統整出一個方向。

依照客戶的要求來構思設計概念，大範圍地收集、了解、選擇、整理情報，並且具體呈現創新的想法。這個階段的工作非常辛苦，但是，除了第一個概念外，還必須再發想出第二個想法，以確實完成客戶的企劃需求。

在完成上述的要求後，創作者經常會誤以為自己已經盡了全力，大多數人會在此時停手。這麼一來，雖然提出兩個提案，但可選擇的方向，明顯的還是客戶所提出的選項。

然而如果要創新，就必須超越這個階段，將兩個方向統整起來，使之合理成立，並縮短時間，騰出再次仔細思考的時間。如此就能夠客觀檢視自己的創作，衡量資訊的新鮮度和重要性，再一次地仔細考量斟酌。

深思簡化思考的內容：統整想法，決定概念

這個階段最重要的事就是，回歸創意的原點：思考設計的根本概念、這樣的設計方式能達到什麼目的，然後再將重新思考後的想法對照原稿，找出真正重要的部分。

真正重要的是「概念／本質」。由於概念已確定，所以「只要謹守想法，無論如何呈現都是好的」。

那麼，要如何堅持概念，並落實自己的設計？如果能夠完成這個目標，無論是對客戶或自己都將是最佳表現。之後的問題也很重要，要怎麼做才能夠提升自己的作品？工夫愈扎實，結果就會愈讓人滿意。

清楚呈現深思的結果：朝向目標，創作出最佳作品

要能清楚呈現深思後的概念，就必須有一定的品質。為了維持品質，必須要考量必要的元素和創作，以設計出符合概念（本質）的作品。深思必要的要素，選擇必要的人才，多方面考量不同的面向，細細探求，比較出最好的方法。

為了維持概念（本質）和作品呈現的一致性，必須經常將創作的理由、必要性和想呈現的感覺等最初的想法，與目前正在進行的工作相對照。問自己作品的創新點、優點和益處，是否能夠與商品相輔相成，誠實地面對自己的設計，創作出自己想要表達的作品。

這些細節也許沒什麼，但聚沙成塔才能夠成就大事。累積必要的概念（本質），才能夠創造出作品的特色（原創性）。如此，才會認同自己創作的作品是最好的，並從而建立團隊共同的驕傲和自信。

為了創作出最好的作品

要怎麼做才能創作出最好的作品？答案出奇簡單且理所當然，最重要的就是仔細聆聽、了解客戶的需求。對客戶和創意工作者而言，要製作出好的設計或創作，彼此的溝通是不可或缺的要件。

話雖如此，並不是只要溝通良好就一定能創作出好的作品。要將每個人都能做的泛泛之事轉變成富有個人特色的工作，必須將作品有別於他人的獨特之處表現出來。要想成為一名好的創意工作者，就要了解自己的專長，擅長什麼樣的表現方式和技術，不擅長的又是什麼，充分了解自己，掌握自己的方向。

設計的製作過程有不同的階段，大部分的時候會讓人覺得瑣碎且煩躁，因此，要如何才能夠不沮喪，提振士氣、樂於工作，是非常重要的事。而這也和確定目標有關。

我之所以會有這樣的想法，是在我加入班尼頓（BENETTON）保險套的宣傳工作（利用媒體大規模地打廣告），擔任廣告美術指導時所產生的。

保險套業一直以來都運用大眾媒體（電視廣告／車站海報）打廣告，隨著愛滋病成為社會問題後，廣告宣傳便成為最好的防治方法。但媒體有諸多限制，不！如果是限制也就算了，當時因為尚無前例，根本連最基本的限制標準都付之闕如。平常將對客戶的提案向媒體提出時，經常會落得「照片還是過不了關」的下場。

明明是要打保險套廣告，結果還不能使用保險套的照片，有時甚至連商品名稱的字體大小都受到限制，實在叫人為難，簡直就像是被連打一百拳的感覺。最後因為光靠視覺無法達到宣傳的效果，只好增加清楚明確的廣告文案，案子才算大功告成。

這次的設計案比為習慣打廣告的大公司工作還要辛苦，幾年下來，我發現廣告主和廣告製作小組齊心合力是非常重要的事，要做出好的廣告必須集合眾人之力。

這次的經驗讓我有了自信，開始參加其他大型廣告宣傳活動，將自己的風格充分展現在設計和美術指導的工作上（提出企劃或創意，並擔任監督）。

班尼頓保險套的廣告，獲得眾多廣告

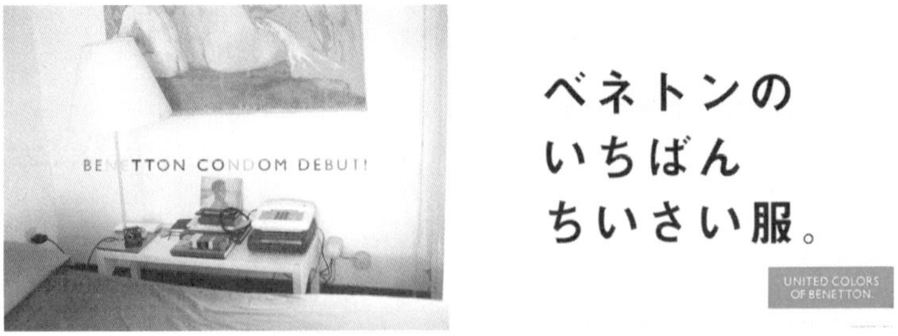
BENETTON CONDOM DEBUT!
ベネトンの
いちばん
ちいさい服。
UNITED COLORS
OF BENETTON.

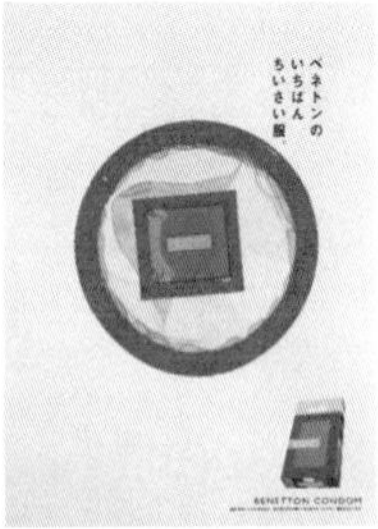
ベネトンの
いちばん
ちいさい服
BENETTON CONDOM

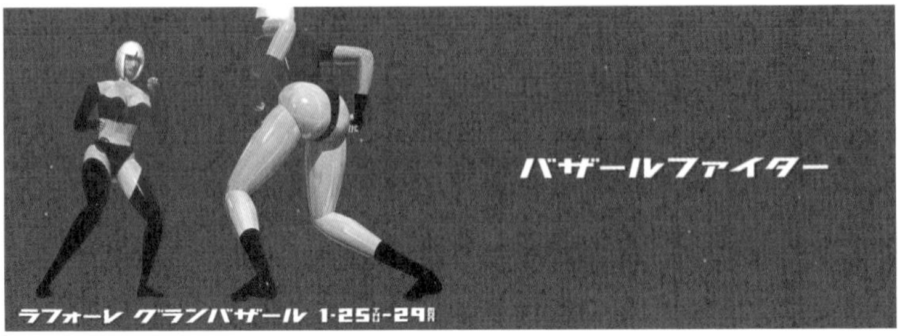
バザールファイター
ラフォーレ グランバザール 1·25-29

LAFORET
GRAND BAZAR

Laforet安!
Grand Bazar

Song by 椎名林檎

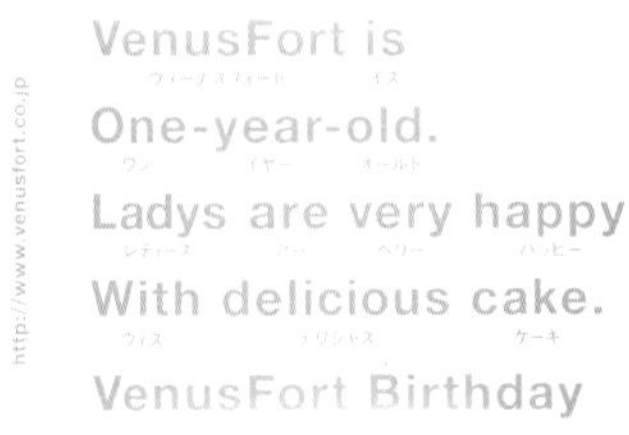
http://www.venusfort.co.jp
VenusFort is
One-year-old.
Ladys are very happy
With delicious cake.
VenusFort Birthday

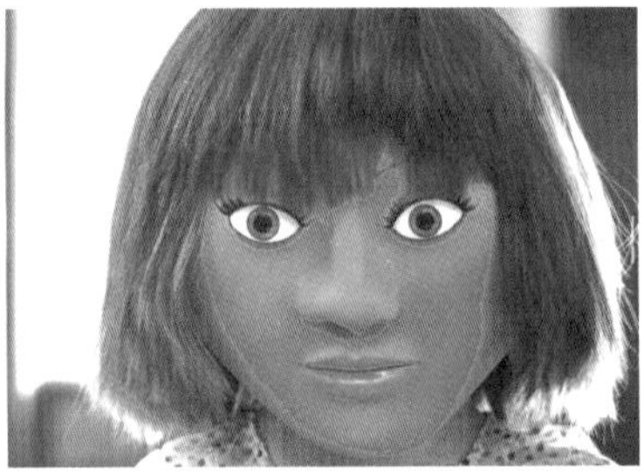

HR-V
毎日乗るクルマの、
新しいカタチです。

Benetton Condom／1994　Laforet Grand Bazaar 春季／1996　Laforet Grand Bazaar 冬季／1996
Laforet Grand Bazaar 夏季／1997　Laforet Grand Bazaar 冬季／1999　Nike Total Performance Leadership／1997
Suntory Cocktail Bar／1997　VenusFort Bargain／2000　Honda HR-V／1998

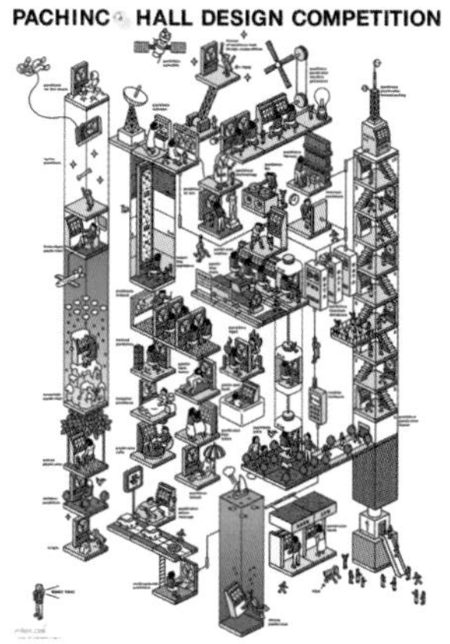

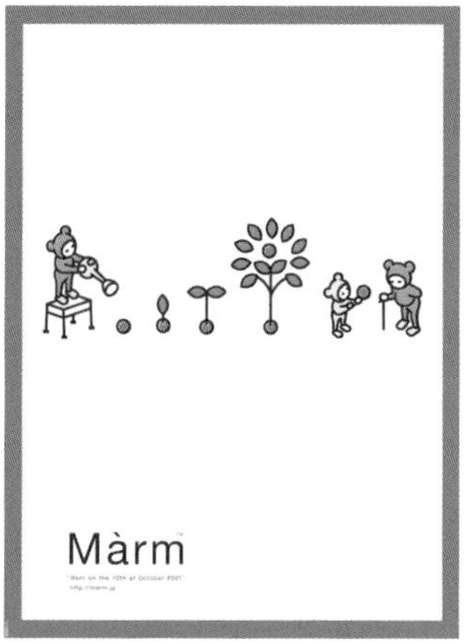

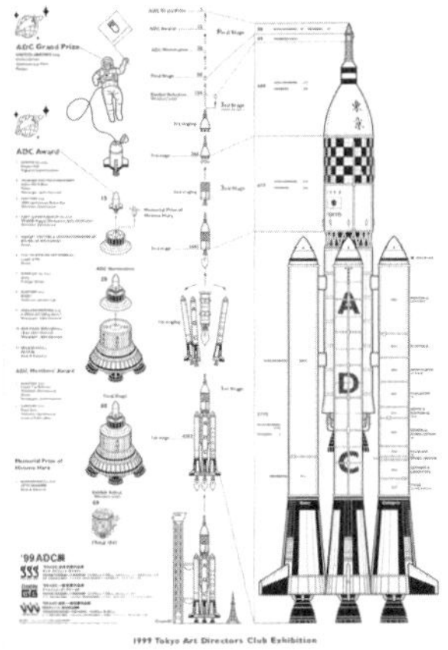

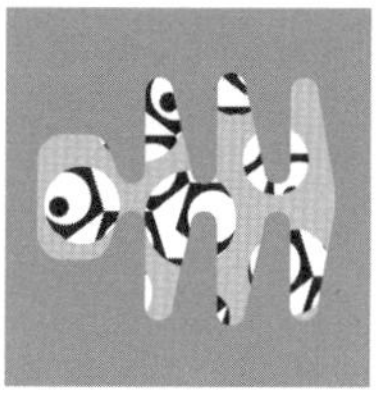

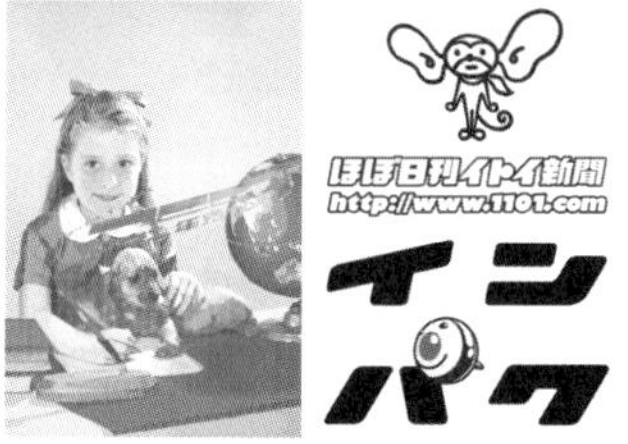

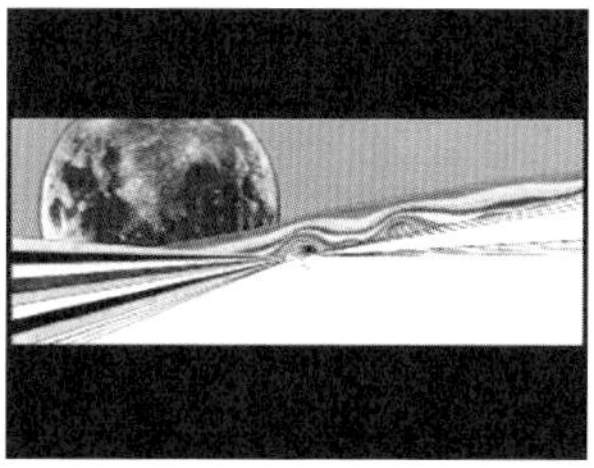

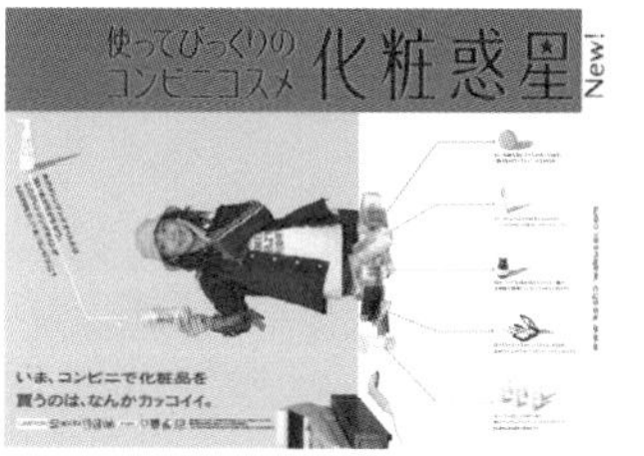

Pachinco Hall Design Competition／2001　Màrm／2001　東京 Art Directors Club 展／1999　Parco 村上隆展／1999
宇多田光／2000　NTT Data／2002　TCC 文案年鑑／2000　ほぼ日刊イトイ新聞／1999　Impact／2000
哆啦 A 夢展／2002　宇多田光 Fly Me to The Moon／2000　資生堂化妝惑星／2001　Kirin 生茶／2002

獎項，我完成了獲得眾人認同的工作。同時，也確信了使用特定字體的設計不但是我的風格，也是向客戶提案時的重要特色。之後，更以時尚品牌 hiromichi nakano 的系列設計獲得多項設計獎。

完整的東西缺乏魅力，露出破綻更吸引人

在我和谷田一郎接下 Laforet Grand Bazar 及 Suntory Cocktail Bar 的設計工作時，我發現如果能夠依照觀眾的感覺提出好惡分明的企劃或創意，效果會更好；若能將人們的「好惡」、「懷疑」的感覺表現出來，甚至改變他們的價值觀，就能夠得到最好的結果。

由於美術指導的工作愈來愈多，幾乎每個星期都要向客戶提案，因此有許多工作必須和公司外的創作者合作。當時為了尋找有趣、新穎的表現方式，我還自作主張地跑去見了曾在 VenusFort（東京台場的大型購物中心）工作，人在巴黎的 Mohammad Kazem 先生（作家），甚至還曾為了接下 Nike 的工作跑到波蘭去提案。

然而進入平成時代（平成元年為西元一九八九年，日本泡沫經濟開始走下坡）後，由於經濟不景氣，廣告的表現方式也愈趨保守。比起創新的想法，客戶開始要求如型錄般的作品（訊息完整、清楚但乏善可陳的作品），因此無趣的作品愈來愈多。相反的，網路資訊開始大量流通泛濫，消費者的要求愈來愈多樣化，我發現供給者和接受者之間的差距愈來愈大。

有沒有辦法做出視覺效果突出、沒有破綻，又能夠滿足廣告客戶需求的有趣作品呢？就在我為這樣的難題尋找解答的時候，遇見了寄藤文平先生（作品以插畫為主要的創作風格）。我對他利用圖解來說明的表現方式深有同感，並在那之後將大量的案件委託他製作，而廣告客戶也能夠接受這樣的新方式。

自從以美術指導為主要工作後，除了寄藤先生外，我也積極尋找其他適合共事的創作人。這樣的合作模式，在經過多次磨合後，不但能夠提高對彼此的了解和創意的品質，也因此加快了工作的進程。

看到同輩開始獨立自創公司，我便也有了這個念頭。在進入ＳＵＮＡＤ十年後，我成立了 Butterfly Stroke。

離開ＳＵＮＡＤ後，我不再接之前客戶的工作，而改接麒麟啤酒、麒麟生茶、ＪＰｈｏｎｅ（現在的 Soft Bank Mobile）、資生堂「化妝惑星」（資生堂旗下的新品牌，日本國內限定販售）和ＴＯＹＯＴＡ豐田汽車等競爭對手的工作。我為宇多田光設計了兩年ＣＤ封面，另外，參與 Hobo 日刊 1101 新聞網（ほぼ日刊イトイ新聞）和網路博覽會的成立，都是非常有趣的經驗。

我也曾經為村上隆做過平面設計。在取得作品的電子檔後，再經由繪圖軟體

加工成平面設計作品，我從中深刻體會電子時代的樂趣和好處。不同行業的創意工作者可以透過軟體交流作品，雖然現在來看，已經是理所當然的事，但對當時的我來說感覺非常新鮮。

從平面、影像到立體

從事平面設計時，我非常講究海報等平面作品的表現方式。但在成為美術指導之後，隨著電視廣告作品的增加，在大型廣告宣傳活動中，我開始使用立體設計作為表現手法。我開始覺得與其只有平面設計，如果能有影像或實體的作品，效果會更好。我只是單純地覺得這樣能夠刺激感官，讓人印象更深刻。

這麼一來創作就變得更有彈性，只要有概念，未必要用一種視覺手法來呈現廣告宣傳。表現的方式可以千變萬化，現在我不管執行哪一種商品宣傳，都將「平面、影像、立體」整合行銷視為整體的宣傳規劃。

因此我必須了解自己喜歡的表現方式，包括要如何落實「平面、影像、立體」三合一的整合宣傳、過程中需要經過什麼樣的流程，以及成品又會是什麼模樣等基本的製作過程。

因為沒辦法一下子就都完成，而必須逐日累積、逐日完成工作，在每項工作中累積小小的概念也是非常重要的事。因為經過這樣的累積才能夠將作品完整地表達出來，所以每一個過程都不能輕忽大意。

透過這樣扎實的累積，不但會產生對工作的自信，與一起工作的夥伴，也會發展出革命情感，共享成就感。

每個想法都有幾個重點，只要能夠了解彼此的優先順序，再加以整理，就能夠找出最重要的關鍵。

最後以設計「紅」這個字為例，如果加上「超」或「super」就會變成「超red」或「super red」。這樣的話，只要想到一種強調文字的想法，就可以凸顯這個文字的印象。在此我特別要強調的是，將想法與工作人員共有共享，如此整個概念就不容易出現落差。

要將想法整理釐清，讓它變成更容易了解，同時找出最後的關鍵字，以能深入思考。

此外，溝通和設計、製作一樣重要。溝通有各種方法，哪一種方法最適合則要視情況而定，首先必須了解客戶的需求。

在開始執行宣傳案時，即使方向還非常模糊，但其中一定有許多關鍵字。做筆記很重要，但詢問客戶想強調什麼、想怎麼做也很重要。我覺得比起看文件，看著客戶的眼睛，傾聽他說話，反而更能夠了解客戶的需求，也更容易找到方向。

Kirin Lager Beer（乾杯！ Lager ！！）／2001

Coca Cola Bottlers（Summer Campaign Kuma ！ Cool ！！ Summer ！！！）／2005

©YOMIURI GIANTS

Kirin Lager Beer（乾杯！ Lager！！）／2001　NTT DoCoMo FOMA 901i／2004　globe 2 pop/rock／2005
White Trash Charms／2002　華氏 911／2004　Hangame／2005　GIANTS Emblem Mark／2006

符號性高、通用性高、快速（廣大的網絡／快速）

在從事過各種類型的工作後，我決定以更多的象徵符號作為表現方式。這是因為作品的符號愈多，通用程度愈高，廣告能力就愈強。

成功的案例之一就是麒麟啤酒的廣告宣傳。我在這次的作品中將以往用的圓形酒標設計轉變成適合宣傳用、複合了各種圖像的多符號形式，不但可用於眾多周邊商品，也可以單色來呈現，隨意搭配其他商品，不需要再另外設計。

為了提高設計上的通用性，因此以介於插圖和符號的方式來製作，並運用符號的特性，依照不同的需求，完成不同的設計。這麼一來，長達三年的廣告宣傳，就可以使用統一的表現手法，不斷地延伸發展。

此外，在電視廣告部分，為了針對不同的目標客戶，挑選幾組知名演員、歌手來擔當演出。這樣的設定再搭配上「乾杯 LAGER！」的廣告語，便營造出「豐富的啤酒」的氣氛。

由於麒麟 LAGER 啤酒的宣傳成功，之後有不少大型廣告宣傳工作找上門來。但在此同時，我卻開始覺得製作的大方向已經確定的工作稍嫌無趣，另外也發現接受委託製作廣告的工作型態是有其限制的。

該是我再一次改變目標的時候了。

以授權產業作為蛻變的目標

為了改變封閉的感覺，我開始思考是不是能夠活用以往與插畫家、作家合作的經驗，進而發展出不同的工作模式。答案就是授權產業——將以往累積的專業知識運用在卡通肖像授權領域。在成立 Butterfly Stroke 株式會社的第四年，我開始將工作內容從單純接案逐步轉變為生產。

我開始製作屬於自己的原創形象商品，最後取得 Copet、Kami-Robo、Hat-tricks、niji-zou、Yo-cochan、graph-man 等眾多的授權。

我一方面朝向授權產業發展，增加直接與廠商合作的機會，另一方面也與以往合作的廣告業界簽訂契約，提供形象商品的使用權，可能的話也承接部分廣告製作案。我用自己的方式逐步改變工作內容。

我以形象商品授權為出發點，將插畫家、作家、創意工作者的經紀、製作和版權管理，全部納入工作範圍內。最近，我發現以往的行業界線變得愈來愈不明顯了。

思考新的事物時，第一步是必須對現有事物抱持懷疑，化繁為簡，然後再從中重新找出訴求重點。如果有兩個重點，就應該有不同的表現方式，同時必須找出二者之間的交集。

但並不是把A加上B得出A＋B。所謂的A＋B是將原稿經過消化整理（經過斟酌的原稿），由A與B複合產生的

C，所以要盡快整理出A+B的原稿，然後重新審視這份原稿（A+B），產生自己的想法（疑問），才是激發創意（C）的第一步。

在概念形成之後，必須提出創意，不斷累積，基於A和B的複合體C來思考，再創造出不同價值觀的新C產品。

我之所以在表參道Hills舉辦紙機器人的活動，是希望能夠藉由結合現場活動，確定作品是否符合自己的想法。

結果我得到過去在從事廣告工作時，從未體驗過的成就感。而且從這次經驗中，我開始相信我可以將以往的工作做得更好。

認真將呈現出的作品傳達給別人
有同感的作品／被期待的作品

最後我想談談「認真將呈現出的作品傳達給別人」。

在廣告的世界，大多以客戶的意見為主，創意工作者能負責的部分並不多。如果是大公司的廣告宣傳，則由公司內部的業務人員負責。

如果無法充分了解從開發到廣告呈現等各個部門所完成的最終作品（商品或廣告成果），不管曾經歷過什麼樣的腦力激盪和作品成形的漫長過程，都無法好好地把訊息傳達給消費者。

他的話被我拿來當作本文標題的會長曾說「這個部分很難」，我對此也心有戚戚焉。要認真傳達一件事並不容易，好的時候總不自覺要自傲，不好的時候就會變得退縮。

負責傳達的人是依照自己的判斷來說明，如果不是在充分聆聽理解之後才傳達，最後一定會扭曲原意。

因此若是原始的重點對方不容易了解的時候。為了讓重點在過程中準確地傳遞，概念關鍵詞（コンセプトワード）的運用非常重要。

即使最後的成品無法領先對手，創造出好的結果。正確傳達創作過程中的想法、作法和作品背景仍然非常重要。如果能夠正確傳達，就能夠讓對方了解過程中好的部分，或是對部分的背景產生共鳴。

製作讓人有同感的作品，並以成為受到期待的企業或創作者為目標。

我在忙碌的工作中，也經常以成為一位「簡化思考複雜的事物，深思簡化思考的內容，清楚呈現深思的結果，認真將呈現出的結果傳達給別人」的創意工作者來深切自許。

然而目前我還不認為自己已經充分執行這句話所說的過程。

所以，在我的設計生涯中，這句話至今還是我最清楚的目標，也是最重要的一句話。

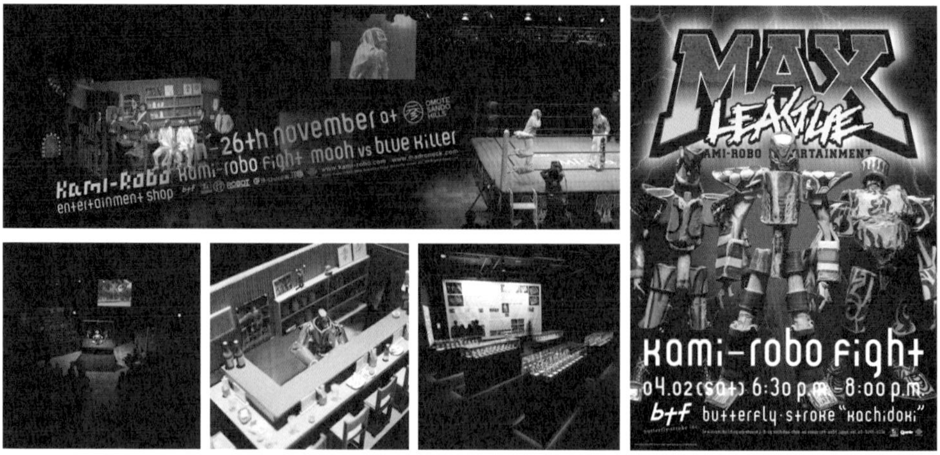

Kami Robo Fight 魔王 vs Blue Killer／2006　Max League Kami Robo Entertainment Show／2005

Copet 展／2006　Copet 展／2007

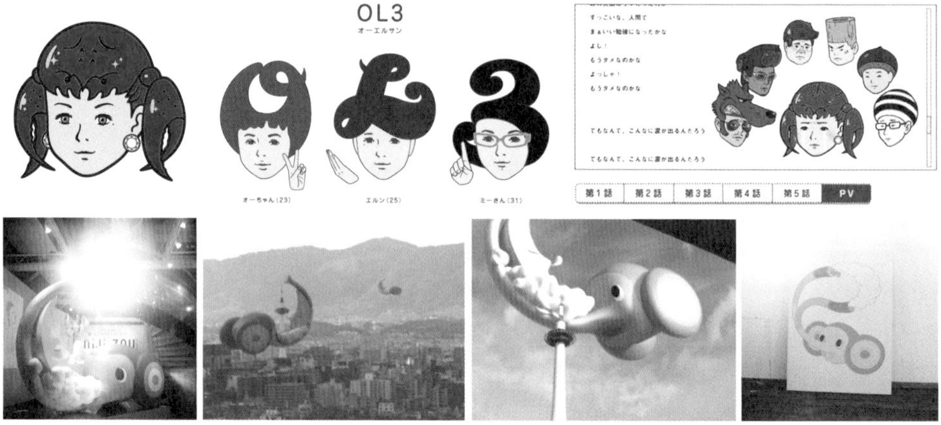

東京螃蟹子／2005　Nijizou／2006

青木克憲的製作過程思考法

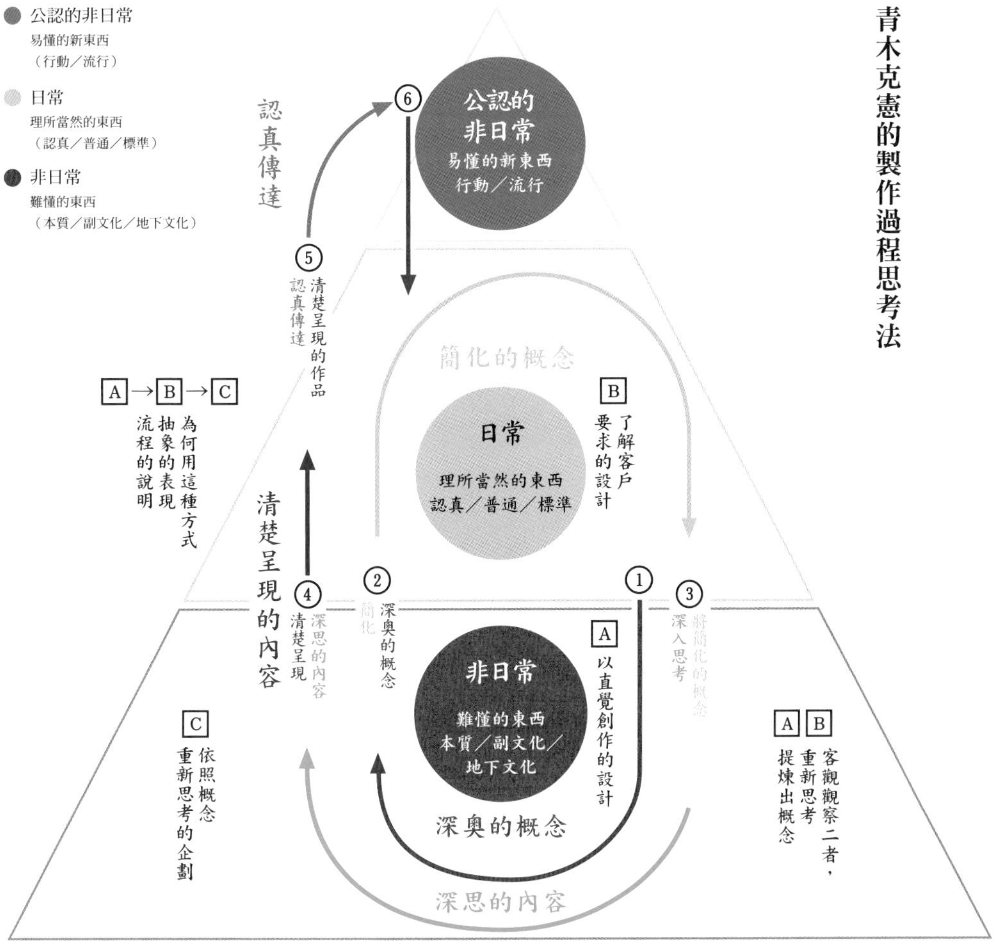

公認的非日常
易懂的新東西
（行動／流行）
日常
理所當然的東西
（認真／普通／標準）
非日常
難懂的東西
（本質／副文化／地下文化）
公認的非日常
易懂的新東西
行動／流行
日常
理所當然的東西
認真／普通／標準
非日常
難懂的東西
本質／副文化／地下文化
簡化的概念
深奧的概念
深思的內容
認真傳達
清楚呈現的內容
① A 以直覺創作的設計
② 深奧的概念簡化
③ 將簡化的概念深入思考
④ 深思的內容清楚呈現
⑤ 清楚呈現的作品認真傳達
⑥
B 了解客戶要求的設計
C 依照概念重新思考的企劃
A B 客觀觀察二者，重新思考提煉出概念
A→B→C 為何用這種方式抽象的表現流程的說明

1. 首先是整理

新的發想需要收集情報，參考競爭對手的商品，整理出自己的表現方式。與其講究作品的完成度，利用速度爭取時間，重新客觀檢視作品才是最重要的。

事實上，我認為這個階段的許多想法產生自次文化，對於同輩或與自己有相同價值觀的人來說，或許十分有趣，但對「所有人」來說則太過小眾。要將作品的魅力變成大眾口味，可參考以下的步驟。

2. 簡化思考複雜的事物

解決之道有利用名人加分或利用廣告詞。不過我認為大多數的時候，為了不讓作品埋沒在海報、電視廣告或特定媒體中，採用立體的呈現方式即可解決。

我的設計稿和企劃就屬於這一類。因為即使需要對客戶提案，也只是將委託的內容真實地呈現，因此很容易被接受採納。

3. 深入思考經過簡化的內容

在這個階段需要重新考量內容的優先順序和重點。比如說，已經有兩個具體的表現方式，如再深入思考，便會更容易檢討並找出概念和本質。

考量媒體與連結社會的方法非常重要，如不仔細思考就無法決定主要的概念，好不容易完成的作品也會成為在社會上無法流通的小眾。許多創意工作者認為自己只負責畫畫，考量使用媒體的方法並不是自己的工作，但翻開字典查閱會發現「設計」一詞其實是「企劃」的意思，所以企圖、策劃也是創意工作者的工作。

4. 清楚呈現深思的內容

到了第三個階段如果覺得準備好零件，接著就是琢磨的過程。注重細節，不斷累積這些小小的堅持，就能夠增加作品的魅力，讓它更容易被了解。

5. 認真傳達呈現出的結果

這個部分創作者的義務首先要了解客戶的需求範圍，然後將表現手法和概念精確地傳達給別人。原本只有工作夥伴能夠接受的小眾作品，在經過不斷地精練之後，成為任何人都能夠接受的新作品，是一件讓人喜悅的事。

我認為一個很好的例子就是祭典。像日本這樣的法治國家也會舉行激情的祭典，如果是其他情況，馬上會成為社會問題。但是在祭典這個被公認的非日常空間中，激情卻是被允許的。我常想有一天一定要創作出像祭典般震撼人心的作品。

6. 從流行變成標準的一般事物

公認的非日常型態會製造出新的流行，而流行會受到使用者的支持。這個結果，讓許多從事製作的人跟著追逐流行，由此呈現了時代的氣氛，各種流行的表現方法和技法為滿足人們的需求而生。而這些流行的表現和技法就這樣在經過不斷地模仿、使用、擴大再生產，以某個階段為界，成為普通且理所當然的事物，從流行變成標準。

新的事物眾多

在這樣重複的過程中，世上的流行和主流的事物不斷被製造和消費。像近幾年，復古風潮也同樣步上這個潮流。

如果畫成圖表，大家會覺得要爬上這座金字塔的頂端非常困難，但我覺得事實上在金字塔底部還有許多能夠成為主流的新事物。

雖然看起來可能是難懂的東西，但還是希望大家能夠認真思考要如何整理這些可能成為主流的事物，如何去呈現並加以企劃，要和什麼東西搭配之後再提供給大家，努力創造出眾多主流事物的流行、趨勢和標準。

創造出愈多這樣的東西，我們的生活和文化就會愈豐富。

石岡瑛子

石岡瑛子 風姿花傳

石岡瑛子　ISHIOKA Eiko

[簡歷]東京出生，畢業於東京藝術大學美術學系，曾任資生堂、PARCO和角川書店等廣告宣傳的美術指導和平面設計。80年代將活動據點移往紐約，合作的媒體擴大到電影、歌劇、錄影帶、馬戲團，並參與奧林匹克等國際性活動。曾獲奧斯卡獎、葛萊美獎、坎城影展藝術貢獻獎、紐約影評人協會獎。2008年，擔任北京奧運開幕式的服裝總設計師。

一九七〇年，我離開資生堂，成為自由工作者。那時對未來有著不安期待的我遇見了羽仁進導演，他問我有沒有意思擔任他下一部作品的影像統籌。當時對電影完全外行的我，利用在印刷及媒體工作時累積的眾多經驗，提出了電影人想像不到的企劃案，這讓羽仁進導演大為吃驚。

但由於預算和技術上的問題，最後連十分之一的想法都未能實現。出身設計，開始進入這個新領域的我，不太能了解電影世界既有的古典特質，很難從日本電影這種固有不思改變的環境中，創造出能刺激現在年輕人想法的新創意。我想如果將來我要創作電影，大概只能聚集一些從零開始的新人，採用全新的方法吧！

就在這個時候，我接到一份規模比電影小好幾倍的電視廣告工作。電視廣告是基於每秒二十四格的影像生產的媒體，雖然在時間及空間的運用上和電影相通，但創作的基礎和目的則完全不同，這個不同的形態對我來說反而非常新鮮。因為一切從零開始，所以我可以依照自己的方法自由創作，這點非常吸引我。

雖然長久以來，我非常討厭在電視節目演得正精采時插入打斷、自說自話的電視廣告，但這一次相反的，我必須去創作出廣告，嘗試在休息時間將觀眾拉回螢幕前。

當時PARCO百貨要我運用電視、報紙、海報、出版品等各種媒體，進行大量強力的廣告宣傳。這是在七〇年代那時候，少數我可以發揮幹勁的珍貴機會，而這也將當時離開廣告業界，正打算成為自由工作者的我，帶回老地方繼續奮力一搏。

在我開始和他們合作之後，了解PARCO希望為七〇年代的日本社會帶來新的刺激。這對我這種處於被動立場的廣告表現者，是個相當吸引人且非

"Parco" 媒體形象海報
〈Poster〉1979
P：Kazumi Kurigami
C：Eisuke Sugimoto
西方能夠穿著東方嗎？

PARCO Campaign Poster

PARCO 在與費．唐娜薇（Faye Dunaway）合作的最後一次廣告宣傳中，希望讓美國女明星「穿著東洋的風格」，而這個作品就是正確表現 PARCO 哲學的重要實驗。

我曾經和三宅一生先生討論過佛像衣服上的縐褶之美。在這次我請他設計費．唐娜薇小姐所穿的服裝時，兩人聊著聊著浮現了觀音像的畫面。我很好奇觀音像的靈感會讓他設計出什麼樣的衣服？因為這種感覺在他的設計中從未出現過。

他將緞布特別染成金、銀、桃和紫色，這樣的色彩可加強拍攝的效果，更重要的是他設計了一件非常適合費．唐娜薇小姐穿的服裝，讓她堂而皇之地變身成觀音像。而我的兩個姪女則扮成觀音佛前的童子，在好萊塢的攝影棚裡，和費．唐娜薇這位世界巨星一起拍照。擔任廣告文案的杉本英介，直接了當地以目前日本人對西洋風格的感受為主題，創作出「西方能穿著東方嗎？」這個廣告文案，貼切地表達了我的想法。

日本在第二次世界大戰中戰敗的同時，也喪失了日本人的價值觀。日本人在毫無自信的情況下開始重建自己的國家，他們發現為了讓日本重返地球村，除了乖乖地向西方學習外別無他法。長久以來，一直認為「東方能夠穿著西方嗎？」。

二十世紀末的現在，是東方人和西方人開始自我反省的時候。如今非常明顯的，西方開始注意東方了。

PARCO 大膽地問出讓東西合而為一的「西方能夠穿著東方嗎？」，其實是展望著未來的全新的日本，並向全世界提出同樣的問題。

常迷人的野心，也讓我不知不覺地愛上這家公司。

除了PARCO外，我也參與各種不同領域的創作，包括擔任舞台劇的藝術指導、展場設計、企劃和製作出版品、企業識別設計、繪製插畫及採訪。如果把我所有做過的工作都寫出來，看起來會像是誇大的廣告詞。但對一心一意想成為作家的我來說，多元的工作內容不斷刺激我的好奇心。隨著工作主題的增加，我大膽地認為「地球的一切都是我的舞台，都是我的材料」，這也讓我開始能夠大言不慚地說出自己的感覺，並逐漸拓展活動的範圍。

我的頭銜是藝術指導也是平面設計師。就像許多現代的作家雖然名為作家，但跨足各領域的人卻不少，和這些人相比，我算是謹守本分的了。當一個人思考如何以平面設計、藝術指導或是藝術的方向去呈現事物時，就會讓他有別於一般人。而我除了少數例外，大部分的作品都是受日本客戶委託而做，並以日本的觀眾為對象，說起來就像是收錄了日本社會和創作者之間長時間的對話片段的證言集。

我究竟為何要這樣努力地不斷嘗試不同的工作呢？模糊地來說，應該是想將想法投射到社會這個浩瀚大海中，並透過得到的反應來檢視自己。如果有什麼想法，可以運用自己的方式訴諸於媒體。所以能在愈多媒體中遊走愈好。電視、舞台、海報或報紙都是我的畫布，我希望自己的意見有鮮明的色彩，並從眾多領域中挖掘出自我的才華。以這樣的才華作為畫具，繼續我的創作，如果沒有才華當作畫具，我的創作也就不存在了。

我經常強烈意識到自己不但是創作者，同時也必須是觀眾。身為創作者的我必須問身為觀眾的我：「這樣可以嗎？」身為投手的我，同時也是捕手、打擊手，另外也是看著球的去向的觀眾。說起來我就是一個相信自己能夠擔任棒球比賽中所有角色的棒球選手。

一九八三年秋天　東京　石岡瑛子

［摘錄自一九八三年求龍堂出版的《石岡瑛子 風姿花傳》］

①

②

③

PARCO TV CF

十五秒的電視廣告，在日本的電視廣告中由於時間過短，且無法呈現完整內容，長久以來被當成垃圾而受到忽視。在這樣的情況下，預算有限的 PARCO 從一開始就打算在十五秒內一決勝負。如果以說故事的方式來呈現短短十五秒的廣告，一定不會有太好的效果，所以我打算以視覺效果來呈現想表達的重點，藉此搏取觀眾的好感，讓觀眾看過之後再也無法忘懷。把它當成運用電視製作的海報。具體來說，電視廣告大多使用攝影機拍攝很多鏡頭，之後再透過編輯剪接加以變化。這次我將攝影機放在定點拍攝，並將演員放在畫面中央，讓觀眾期待畫面將呈現的最後結果，帶給觀眾驚奇的感受。

一些拍攝優秀電視廣告的導演，時常會拍出六十分鐘的無聊電影大作；或是一流的電影導演，也會拍攝出不知所云的廣告。我想那是因為他們切分影像的時間、空間的單位，分別是以一秒二十四格及一分鐘所產生的差異。

我在此選出三部我為 PARCO 製作頗受歡迎的十五秒廣告。

①「不要看裸體！脫光吧！脫光是一種流行！」

PARCO 主要是販賣所有與流行有關的商品，是一家連鎖百貨公司。我的流行主題，是先放棄服裝是裝飾肉體外表的想法，而將重點放在穿衣服的人的內在，並以此發展出同時具有攻擊性和刺激感的廣告。

②「名模光有長相是不行的」

有一段期間我因為翻閱歷史資料，開始留意到一些被保存至今的民族服裝。但想到若要讓現代的都會女性去穿著傳統服裝，大概不是件容易的事。我因此前往巴黎拜訪剛舉行完發表會的三宅一生先生，並委請他來設計服裝，我們兩個人到處尋找材料以準備拍攝工作。最後選定了位於洛杉磯的愛雯帕湖（Ivanpah Lake）作為拍攝地點。

③在炎熱的夏季，身穿比基尼的十頭身黑美人，和五短身材的聖誕老人跳恰恰。旁白是「六月十四日開幕，涉谷 PARCO」。

以展現這部電影震撼觀眾的力量。穿插在電影名稱之間的文字，是以紐約時報為首的五份報紙影評。

這張主要在都市環境中展現的海報，如果能讓觀眾將目光在海報上多停留一秒就算成功了。多看個一秒、三秒、五秒，甚至更長的時間，看的人隨著駐足的時間拉長，更能夠看出其中的深意。而這張海報，也在日後讓我和柯波拉家族結下不解之緣。

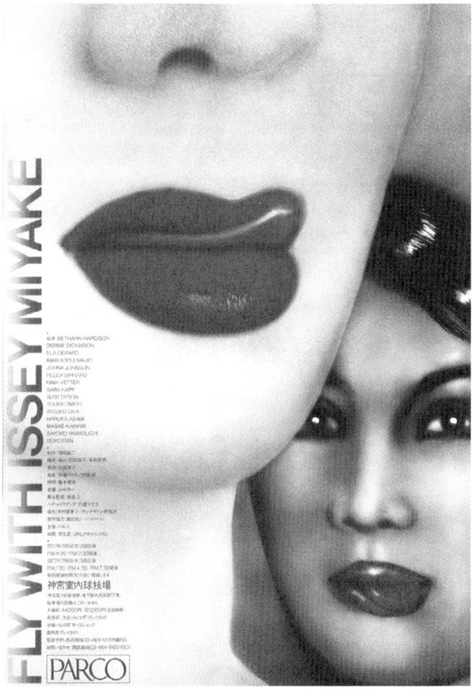

Fashion Show "Fly with Issey Miyake"／〈POSTER〉1977
I: Christian Piper／三宅一生時裝秀

Fly with Issey Miyake／Medium：Stage Production／Organizer：Parco 西武劇場／Creative Directors：石岡瑛子、三宅一生／Stage Director and Designer：石岡瑛子／Music Directors：伊藤潔、伊藤八十八／Sound Director：山中洋一／Lighting Designer：藤本晴美

ISSEY MIYAKE Fashion Show

我對於為了銷售的目的而舉行的服裝秀，一直是沒有興趣的。而三宅一生卻拜託這樣的我為他設計舞台。「FLY WITH ISSEY MIYAKE」是討厭時裝秀的我和三宅一生合作的第三場演出。

模特兒這群不可思議的人類，一旦穿上精心設計的服裝，就好像突然綻放的花朵般亮眼了起來。她們擁有讓服裝活過來的特殊能力，她們的肉體是獨特的。我選用了黑人、白人和日本女模各五名，以三宅一生的服裝作為劇本，創造出全新的舞台表演。除了舞台之外，美術、照明設計、宣傳用的海報、手冊和錄影等，全都由我一手包辦。

我找到一個原本被用來當作室內棒球練習場，且絕對稱不上漂亮的地方，經過整理之後，設置了巨大的白色十字型舞台，並在直角處搭設巨大的屏風形狀的白色嵌板。

為了讓觀眾一口氣欣賞一個半小時的演出而不厭倦，整場演出有時像舞台劇，有時又好像全新的舞蹈表演。貫穿整場演出的主軸，是源於我感性的心靈深處裡，對充滿魅力的沙漠之光、風和空氣的印象。

海報是由住在紐約的德國人 Christian Peiper 和我共同創作，展場手冊中除了表演者的介紹外，還有三宅一生和我的對談。

服裝秀總共演出兩天，每天兩場，入場看秀必須付費，每場觀眾超過三千五百人，總共約有一萬五千人欣賞過這次的演出。

Apocalypse Now

日本人是個非常喜歡海報的民族，與其說是一般人喜歡，倒不如說是媒體相信海報具有良好的宣傳效果。隨著廣告媒體的多樣化，電視新媒體趁勢而起，但海報至今依舊健在。

儘管如此，卻很少看到與電影或戲劇有關的優秀海報作品，這些海報幾乎都沒能讓人感受到屬於那個時代的活力。對於電影製作人或導演未將與製作電影同樣的熱情灌注在宣傳工作一事，讓我覺得非常不可思議。基本上，我覺得這是因為負責宣傳工作的日本電影公司和外國電影的版權商，認為宣傳不過是電影的附屬行為。柯波拉（Francis Ford Coppola）執導的《現代啟示錄》，除了有著嚴肅的主題外，整部片製作時間之長、耗費的金額之高，是全球電影從業人員矚目的一部作品。這部美國製作的電影，在日本的片商是Herald Ace電影公司，他們打算運用海報這個正式的媒體來吸引大量的觀眾，並委託我來設計。

一九七九年夏天，這部片在紐約上映之後，Herald Ace立刻派我前往紐約。理由是因為日本當時還無法取得電影拷貝。在紐約時，我在電影院裡不斷重複觀看此片，直到海報的構想在腦海中成形。

接受這份工作時，我很難得地想要利用超現實的插畫來表現這張海報。我選擇了和插畫家滝野晴夫合作，並請他一同前往紐約，以培養共同的經驗。我在紐約時將腦海中成形的兩個構想告訴他，並成功地取得他的認同。

這是我利用海報這種靜態的媒體，對柯波拉在這部電影中，提供給觀眾體驗戰爭的恐怖、瘋狂、感覺和道德衝突等不同感受，所表現出的熱情。

在下方的海報中，我以看似來自其他星球，無數的外星人直昇機為主角，與海上的一個小衝浪者對比，

Film "Apocalypse Now" ／A Flim by Francis Ford Coppola／〈POSTER〉1979／I：Haruo Takino／電影《現代啟示錄》

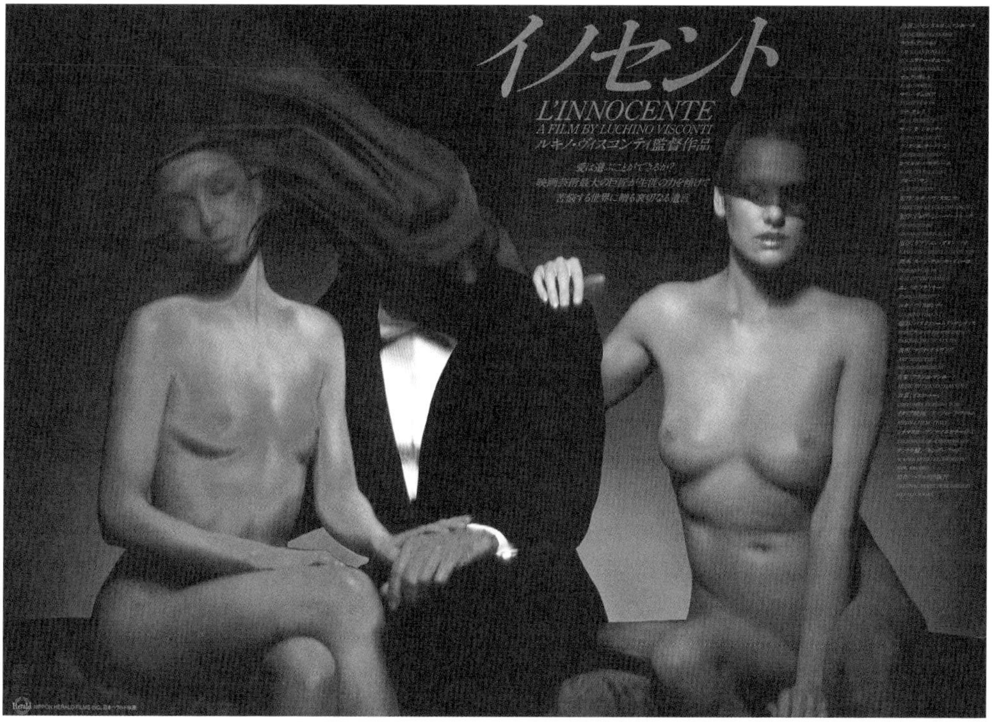

Film "L'Innocente" ／A Film by Luchino Visconti ／〈POSTER〉1978／P：Kazumi Kurigami ／電影《*L'Innocente*》

L'Innocente

由於日本電影業者高傲地認為，好電影就算不宣傳，觀眾也會自動上門。這導致好的觀眾不再上電影院，取而代之的主要觀眾群變成國中和高中生。正當身為電影迷的我開始憂心這樣的現象時，角川電影正好拜託我為他們製作海報。因為這類藝術電影往往在宣傳上較難使力，不易傳達訊息以吸引觀眾，電影公司希望尋求解決之道。而這部電影就是維斯康提（Luchino Visconti）的遺作《L'Innocente》。

我獨自在試映室裡觀看以義大利語發音的毛片，雖然聽不懂，卻能掌握電影的意思。在試映時，我突然靈光乍現，並將構想畫在手邊的面紙上。這個構想，在日後觀看了日語字幕的版本之後，仍然讓我充滿自信地決定採用。

我拿著畫在面紙上的草圖，向攝影師操上和美說明我所需要的影像。他非常喜歡這個構想，還要求我將草圖借給他。

我雖然經常與攝影師或插畫家關係密切地合作，但幾乎無法將腦海中的構想完整地以影像呈現。這回之所以能夠化不可能為可能，完全是借重了操上和美的力量。

被稱為照明魔術師的操上和美，能夠將照片中不完美的地方，例如裸露的毛髮、瑕疵、臉部的皺紋等，經由製版的過程修飾得更完美。而這個過程也成為我工作的一部分，為了讓光線的強弱、陰影的色調完全符合我腦海中建構的完美影像，這一回我嘗試用製版及印刷的機器來製作草圖。

製版師父和印刷師父在這個階段成為我的畫師。

電影上片時，這張海報試著傳達這部作品的魅力，不但成功達成吸引觀眾的目標，也同時點燃了日本的維斯康提熱潮。

野性時代

應該沒有其他民族像日本人這樣喜歡文藝雜誌的吧！文藝雜誌的主要內容雖是小說，但也穿插了許多其他類型的文學作品。但是這樣的雜誌，卻沒有一本有美術指導。因此即使時代變遷，始終沒有一本文藝雜誌自覺到視覺設計的重要性。角川書店在一九七四年出版《野性時代》雜誌時，為了突破以往文藝雜誌的框架，開拓新的表現方式，老闆角川春樹希望有美術設計參與其中，我因此接受委託，並答應接下約四年的美術指導工作，參與商品形象的製作。

首先是雜誌標題的字體，其次是封面、目次、本文的版面和大小、基本字體的選定，專題的企劃等，工作內容十分廣泛，我必須逐一和編輯們促膝長談，討論製作的理念。

在設計雜誌最重要的封面時，我希望能夠跳脫以往雜誌的文藝氣息，嘗試將標題「野性時代」的意義變成一種視覺。具體來說，就是描繪出都市裡生活的人們所能呈現的與自然野性有關的影像。我認為透過考量全球都會區居民面對的空氣污染、交通事故、人口增加和濫交等共同問題，或可找出現代人所謂「野性」的意思。因此我決定從都市生活的專家，也就是紐約客中來選擇插畫家。最後我輪流與 Charlie White Ⅲ、Christine Peiper、Peter Palombi 等人合作，每年飛往紐約一次討論設計的內容。我帶著一整年的構想，與各插畫家仔細討論、決定設計方向後回國。再依照他們的構想繪製成草圖，並以電話聯絡溝通，告訴他們相關的重點，取得共識後請他們正式作畫，等原畫寄達後我再接手設計工作，最後完成封面製作。

有時當我們無法取得共識時，石岡怜子、大西重成、秋山育、谷田カツ和我就必須針對相關事項再次討論。

遺憾的是因為我的工作堆積如山，每個月必須重複進行的討論變成負擔。擔任了將近四年《野性時代》的美術指導，最後不得不打上休止符。我之所以能夠奇蹟似地持續了四年，都要歸功於編輯成瀨始子小姐的熱情和執著。

①

②

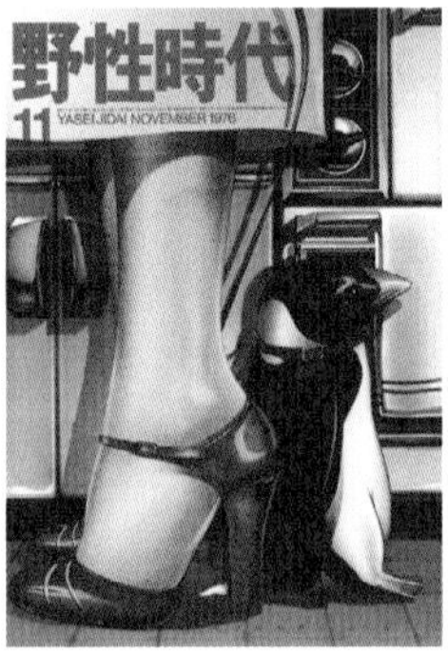

③

④

⑤

⑥

"Yasei Jidai"〈Magazin Cover〉
① May 1976／I : Ryoko Ishioka／野性時代 1976 年 5 月號 ② December 1976／I :Charles. E. White Ⅲ／野性時代 1976 年 12 月號 ③ Novermber 1976／I : Peter Palombi／野性時代 1976 年 11 月號 ④ August 1976／I : Peter Palombi／野性時代 1976 年 8 月號 ⑤ October 1976／I :Christian Piper／野性時代 1976 年 10 月號 ⑥ May 1977／I :Christian Piper／野性時代 1977 年 5 月號

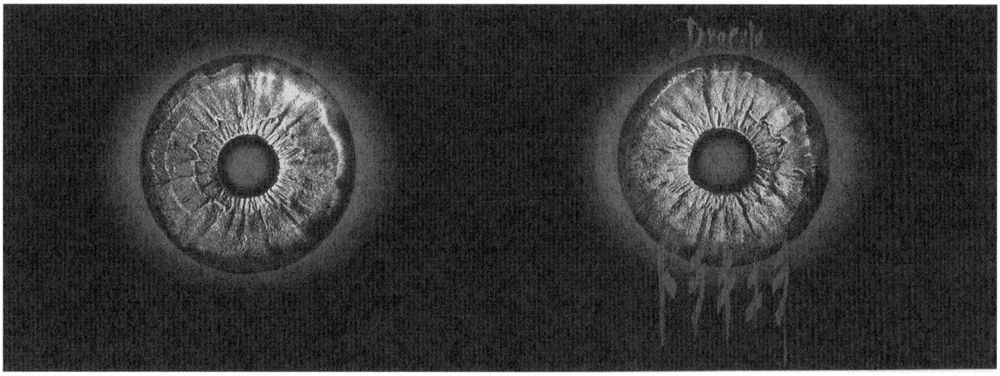

Film "Bram Stroker's DRACULA" ／〈POSTER〉1991 ／電影《吸血鬼》

榮獲奧斯卡最佳服裝獎

電影「吸血鬼」

Bram Stoker's Dracula

一九九一年二月當福岡正在經歷寒冷的高峰時，柯波拉導演突然來電。像他這樣的大忙人說話經常是省略開場白，立刻進入正題。我雖然已經習慣了，但因為對方是柯波拉，還是讓我緊張得不得了。

「我希望你能幫忙我設計即將要開拍的《吸血鬼》的戲服。」「什麼？Dracula（吸血鬼）？」我忍不住叫出聲來。「沒錯！你剛才的發音很標準啊！一定沒問題的！你能不能到納帕谷（Napa Valley）來，我們談談！馬上哦！」

我到現在還是無法正確發出「R」和「L」的音，電話中竟然能夠讀出像 Dracula 這樣混合了「R」和「L」的單字，真是奇蹟。

不少電影導演都是說服人的天才，個性率性的我，經常被對方的讚美說服，隨口答應接下工作而吃盡苦頭。「我是設計布景的，雖然做電影的布景時也會負責服裝，但不是服裝設計師。」柯波拉打斷我冗長的解釋，說道：「我就是想拜託不是服裝設計師的你來設計我的戲服，懂嗎？」

我聽不懂他的意思，但知道似乎還有時間可以作決定。為了弄清楚整件事，我第二天就來到位於加州納帕谷的柯波

拉住處。

就算我付學費，都不知道能不能被這位導演錄用，而他竟然要我加入他的工作團隊，能夠和這樣的導演面對面一起工作，這種機會真的是太難得了。加上和好萊塢的電影拍攝團隊一起工作，也是相當難得的經驗。即使如此，從來沒有學過電影製作的我，真的可以參與預算龐大的好萊塢電影製作嗎？我懷抱著不安和興奮的詭異心情，來到了柯波拉位於納帕谷占地一千七百英畝的維多利亞風豪宅前。

我和柯波拉的相遇，可從製作電影《現代啟示錄》的海報說起。

某日Herald Ace電影公司（現在的Asmik Ace Entertainment）的原正人突然來電說：「我要代理柯波拉最新的作品，但我不喜歡好萊塢版的海報，你能不能幫我設計一張能讓日本觀眾大開眼界的海報。」這對身為柯波拉影迷的我來說，是求之不得的工作。我直覺認為插畫家滝野晴夫，一定能完整表現我的想法，於是和他一起飛往紐約看電影。

當我們走進正在上映《現代啟示錄》的Siegfried電影院時，巨大的螢幕轟隆作響，柯波拉的精采作品震撼全場觀眾。我和所有觀影人一起沉浸在高亢的情緒中，再加上從頭到尾都很緊張，看完電影後我全身無力。雖說如此，要用海報來表現這部影史傑作，著實是個不容易的挑戰。

看完這部傑作，情緒還非常亢奮的我，在飯店的咖啡廳角落想到兩個頗有自信的點子，當時還彈了彈手指，非常得意。我將想法畫在桌上的餐巾紙上拿給滝野晴夫，幾個月後，我們的創作就變成大型海報張貼在東京街頭。幸運的是，我被通知得悉柯波拉非常喜歡這張海報，並邀請我們前往他家。

後來我才知道，在眾多電影導演中，柯波拉特別關心且了解設計，還對我們說：「一張海報和一部電影同樣都具有改變歷史的價值。」柯波拉可算是信賴設計者的後援會成員。

第一次到訪柯波拉豪宅時，他帶我參觀他所經營的小型製酒工廠，為我詳細解說葡萄從收成到釀製的完整過程，並建議我用自己的舌頭逐一品嚐，他說：「釀酒的過程和創作電影的過程十分類似，只要一個不小心，一切就會前功盡棄。」

這是多奢侈的一場家教課呀！我竟然能在「柯波拉教室」學習真正的電影製作，簡直像是作夢一般令人驚訝。

聆聽柯波拉話語的瞬間，不自覺地時間過了許久，待回過神轉身一望，眼前的景色依然，同樣是那一望無際的葡萄園。

開門迎接我們的是柯波拉夫人愛蓮娜．柯波拉，她是個笑起來很溫暖的女人。和她愈熟就愈覺得她魅力無窮，我和她在之後更成為情同姊妹的朋友。我們一邊享用愛蓮娜準備的午飯一邊閒

Family Emblem Design

聊，完全沒有感覺我是被找來合作拍電影的。

這片廣達一千七百英畝的土地雖可說是柯波拉的工作室，但他寫作劇本、構思電影的地方，卻是在一個像是山中小屋，簡單地讓人驚訝的木屋。而那也正是我們開會的地方。翻開桌上準備的資料，柯波拉開始對我大談他對電影和設計的構想時，我突然打斷他問道：「你為什麼想拍吸血鬼？」因為就在愛滋病在世界各地肆虐時，拍攝嗜血如命的吸血鬼電影不覺得不妥嗎？

「對從事電影工作的人來說，吸血鬼是十分值得玩味的夢幻素材。所以到目前為止曾經上演過無數部的吸血鬼電影，一九二二年德國導演穆瑙（Friedrich Wilhelm Murnau）執導的《吸血鬼》，應該是最優秀的吸血鬼電影吧！我希望能夠忠於布蘭姆．史托克（Bram Stoker）的原著，拍攝一部吸血鬼的愛情電影。因為該書的主角『吸血鬼』是個與眾不同的傢伙。」

我想正因為是愛滋病氾濫的時代，他才想要挑戰吸血鬼這個題材吧！「十九世紀末，以維也納為中心興起了大型的美術運動，其中的象徵主義，充滿無限的想像可能，有著感官、灰暗、頹廢等風格，我希望研究其中的精華，創造出完全獨立的視覺世界。」

在那之後「前所未見的表現方式——Never Seen Before」成了我和柯波拉之間的暗號。

我的設計規劃是將重點放在主角「吸血鬼」和其他吸血鬼身上，運用前所未見的獨特創意，積極嘗試新的實驗，讓觀眾在看完電影後只能說「真的不太一樣」。我希望觀眾無法輕易將這部電影分類。至於其他角色的服裝，則由我以時代考據為基礎進行設計。

我一開始就有覺悟觀眾的反應可能會呈現兩極化，一是因為接觸新世界而深受感動，另一則是面對前所未見的世界

而覺得不舒服，會產生差異如此大的反應，其實都在我的預測之中。所謂積極進行實驗性嘗試，或許就是指即使出現反對意見也無所畏懼吧！

首先，我捨棄傳統身披黑色披風、尖牙外露的吸血鬼形象，成功塑造出擁有眾多面相且個性複雜的「吸血鬼」，讓觀眾無法輕易看透他的真面目。希望創造出一個對觀眾而言不可思議、難以捉摸的「吸血鬼」。會質疑「吸血鬼」是人還是野獸？是天使還是惡魔？是美還是醜？是男還是女？是年輕還是老？

我希望我所塑造的「吸血鬼」，能夠像萬花筒般不斷展現不同的形象。經由這部電影中創造出全新吸血鬼形象，是柯波拉和我的實驗，也是我們對電影的熱情。我花了五、六月兩個月的時間，設計出三套非常獨特的戲服，一套是上戰場時穿的盔甲，一套則是在城堡中穿的長袍，第三套是藏身棺木中迎接死亡時穿的黃金袍。

電影的開場，就是身穿盔甲的「吸血鬼」前往戰場作戰，以及從戰場返回的兩場畫面。當時的「吸血鬼」是Transylvanian的國王，是一名英氣風發的青年。由於這套盔甲的設計影響整部電影的發展，所以是一套非常重要的戲服。根據柯波拉的強烈要求，一定要創作出前所未見的設計，不能只是利用過去的盔甲來改造，必須給他完美的結果和作品。

首先我徹底研究歷史上的盔甲，研究它們如何變成一種制式的服裝，如何發

Film "Bram Stroker's DRACULA"／〈服裝設計〉1991／電影《吸血鬼》

展出保護身體的功能。但我的設計並不是去研究歷史上的盔甲後加以改造，而是必須堅持並講究原創性。為了實現這個想法，我必須學習解決技術問題，並了解盔甲與身體結構的關係。

一般的盔甲，基本的重點在於保護身體，也就是如何隱藏身體。而我所設計的盔甲，除了必須確實覆蓋身體，同時呈現出時尚感外，我還要挑戰以盔甲表現出身體的概念。我希望盔甲外觀的感覺是像肌肉，而不是皮膚，因此決定以研究解剖學為出發點來設計。同時，要讓吸血鬼穿上我設計的盔甲時呈現出高貴的氣質，並在以肌肉為外觀的設計下，消除血腥味的感覺。

除此之外，柯波拉所提醒我的「『吸血鬼』具有控制動物的能力，尤其是具有與狼相近的能力」這句話，對我的設計也有相當的助益。

我以狼為形象來設計頭盔時，希望它散發出詭異的氣息，因此也研究了防毒面具。在我的原創畫作中，雖然呈現了這種感覺，並在進行雕刻時特別強調狼的味道，但最後我發現頭盔看起來竟然像是日本裝飾用的頭盔。對於自己在這種時候不知不覺地隱約展現日本風格的表現，讓我覺得很有意思。

在好萊塢有幾家製作盔甲的工廠，其中有一家以根據史料忠實製作中世紀的盔甲而頗負盛名，我前去拜訪了在那任職的 Diligent Dwarves。他很有自信地說自己製作的盔甲是好萊塢第一，但一看到我的草圖就啞口無言，因為遠遠超過他的想像。然而每一個好的工匠都是這樣，一看到前所未有的創意，便立刻想要挑戰，最後終於完成絕佳的作品。

《吸血鬼》的第二套戲服，是住在 Transylvanian 城裡年老的吸血鬼，在接待房產仲介 Jonathan Harker 來訪時穿著的服裝。當然此時出現的吸血鬼外型與穿著盔甲時截然不同。

我為了創造出中性的形象，和擔任髮型及化妝的 Michael Burke Winter 商量，設計出一個極有個性且特殊的髮型，讓年老的吸血鬼看起來像男人也像女人。並為了強調這種曖昧的感覺，找來了擅長特殊化妝的 Greg Canon。

一聽到導演是柯波拉，好萊塢的眾家天才專業人員都被吸引前來，有了這些人的加持，我的構想得以完全實現。Greg Canon 就是其中一位天才，和他合作讓我畢生難忘。

在吸血鬼和情人米娜正打得火熱，五名吸血鬼殺手破門而入的這場戲中，原本是性感王子的吸血鬼突然變成走投無路的野獸。野獸的外型必須非常可怕才行，而且還得倒掛在天花板上藏身。在取得柯波拉的同意後，Greg Canon 和我找來介紹蝙蝠生態的紀錄片，我們完全不看翅膀，特別研究身體的部分再加以誇大，設計出完整的怪物形象。

Greg 其實長得很有個性，身材高大，看起來就像是個經過特殊化妝的可愛怪

Film "Bram Stroker's DRACULA"／〈服裝設計〉1991／電影《吸血鬼》

物。他的手靈巧得令人驚訝，一開始他根據我的設計，所製作出的三十公分高迷你樣本，就已堪稱完美。扮演「吸血鬼」的蓋瑞・歐德曼（Gary Oldman）首次穿上他放大做成的整套戲服時，還引起了一陣騷動。

無論是特殊化妝或襯衣，都是使用柔軟如人工皮膚的材料，以特殊的形式製作而成。尤其是表情可怕的頭部，Greg在蓋瑞・歐德曼的臉上下了不少工夫，不光是簡單地套上戲服就沒事了。蓋瑞・歐德曼從進入化妝室到開拍必須花上六個小時，這段期間完全不能喝水，因為只要化好妝就不能再上廁所。在完成著裝後，站在攝影機面前，開始依導演的要求拍攝各個角度的鏡頭，到全部結束還需要花上三個多小時。

第一天拍攝的時候，蓋瑞・歐德曼說他覺得不舒服，在大家趕緊幫他脫下襯衣後，發現他全身都長了溼疹。我們立刻將他送醫，拍攝工作當然只得暫停。醫生要求他必須住院一星期，但熱衷工作的蓋瑞・歐德曼認為沒有住院的必要，讓我們得以繼續拍攝。

再說回住在城堡裡的老「吸血鬼」。柯波拉在我準備設計工作時給了我這樣的提示，「『吸血鬼』年輕時是王子，長期住在土耳其的伊斯坦堡，應該受到土耳其文化的影響。」

我翻閱土耳其的文化歷史，得知當地因東西文化融合產生特殊的穿衣文化，因此決定設計充滿土耳其風味的大紅長袍。《吸血鬼》的戲服主要是紅色和金

色，我希望在房產仲介Jonathan Harker出場前，第一次出現於城堡中的吸血鬼帶有被附身般的鬼魅感，並呈現出性別錯亂的氛圍。我之所以將長袍的尾端設計成長達七公尺的衣擺，是希望吸血鬼如同蝙蝠般在城堡中飛舞。那異常長度的衣擺，隨風膨脹飄浮形成大波浪，呈現如血海般的效果。

我利用同樣的布料試縫一件相同的長袍，讓蓋瑞．歐德曼穿上在走廊奔跑，衣擺果然飄起如同起伏的波浪一般，呈現出比我想像更加美麗的效果。我把這個效果畫面錄影下來，並附上說明寄給柯波拉，雖然他回我「太棒了！」，但事實上電影卻沒有拍出我期待的效果。

這是由於當時的柯波拉，每天有無數的問題需要解決，很難像在Zoetrope Virtual Studio時可以每天密切的溝通。

我還向柯波拉建議可以設計《吸血鬼》的識別標誌。歐洲的古老家族有相當於日本的家徽般被稱為「emblem」的家族象徵，我提議可以為《吸血鬼》設計徽章，放在布景、道具和服裝上。當時的我突然變成美術設計，大量運用擔任美術指導時累積的CI（企業識別）設計經驗。

我在大紅長袍的胸前以偌大的黃金刺繡來表現「吸血鬼」的家族象徵，據說「吸血鬼」是龍也是狼的化身。但因為已經設計以頭盔來呈現狼的化身，所以我以狼為主軸，結合數種動物來設計這個標誌。

柯波拉在看到完成的設計後，決定採用我的提議，在布景和道具上加上這個標誌，當然也包括我設計的戲服。無論是漫步倫敦街頭時戴的瀟灑禮帽，或身穿西裝的青年「吸血鬼」手上拿的枴杖、領帶夾、背心等，隨處可見這個徽章。

第三套戲服是全身綻放如寶石般光芒的豪華黃金衣。

當年我第一次前往納帕山谷柯波拉的住家開會時，柯波拉從桌上堆積如山的資料中，逐一找出當年以維也納為中心興起的藝術運動中，關於象徵主義派別的材料，詢問我是否能夠用這些來表現這部電影的視覺效果。他指著克林姆最有名的《THE KISS》一作，問我：「能不能運用這幅畫來製作戲服？」最後，根據柯波拉提出的要求，製作出的戲服就只有這一套豪華黃金衣，其他都是我由無到有、絞盡腦汁設計後，再經導演認可所製作的作品。

［摘錄自二〇〇五年講談社出版、石岡瑛子著《私（我）設計》］

NBA 休士頓火箭隊（Houston Rockets）logo（上）／制服（下）

Opera "The Ring of the Nibelung"〈服裝設計〉1998
Opera《尼伯龍的指環》

太陽馬戲團（Cirque du Soleil）"VAREKAI"〈服裝設計〉2002

副田高行

無視於方法論自由的廣告表現

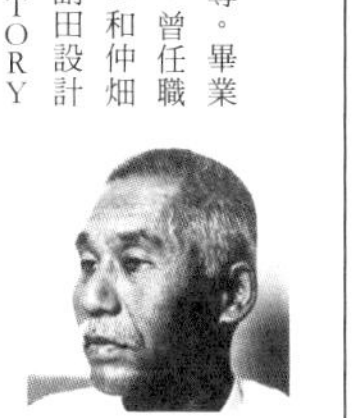

副田高行　SOEDA Takayuki
【簡歷】1950年生，美術指導。畢業於東京都立工藝高校設計科，曾任職於Standard通訊社、SUN AD和仲畑廣告製作所。1955年成立副田設計製作所，主要的作品有SUNTORY「生樽」、「Malts」、「威士忌小錦 Campaign」、ANA「來去紐約」、TOYOTA「Eco Project」、SHARP液晶電視「AQUOS」、蜻蜓鉛筆、高橋酒造和日本醫師會等。

①我工作生涯的轉捩點是SUNTORY生樽的報紙廣告。當時我才剛進入SUN AD，默默無聞的我和被稱為天才的仲畑貴志一起工作，並因此得到相當大的啟發。在那之前我只知道盲目地崇拜別人的佳作，一直到接下這份工作，我才和反現代的華麗設計告別。廣告中只有真實的商品照片、禮貌的廣告詞和大咧咧的粗體字。我將十五行的報紙廣告版面，排得像超市傳單或號外，充滿生啤酒的涼快和新鮮感，而我也因此脫胎換骨。②是生樽的海報。在最適合喝啤酒的夏天，我們請三位演員穿上復古泳裝，仿照報紙政治版的諷刺漫畫，將三人的頭部放大。當時的電視廣告導演是奇才川崎徹先生，大家都覺得「會發出聲音的生啤酒，還真是個討人喜歡的主意」。我認為不同的媒體應該要有不同的表現方式，必須根據電視或印刷媒體不同的特性，使用正確的表現方法。廣告詞也搭配圖片，令人發笑。

①

②

③

③是TORYS威士忌的廣告，將一個虛構城市——善良市的告示穿插在真實的報紙上，可說是一種另類的置入性行銷。每個月負責廣告文案的一倉宏，都會製作一些如圖畫般的有趣新聞，例如「下次我們就以壘球為主題吧！」、「以選美為主題吧！」。插圖則是借用自野玫瑰公司出版的圖像辭典，主要的廣告詞使用與報導內容大小和種類相同的字體。每個月刊登在社會版的另一面，相對於社會版的壞消息，TORYS的廣告形同溫馨的好消息。整個廣告就是以這種感覺設計而成的。日後甚至有年長的讀者，誤以為這個廣告真有其事，還打電話要求報社介紹當中出現的人物，十分有趣。④SUNTORY樹冰章魚Highball的海報。「箭頭」是用來在瞬間指引人們方向，形狀強烈的符號。廣告的內容，由田中裕子在電視廣告中說的那句可能可以獲得現在的流行語大賞的「章魚說……」開始。將樹冰與蘇打水調和就是調酒——章魚Highball。我將這個建議喝法置於大大的箭頭中，由可愛的章魚調酒師親切地逐步教學。無論是瓶身或表情冶艷的裕子小姐都用箭頭來指引。⑤AGF的Blendy Coffee的海報。由於Blendy被定位成美式咖啡，我希望能夠以繪本中出現的美式家庭來表現，所以沒有找插畫家而是希望由繪本作家來畫。我走遍東京所有的繪本專門店，就是找不到中意的人。最後只好到紐約，每天不斷翻閱所有繪本，終於讓我找到適合的作家Marc Simont。我之所以堅持選用繪本作家，

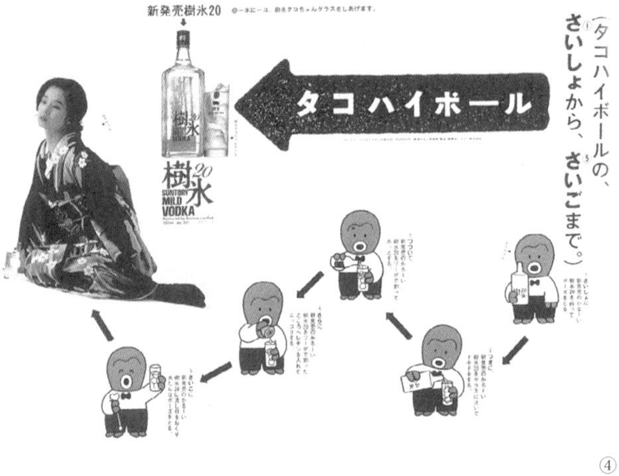

④

是因為他們的畫不諂媚。個性非常溫柔的 Simont 先生的畫，在這個咖啡廣告中連續出現了好幾年。⑥日本電視台的「天才たけし的活力來源」（天才・たけしの元気が出るテレビ）節目。由目前當紅的テリー伊藤導演製作的熱門電視節目，海報的主要內容是節目中振興沒落商店街的橋段。たけし先生扮演

母が、大きなアップルパイを焼いている。
父が、たくさんのカップを並べている。
お客さんが来る日は、うれしいです。
AGF
Blendy
150
Mom bakes a big apple pie. Dad sets out cups.
It's fun when we have guests.
やわらかさが、新しい。新ブレンディ
Blendy
⑤

虛偽的政客，帶著勞動用的厚手套，指著熊野商店街。標題是「只要到這裡來就能夠獲得幸福」，虛偽的笑容再加上寫著大大人名的選舉用海報，真讓人討厭。這張海報就是這麼一張搞笑的作品。⑦林家こぶ平（現為正蔵）先生晉升真打（日本落語家的最高階）的個人

ここに来れば、幸せになれる。
【荒川区・熊野前商店街】
北野たけし
⑥

表演會的海報。こぶ平先生是天才相聲表演者林家三平先生的長子，從小就收聽他父親那以「不好意思」這句玩笑話風靡一時的廣播節目，並以新創的幽默相聲逗得全家人哈哈大笑。こぶ平先生現在雖然變得圓滾滾的，但當時我以

輪をかけて、ど～もすいませんッ。
こぶ平
⑦

可愛的小白兔和眼鏡來模擬他的長相，就這樣完成了一張表情獨特的海報。⑧岩田屋「充滿回憶的城市」的廣告宣傳。咦？以前我好像曾經來過這裡？好像曾經看過這樣的風景？一種似曾相識的感覺，每個人的記憶中都有忘不了

的風景。我在看到這張照片時就有這樣的感覺，多摩市中心有許多百貨公司，形同百貨大戰。我想要採用與當地密切連結的方式進行廣告宣傳。我從向大家募集以往的舊照片開始，四處尋找令人懷念的照片以作宣傳使用。但報社或通訊社的照片全都是事件的報導，最後好不容易才找到一張充滿生活感的照片，那是當地的業餘攝影師井上孝治先生所拍攝的。當他送來以拍立得拍成的照片時，讓我大吃一驚。雖然是第一次看到這些照片，卻有種懷念的感覺，彷彿照片上的孩子是小時候的我。照片裡蘊含著人們的氣息，「充滿回憶的城市」的感覺就在其中。因為找不到其他更好的照片，最後以井上先生的照片來製作廣告。其中我最喜歡的是一張光頭小男孩舔著冰塊的照片（過去沒有冷氣的夏季風景，百貨公司的入口經常會像這樣擺放冰塊消暑）。雖然貧窮，但他臉上那種現在小孩臉上看不到的悠閒表情，讓人會心一笑。⑨我和我極為崇拜的樸拙大畫家湯村輝彥合作的東京瓦斯報紙廣告。如果只是厲害，是無法讓人感動的，但如果只是要樸拙就乾脆不要做了。強調樸拙的高明，才是表現的極致。我一直希望能夠和提倡樸拙運動的湯村先生合作，對於一直模仿他人工作的我來說，他的話可說是當頭棒喝。以全家人和樂共浴為主題，但以不同的人作為主角，刊登在不同的報紙上。比如「老公洗澡我也洗」這篇，是個美豔的年輕太太在勾引丈夫，讓人非常羨慕。⑩「一起洗澡吧！」相片篇。以家有女兒的父親的哀愁為主題。家有女兒的父親一輩子要遇上兩次令人傷心的日子，那就是女兒出嫁和女兒拒絕一同洗澡的時候。所以我建議家有女兒的父親，在女兒還小的時候多和她一起洗澡。廣告上的文案呈現了父親的感想：「你會和爸爸一起洗到幾歲呢？」照片則是一個剛洗好澡的小女孩望著你。這個可愛的小女孩

⑧

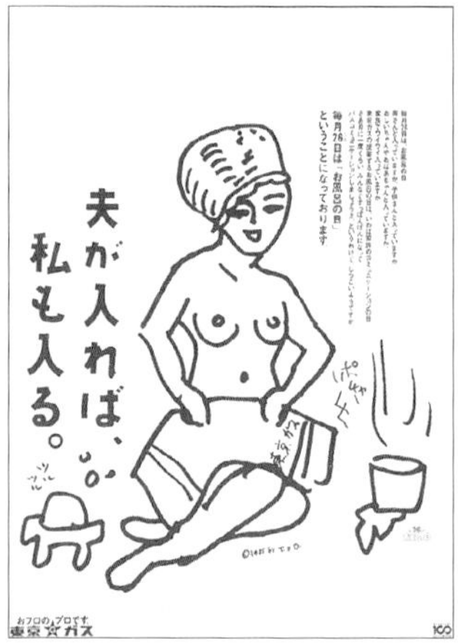

⑨

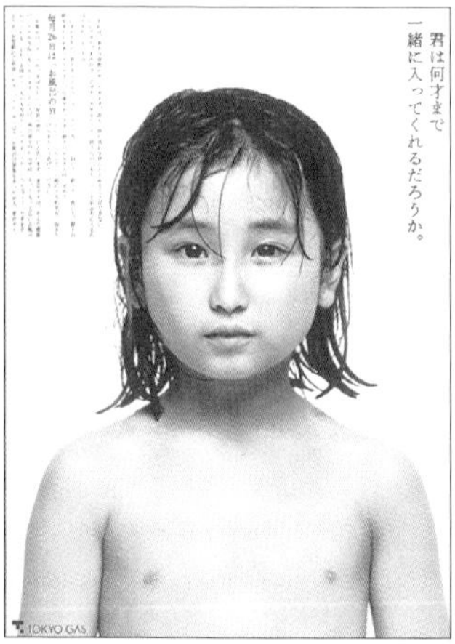

⑩

是朋友的女兒繪奈，如果用的是經紀公司的童星就不夠生活化。怎麼樣啊？各位爸爸！被如此清純的眼神盯著看，是不是讓你心有所感呢？這張照片是由我固定合作的攝影師菅昌也先生所拍攝。當時他說如果不是真的因為洗澡而流汗的情境，他就無法拍攝。於是我們找遍整個市區，卻找不到附帶澡堂的攝影棚，最後從朋友處找到一間有浴室的畫室作為攝影棚，才得以順利進行拍攝工作。美術指導的工作從企劃到完成只要稍有疏忽就會功虧一簣，從模特兒的選用到攝影的條件，整個過程如果不逐一仔細檢視，是無法拍攝出這樣生動的表情。生動是拍照時最重要的部分。⑪東京瓦斯照片篇的續篇。活力十足正在幫壯碩的父親刷背的寶貝女兒。這張照片看起來自然，但事實上一般人的背小多了，所以我只好到處尋找寬大的背。原本從事相撲或職業摔角選手的背雖然大，但沒有父親的感覺。最後好不容易找到一位曾從事業餘相撲的選手協助攝影，由於父親和女兒都不是專業的模特兒，拼命刷背的結果就是，拍照結束時父親的背都脫皮了。謝謝你們讓我能夠呈現完美的父女之情。⑫ＳＨＡＲＰ首都圈的宣傳海報。這個廣告運用大家司空見慣的街景為主題，以路上無論是電線桿或牆壁都隨處可見的海報來設計。關於製作廣告的過程有很多種類型，這一次必須先設計文案。我將仲畑先生三段式的長文案做成宣傳單到處張貼再進行拍攝，也就是以張貼傳單作為媒體。由於其中已經包括文案、商品、標誌和宣傳單，我就這樣設計出沒有原稿的創新海報。⑬廣告包含了想傳達的訊息，無論是為了想提升品牌的企業廣告或販賣商品的商品廣告。這張ＪＲ九州的海報屬於企業廣告，目的是為了讓更多人來搭乘電車。在決定呈現列車奔馳的美麗風景之後，我邀請藤井保先生負責

⑪

⑫

攝影工作。以四季的列車風景為主題。第一張是夜行列車，我想呈現搭乘夜行列車的浪漫。有失戀的女乘客和懷抱夢想前往大都市的年輕人。夜車搭載著各類夢想奔馳。「還搭載著愛和勇氣等看不見的心靈感受」。藤井先生用相機捕捉了寂靜黑暗中的感動。⑭《朝日新聞》的海報。因為覺得平時的渥美清先生長得很像文豪菊池寬，於是決定以清晨小說家在書房看報紙的場景來呈現。我在攝影棚中搭建舊式洋房風格的書房，讓晨光自窗戶流瀉進屋子裡，就像個日常生活的場景。拍攝工作由以拍攝《AERA》雜誌封面而聞名的攝影師坂田榮一郎先生負責。在燈打好後先進行測試，然後開始正式拍攝。在拍攝時，經常會出現測試時拍的照片最自然的情形，尤其是渥美先生自然的表情、和服、和被攤開的報紙所展現的曲線。如果不講究這些細節，就無法呈現出書房的味道和室內溫度微冷的感覺。最後，我選擇了試拍的照片來製作原稿。⑮《每日新聞》改版和更新標誌時製作的海報。我從一年份的每日新聞縮印版中，剪出政治家、藝人和運動選手的臉部照片，再將他們拼貼製作成海報。一般由於契約的關係，不可擅自使用藝人的照片，但我在這裡加入但書——「是從報

愛とか、勇気とか、見えないものも乗せている。
JR九州
⑬

朝日新聞
歴史は、あっちこっちで作られる。
⑭

毎日新聞
なんだ、ぜんぶ人間のせいじゃないか。
毎日の毎日が変わる。
⑮

⑯

紙上剪下的拼貼」。我將數百位知名藝人和政治家放在一起。這種感覺還真是痛快！此外，我還做了只有新聞標題和報導國外趣聞的海報，這就是以低成本製作出有趣作品的樣本。⑯ TOYOTA ECO PROJECT的系列報紙廣告。製作這一系列的環保廣告，是起因於

⑰

TOYOTA的社長認為環保是僅次於安全的最重要項目。目前地球的環境問題已成為企業的社會責任，所以這個廣告的重點在於以簡單易懂的方式，呈現與環境問題關係密切的汽車公司，是如何處理廢氣排放和汽油等能源問題。每回以具體、簡單、幽默的方式呈現一個主題，就像學生用活頁紙寫報告般，展開一系列的綠色環境報告。我在第一份報告的綠色封面放上車形的葉片圖像，寫上「ECO：為了明天，今天就動手做」的口號。⑰這是為了配合京都議定書防止地球暖化會議召開時，以削減導致地球暖化的原兇二氧化碳排放量為主題製作的海報。我以幽默的方式表現如果地球暖化持續惡化，南極的冰山將會融化，使得企鵝在小冰塊上走投無路。因為沒有必要到南極拍攝，因此以合成方式處理企鵝、南太平洋和冰塊。此外還有以回收、「ITS」安全步行系統和全球首次量產車 Hybrid Car 的發表等為主題，展開的一系列環保廣告。汽車可以說是二十世紀對文明最具貢獻的象徵，我們要如何解決汽車所造成的問題呢？這是一份很艱難的廣告工作，但是就像文案所寫的「雖然還不夠……」

⑲

，我以謙虛真摯的調性貫穿所有廣告，堪稱日本首次最大規模的環保企劃。如此運用廣告呈現企業的社會責任，獲得極高的評價。如果廣告是企業給一般民眾的信，那就必須清楚地表明它存在於社會的意義。我認為要清楚傳遞訊息，最適合的媒體就是報紙廣告。在電視廣告、海報、網路廣告等眾多廣告媒體中，只有報紙廣告能夠讓看的人閱讀。而如何吸引讀者閱讀，則全看創意工作者的功力。在廣告出現的瞬間必須能夠吸引讀者的目光，這是美術設計的使命。我對於以往的報紙廣告，使用讓讀者無法閱讀的表現方式感到憤怒。不好意思，有點離題了。⑱為了以廣告提振經濟不景氣下的日本士氣，展開「稱讚日本」的企劃宣傳活動。我們邀請各界名人來稱讚日本擁有優於世界各國的技術和才能，為日本打氣。第一位是總理吉田茂元，其次是長嶋茂雄、矢澤永吉、爆笑問題等，各以具說服力的訊息鼓勵日本和日本人。吉田首相這張嘴裡叼著雪茄的照片，是由攝影界大師三木淳所拍攝。我雖然取得遺族同意使用這張照片，但吉田首相的遺言交代在使用時不得加工。我希望能夠表現日本和日本國旗的顏色，所以苦惱的我寫了一封長信給吉田首相的遺族解釋我堅持使用「紅色」的理由。他們也許感受到我的熱情，火紅的廣告逐一出現在報紙上，給予人們勇氣。⑲Nike高爾夫球桿海報。Nike在那之前也曾經販賣過鞋子和服裝各類高爾夫用品，好不容易終

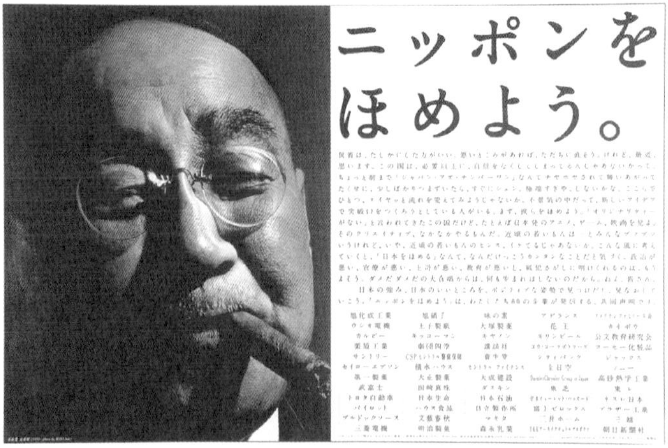

⑱

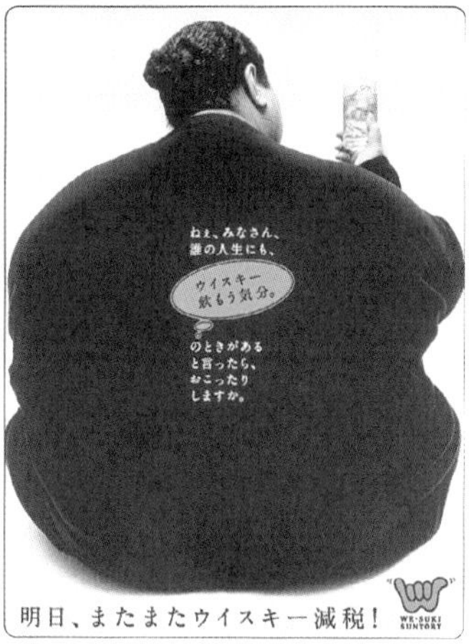

⑳

於開始製作對於高爾夫球選手而言最重要的工具高爾夫球桿。我在海報中呈現打高爾夫球時開闊爽快的感覺，並以圖解的方式設計，讓高爾夫球飛過天空。廣告詞像一條拋物線般無盡地飛翔，劃過天空後著地。這是由五張B0尺寸的海報所組成的超大型海報。⑳啟用小錦選手為主角的「SUNTORY威士忌喝吧！」廣告。這是在威士忌減稅的今天推出的預告廣告。從背影看不出是誰吧！什麼？馬上就看出來了！以演員作為主角來製作大型的廣告，宣傳效果非常好。當廣告企劃提到小錦先生的名字時，我腦海中浮現的是他的身材很像OLD的瓶身。OLD從以前就被暱稱為「不倒翁」，是一瓶廣為人知的威士忌。我們於是請小錦先生做全黑的打扮，拍攝他的背影。他以極具喜感的背影，一隻手拿著玻璃酒杯演戲。這支廣告的目的是想趁著減稅讓消費者暢飲威士忌，由於在電視廣告中無法傳遞詳細的資訊，只能讓大家體會飲用威士忌的樂趣。圖表的作用是為了讓觀眾知道價格和贈品的種類。不同的媒體表現的方法就有所不同，孩子們邊走邊唱的電視廣告歌和小錦先生都大受歡迎，這是一次非常愉快的工作經驗。㉑這是廣告宣傳結束後，再針對OLD進行的廣告。目的是為了讓大家知道OLD的包裝重新改版，而且愈來愈好喝。為了與之前小錦先生的廣告有所區別，這次我在他的臉上打上「OLD」的字母，變成OLDMAN。一般來說在演員臉上放字的作法是不能被接受的，因為演員不是犯人，而且這麼一來讓人無法分辨此人的身分。什麼？你看得出來是誰？說得也是。小錦先生和他的身材一樣，心胸十分寬大。一般人無法接受的條件，他欣然同意。㉒關於SUNTORY MALTS廣告中的文字。我的老朋友片岡朗創造出新的明朝體字，名為丸明OLD。聽說要讓它

㉑

㉒

㉓

變成一種字形，必須製造出七千個字。他花了五年的時間，獨自創造出新的字體。第一次看到這個字體時，我非常感動。他參考夏目漱石的《我是貓》等明治、大正時期的活字本製作出這個丸明OLD字體。這種字體具有日本傳統毛筆書體的流暢完美線條，是一種新的明朝體。我立刻用來製作隨後接下的印刷廣告。一群使用Mac卻苦於缺乏高完成度字體的創意工作者，也開始使用丸明OLD。目前丸明OLD除了廣告外，也用於書籍雜誌、電視廣告的標題和傳單，變得非常熱門。文字是一種文化，字體也會影響設計的好壞，美術設計師必須依照不同的表現方式選擇合適的字體。這種新字體的出現，讓我們重新了解到這件理所當然的事。㉓這個也是使用丸明OLD字體製作的，是強調以天然水釀製造的MALTS廣告。在罐裝啤酒的背面的成份標示上，不知為何沒有水，因此不知道是以自然水或天然水釀製而成。所以廣告將訴求的重點放在啤酒中的「水」，廣告詞是「啤酒有百分之九十二是水」，視覺方面則是以在天然水的上頭加上啤酒泡沫，用一幅頗具震撼力的畫面來表現。㉔罐裝咖啡BOSS的海報。以音樂界的女神濱崎步為主角，配合電視廣告，將她的角色設定為女牛仔。我讓一個男生拿著牙刷放在美麗又可愛的濱崎步的照片上，以幽默的方式呈現，主要是配合BOSS「工作中」、「休息中」的新產品所想出的設計。因為BOSS的形象商品有鬍子，所以「工作中」的海報保留鬍子，而「休息中」則以在盥洗室剃鬍子來表現。㉕我第一次和SMAP合作就是製作這個ANA的海報。我想幫SMAP的五個人設計公仔，於是找上曾在PARCO藝廊舉辦展覽的香港公仔設計師Michael Lau。因為SMAP在香港也很有名，他非常爽快地接下這份工作。54頁上圖連貼式的海報是他們五個人的自我介紹，中間的部分是真人，上

㉔

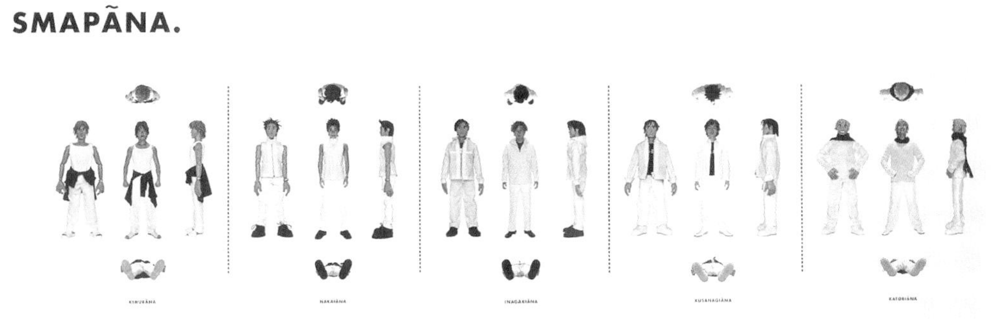
SMAPĀNA.
全日空スカイホリデー

㉕

OKINAWĀNA.
沖縄といえば、コレ。
ANA's Paradise OKINAWA

㉖

下左右則是公仔。㉖上方的沖繩篇海報。我用大量的沙做成沙灘，讓SMAP五個人的公仔在沙灘上玩切西瓜、曬日光浴、衝浪和划船等海灘活動，我將全世界唯一的SMAP公仔放在沙灘上，和各式道具一起擺出各式動作來分別拍攝，設計時再合成有廣角效果的海報。即使公仔的表情都一樣，但只要動作有些許不同，看起來就會栩栩如生。我開始了解為什麼操作人偶的師父，會對文樂木偶和活動木偶著迷了。㉗二〇〇一年九月十一日紐約同時發生多起恐怖事件，這是我記憶中有生以來最嚴重的一件事。因為恐怖攻擊對航空公司造成極大的影響，數個月後ANA的新年廣告，必須採取極為慎重的表現方式以避免非議。但創意總監佐佐木宏先生卻說這種時候更需要大膽表現，才會有這個「來去紐約」的企劃案。當時的社長碰巧曾經在紐約工作過，因此企劃案就這樣通過了。這次廣告的目的已不單只

ニューヨークへ、行こう。
from Japan.
ANA

㉗

是宣傳，而是帶有公益性質，希望能夠為紐約市民加油。㉘這是為了紀念「LIVE／中國／ANA」航行中國二十週年的活動宣傳廣告。其中最熱門的就是這架貓熊噴射機，這架機身畫有貓熊圖案的特別飛機，名稱是請小朋友命名的，我也是評審之一，最後決定命名為「FLY！PANDA」號。

㉘

這架貓熊噴射機是我畢生最大型的設計作品，我同時負責製作機艙內使用的圍裙、頭墊、杯子、筷子袋等貓熊商品。我偶爾也會遇到這種做起來讓人滿心歡喜的工作。㉙㉚「前往新日本NIPPON 2」的宣傳海報。日本最近出現許多現代美術館，除了觀光外，大家不妨也到美術館走走。這個豐富心靈的新旅遊提案，只用一張迷人的明信片，就可以邀請大家展開旅程，追求美觀新鮮的視覺，尋找新的日本。㉛

㉙

㉜以「二十世紀時放著。二十一世紀帶著走」為主題的SHARP液晶電視AQUOS廣告。我將一九〇三年首次出現以國產映像管製作的電視和最新的

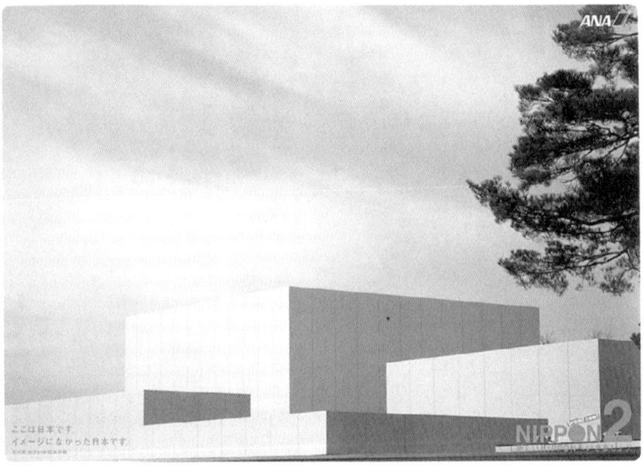

㉚

液晶電視相比，讓人意外的是兩台都由SHARP製作。女星吉永小白合輕鬆地提在手上的是液晶AQUOS，而凝視左邊映像管電視的少女，年紀正好與當時的吉永女士相當。㉝㉞AQUOS名建築系列海報。我到世界各地參觀現存的著名建築物，包括美國、英國、澳洲、中國和日本。這裡介紹的是一九六〇年代建於美國科羅拉多州山頂，有如幽浮般的未來型住宅。每次挑選建築物都是件非常辛苦的事，除了要取得著名建築師作品的使用許可並不容易外，而且還要考量當地的季節是否適合拍攝，有沒有下雪或樹木是否枯黃。由於這次是和電視廣告一同拍攝，需要大量的攝影器材。原先在攝影集中看到的房間，要比想像中更難取景，而且還必須考量拍攝當天的天氣，挑選的建築物必須滿足上述所有的條件才行。世界上著名的建築物，每一棟都很了不起，在當時都相當前衛，讓人納悶如此精緻的建築是如何建成的。我利用在不同的國家和文化背景中所形成的美麗住宅，完成了一系列的廣告。㉟㊱繼著名建築物系列

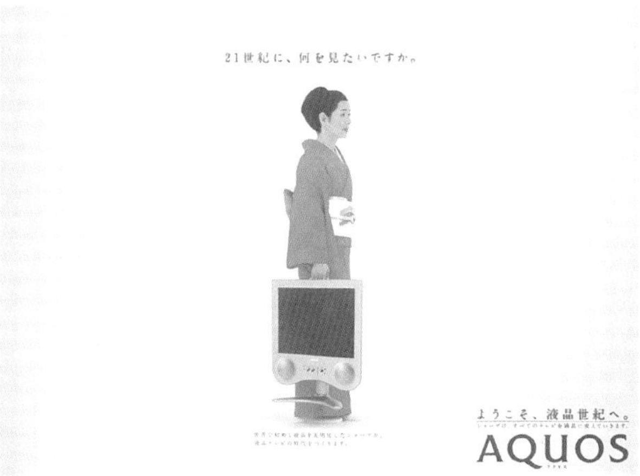

㉜

㉞

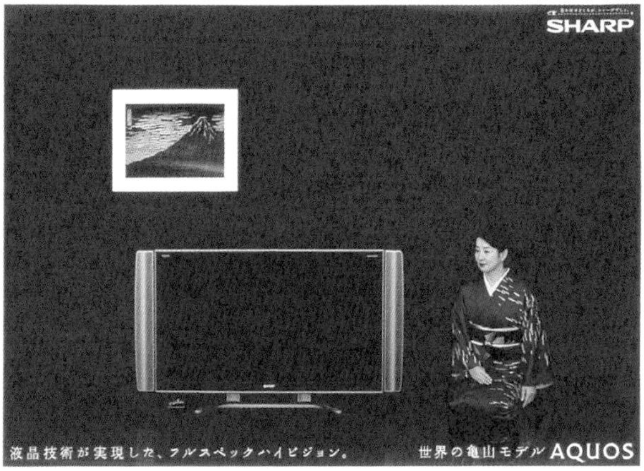

㊱

之後，是AQUOS名畫系列。我嘗試將世界名畫變成影像來證明液晶電視逐漸進化的高性能和高畫質。最初我用莫內的《睡蓮》，其次是梵谷的《夜間咖啡館》。我請攝影師藤井保先生將所有的名畫，包括秀拉、塞尚，以及受到印象派極大影響的日本浮世繪和北齋等的作品，以美麗的影像重現。為了尋找與

㉛

畫作相似的風景，這回還出了外景。我這裡介紹的是葛飾北齋的《富嶽三十六景 凱風快晴》（赤富士），由於拍攝時正好遇上梅雨季，所有的工作人員都不知道能不能拍到吉永女士以被染紅的富士山為背景，優雅地立於山前如畫一般的照片，但也只能聽天由命。先前考察拍攝地點時不肯露臉的富士山，竟然

㉝

在黃昏時奇蹟般出現約十分鐘被染紅的模樣。我們的運氣實在太好了，讓我終於鬆了一口氣。拍攝時最重要的就是光線和天氣，但也只能聽天由命。這張海報真的是一張美的奇蹟，就連當地人都懷疑我們不可能拍出這樣的照片，一定是合成的。我和吉永女士的合作已經邁入第九年，託她的福SHARP

㉟

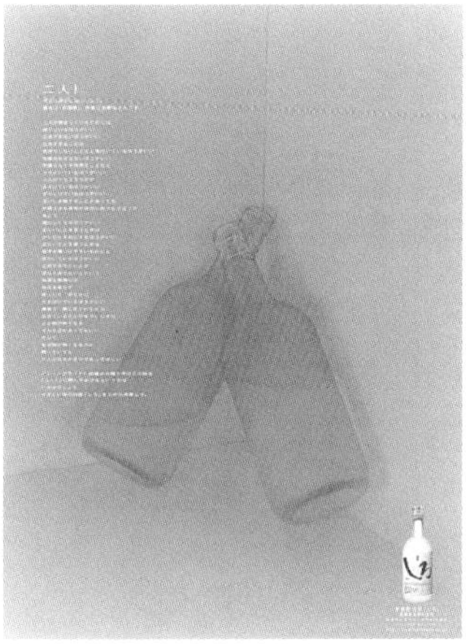
㊲

AQUOS的品牌形象逐年提升。現在只要一提到液晶電視，大家就會想到SHARP，這是因為SHARP優越的技術和廣告創意者的傑作。這份工作讓我深刻體會到品牌是需要長期經營的。㊲九州熊本的人吉所釀製的米燒酒「白」的報紙廣告。這瓶燒酒大受歡迎，已經成為人們固定飲用的燒酒。在這個系列廣告中，我讓燒酒瓶身幻化成人形，來表現人的喜怒哀樂，時而哭笑，時而憤怒。人會在各種情況下喝酒，每次都有不同的主題。當時是六月，為了配合結婚旺季，我讓兩個瓶身有如年輕情侶般互相依偎，以詩人吉野弘創作的溫暖詩句作為廣告詞，祝福新人共創新的人生。據說負責文案的松木圭三先生，在朋友的婚宴朗讀這首詩時，全場來賓感動落淚起身喝采。㊳蜻蜓鉛筆的企業廣告。「火箭也是從文具而來」。這個系列主要是想告訴大家小小的文具擁有的創造力。在日常生活中找出鉛筆、橡皮擦、漿糊等小文具的各種可能性。文具真是可愛的工具，在現代這個電子時代，文具對於人類而言應該會愈來愈重要吧！㊴KURARAY的企業廣告。KURARAY這家公司主要是製作Clarino合成皮革、冰箱內側無氟氯烷（chlorofluorocarbon）材質，以及一些日常生活物品所使用的化學材料。這些材料可以用來製作液晶電視的濾光片，是AQUOS液晶螢幕不可或缺的材料。一邊看電視一邊打瞌睡的年輕人的畫面，可以加強大家對液晶螢幕的印象。只利用螢幕亮度的自然光來拍攝，完全是攝影師泊昭雄的真本事。㊵《不要為參戰修改憲法，來自社會的十八個人的意見》一書的報紙廣告。書籍名稱的創意來自前田知巳，而我負責設計裝幀，這就是那本書的廣告。由於書名就是強而有力的廣告詞，我原本只打算在廣告上放書的封面，但前田先生想出許多廣告詞，每一句都可以給人深刻的印

㊳

㊴

象，於是我將它們用在不同的報紙廣告上。《朝日新聞》上的是「大約五千萬人的死亡換來今日的日本國憲法」，其他還有「如果你有爺爺奶奶曾經經歷戰爭，趁現在多聽聽他們回憶往事」、「如果發生戰爭，你是不是以為上戰場的不會是你？」這些強烈的訊息讓自以為是第十九個作者的我，決定將書的封面放在廣告中間，以兩段式的設計處理文案。如果文字夠力，就不需要多餘的視覺效果，顏色也只要一種就夠了。像現在這樣資訊爆炸的時代，廣告最好盡可能簡單，設計是減法而不是加法。㊶最後是日本醫師會的報紙廣告，以「校醫」為主題。最近日本各地不斷發生兒童自殺事件，主要原因可能是校園霸凌或歧視。廣告的主旨是要讓大家知道醫師會所派遣的校醫的存在，希望多少能夠幫助孩子們解決煩惱。我將廣告詞縮小。如果廣告內容不適合大聲說出時，我就將廣告詞寫在留白處，就好像悄悄話般含蓄。無臉的少女插圖安靜且強烈地向讀者控訴，顏色也使用單一粉紅色，是非常簡單的設計。這個廣告獲得極大的迴響，收到八千封傳真。以上是我利用曾經經手的各類工作來說明我擔任美術指導和設計時的作法。我希望透過多元的工作內容，讓大家了解廣告設計的各種可能性。我有時候會使用照片和插圖，有時候則只用廣告詞。美術設計的工作就是找出正確且可以快速傳遞想要傳遞的訊息的方法，因此不同的工作內容，表現的方法也會跟著不同。廣告原本不是為了讓人主動去看的，大家不會為了看廣告而打開報紙，也不會為了看廣告而上街或搭乘電車。美術設計的作用就是吸引不打算看廣告的行人的目光，才會運用美麗的視覺效果、強烈且具衝擊性的廣告詞或知名藝人的微笑。廣告當然是一種表現方式。何謂表現方式？這屬於心理學的範疇。人之所以對某種事物有反應，是因為它觸動人心中的某個部分。廣告的刺激並不是一種異想天開的表現，而是以每個人都有的感情作為訴求，以求觸動人心產生共鳴。如果設計無法感動人心，就稱不上是廣告，只能算是垃圾。性喜幻想的我認為如果能夠多製作一些感動人心的廣告，也許能讓這個國家變得更好。

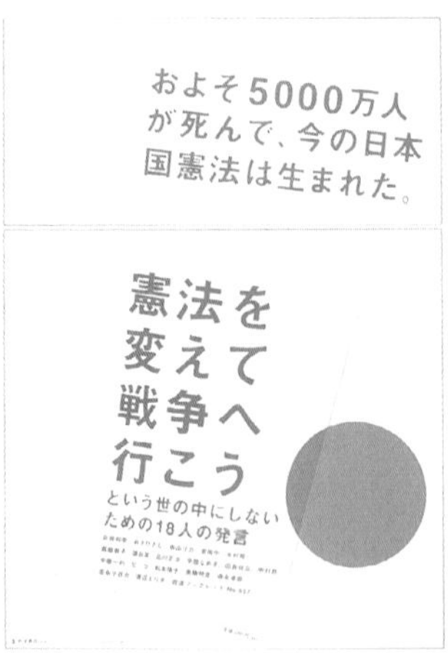

㊵

㊶

仲條正義

只要將腦袋放空，就有更大的空間接受新的可能性。

仲條正義　NAKAJO Masayoshi

［簡歷］1933年生，美術設計和美術指導。1956年畢業於東京藝術大學圖案科後，進入資生堂宣傳部工作。1961年成立仲條設計事務所。

代表作有資生堂企業文化誌《花椿》的美術設計、The Ginza 的整體設計、Parlour 餐廳的 logo 及包裝設計、銀座松屋、東京都現代美術館、細見美術館的企業識別規劃等。曾獲東京 ADC 會員最高賞、JAGDA 龜倉賞和每日設計賞等。

賺得多就可以蓋大墳墓。

以往是自卑產生作家，現在則是自戀使作家存活。

學院派的學習方式（例如素描）會干擾創作。

成為一流設計師之後就可以輕鬆許多。

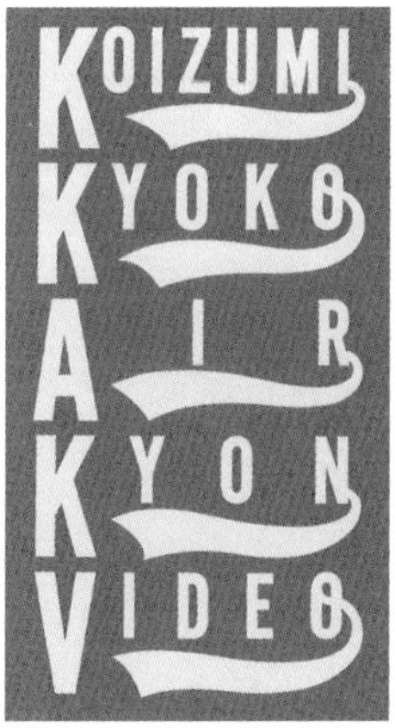
KOIZUMI
KYOKO
AIR
KYON
VIDEO

小泉今日子　Air Kyon Video
〈包裝設計〉1988

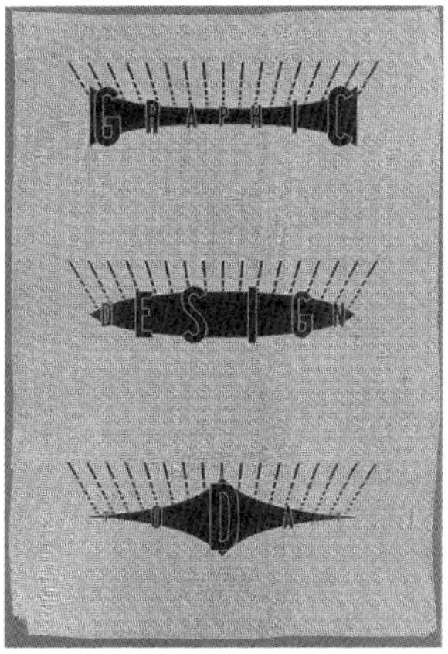
GRAPHIC
DESIGN

平面設計的今日展
〈海報〉1991

視覺的共通語言是流行。

比起出生後被時代的影響，在受胎之前所受的影響更大。

一旦受教，自我就會消失。

不可相信圓形、方形和直線等已被視為美麗的事物。

睜開眼睛就忘記恥辱。

沒有完美的生命。

SHINOYAMA
TOKYO

篠山紀信寫真集《TOKYO 未來世紀》
〈封面設計〉1991

傑作是偶然的。

努力是逃避現實。

個性就是性格。

所謂的「溝通」，
就是作家準備讓你掉入的陷阱。

雖然不曾出現過有這麼多藝術家的時代，但他們幾乎都無視於對方的存在。

我不明白為什麼要競爭。

花椿 Graffiti '50, '60, '70, '80, '90……展
〈海報〉1992

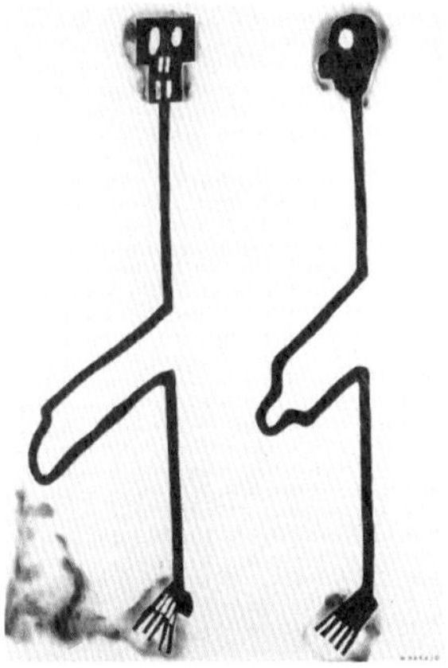

ADC 40 週年紀念 From Tokyo 展
《Aids》〈海報〉1993

我的創作衝動中也有恨。

自然未必美。

才華不是馬鈴薯，
能轉化成紅蘿蔔和高麗菜才叫才華。

三流是非常刺激的。

花時間是做不出好東西的。

名人死後，第二名就變成名人。

現在不是了解之後才接受的時代，
而是即使不了解也覺得有趣的時代。

從利休、世阿彌的時代開始，我們就不是主角。我們被利用、被輕視。

（編註——利休：全名千利休，日本茶道的宗師。世阿彌：日本室町時代初期的猿樂，現今的能劇師。）

如果流行是循環的，
那今天最新的東西將變成最舊的東西。

惡劣的條件是金雞蛋。

［上列文字摘錄自一九九八年，由六耀社出版的《仲條正義的工作與相關情事》一書］

資生堂 Parlour
左〈Valentine Chocolate〉1991
右〈Shopping Bag〉1990

仲條的富士之症

富士之症

原本我一直避免碰觸這次個展的主題——富士山，後來覺得試試也無妨才開始設計。剛開始的時候一想到富士山，不外乎是松樹、湖泊和雲，因為古典作品中都是這些元素。用我的方法畫出的松樹什麼的，老實說一點都不有趣。因為我既不是琳派（江戶時代俵屋宗達、尾形光琳等人所形成的一種繪畫、工藝派別）也不是狩野派（日本繪畫史最大的一個派別）的傳人，只覺得八股。因此，我還真是吃了不少苦頭，重畫了好幾次卻總是統一不了畫風，挺辛苦的，最後竟然畫出鬱金香和富士山（笑），實在太奇怪了。要不就是把富士山設計成文字，或和完全不同的東西互相組合，如果不這麼做就不算畫過富士山，所以「富士之症」這個標題說不定還真的很貼切（笑）。

雖說這麼做的時候，如果事先已有一些想法是很奇怪的事，但我心裡還是覺得得有個譜才行。我就是料到如果選擇富士山為主題，可能會讓自己手忙腳亂，才大膽地做此選擇。同時我也期待透過選擇和平常畫慣的貓、狗等不同主題，也許會有不同的結果。不過結果當然和我預期的不同，如果是像琳派那樣在畫作上用毛筆寫字的作品，我會想把它做得更現代，或在山的畫作寫上富士之類夾雜假名的字。這種創作技巧在設計時常用，而這次我特別覺得這些手法是必要的，所以也試著畫了龍（笑）。不過因為實在沒什麼搞頭，最後只好算了。我還把身穿羽衣的仙女畫成維納斯，結果卻也不像樣，沒辦法只好畫成天使，筆觸粗糙的就好像手畫的。我嘗試用各種不同的方法畫了三十六張富士山，最後看起來都差不多，原本有些想淘汰了，最後又撿回來。

《仲條的富士之症》封面

何謂設計？

設計有時候還滿宿命的。這麼說或許有點奇怪，但就像龍生龍、鳳生鳳，最重要的還是根本的品味。有的作品當然很費工夫，有的卻不費吹灰之力。無論如何，最重要的就是好品味，惟有發揮好的品味，看的人才會有反應。這是關乎於本質，所以有點難懂。另外，時代，也是必須注意的問題，不是要表現出反抗的文化態度，而是如果能夠正確表現當代，有時也可以創作出很好的作品。

即使只是一個字，只要運用合宜的字體，利用不同的間距和組合方式，也可以創造出很好的設計作品。即使只是字的組合，也必須有很好的品味。總括來說，即使是以日本刀一刀切斷或種牽牛花，靠的也都是感性。如果過度用功，反而無法釋放自己，自由地發揮。而貫徹以往的學習方式，卻可能有自由發揮創作的可能。安井曾太郎（大正～昭和時期的洋畫家）就是因為畫了許多素描，所以能夠輕易跨越障礙，自由地以不同形式來創作。但如果是半調子反而會被干擾而受到束縛。

時光隧道系列 Vol. 15　仲條正義展「仲條的富士之症」
Creation Gallery G8／2002

所以我的作品好壞都是一種巧合。如果不是靈光乍現，真的無法創作出好的作品，有的時候也許只是亂畫一通的結果。因為我只負責表面的直接設計工作，對於必須要有概念性或不斷累積的創作，我也許會因為無能為力而覺得有危機意識（笑）。其實我很想創作好的廣告作品（笑），但或許是因為有什麼問題吧！所以我很羨慕青木克憲、タナカノリユキ（Tanaka Noriyuki）和大貫卓也這些能夠創作出優秀廣告作品的傢伙。我真的覺得自己對社會沒什麼幫助，我之所以無法創作廣告，或許是因

為有什麼問題吧！關於缺乏社會性。就好比《花椿》，如果真的上市的話，搞不好根本賣不出去（笑）。我都已經快七十歲了，馬齒徒長，我以為自己會更懂事些（笑），可就是沒有什麼長進。

花椿

我在資生堂工作時，因為幫忙繪製插圖，而與擔任公司內部報紙編輯的山田勝巳先生結識。一九六七年左右，當宣傳部要山田先生製作《花椿》時，我與村瀨秀明開始與他合作。當時村瀨是設計界和廣告界的大紅人，也幫帝人株式會社工作。他負責幫《花椿》設計封面，內容則由我負責。後來村瀨辭去帝人株式會社的工作，回到《花椿》來幫忙。我們兩個分工合作了五、六年。

《花椿》的工作一開始很有趣，因為總編輯山田先生是個很風趣的人，而雜誌既是一種視覺藝術，也是設計。當時《花椿》的頁數很少，山田先生很重視照片和圖片的設計，任用了許多像橫須賀功光等專業攝影師。他在第六年辭去總編輯的工作，後來陸續換了不少人。而村瀨先生也在雜誌創刊後的第七、八年辭職。雜誌的設計工作自此由我全權負責。一開始酬勞很低，因為我沒有特別反應這件事，公司就五萬、十萬日幣的給，直到我說做不下去了，公司馬上給我加倍的薪水，不過即使加倍也只有三十萬左右。

資生堂文化誌《花椿》內頁／1974

後來犬山達四郎先生（廣告文案和美術指導）擔任總編輯，《花椿》則改版為企業文化誌，開本加大但發行量減少。之前免費發送給百貨公司時，大約發行四百萬本，減量後就大概只剩下十萬本左右。之前發行的數量過多，印刷

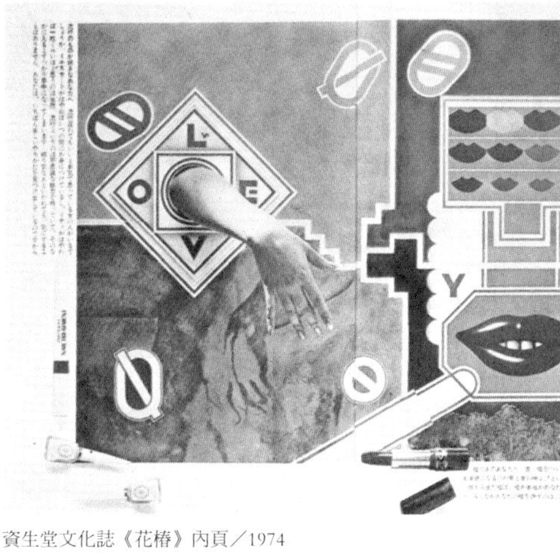
資生堂文化誌《花椿》內頁／1974

費用變成資生堂財務上的負擔，因此決定改變雜誌開本，並限制發行本數；定價為一百日元，以五十或六十日元賣給連鎖商店，這麼一來就可以換取現金。而鄉下的小型商店，因為不需要就不進貨，發行數量於是逐漸減少。

福田繁雄先生和江島任先生是我在東京藝術大學的同學，不過我們很少有機會見面。那時，江島已經是編輯界的權威，擔任《ミセス》等眾多雜誌的編輯。他曾經委託我設計《ミセス》的增刊號，但之後卻告訴我，我的編輯能力不佳。另外還有在花王石鹼公司的天野秀夫，偶爾也會介紹工作給我，結果卻不採用。他也說我設計的包裝不夠好。我們這些人每回聚會時，總要互相挖苦一番（笑），而且每個人身上穿的永遠是那一套。夏天的時候，我身上永遠穿著VAN的白褲子。就是因為不修邊幅，所以我們不常舉辦同學會，我也不喜歡出席類似的聚會，有一回難得參加土屋耕一先生（廣告文案）的結婚典禮。當時任職於資生堂的水野卓史（平面設計師）已獲得不少獎項；福田繁雄也揚名海外，大家都像明日之星般光芒耀眼，而我卻始終鬱鬱不得志。

到太陽曬得到的地方去

「次年（一九七六年）我成為ADC（東京アートディレクターズクラブ，Tokyo Art Directors Club）的會員，覺得自己好像獲得大家的認同，也終於找到自己的方向。」

「Studio」展

離開DESKA（株式会社デスカ，designers kono associates DESKA）後，有好一陣子我都沒見到河野先生（河野鷹思）。後來在一次碰面的機會下，河野先生的夫人問我要不要在河野先生的藝廊（Gallery Kono）舉辦展覽，我欣然答應。大概就在我搬到銀座不久

「Studio」展參展作品／1973

仲條正義開業前

1954年和1956年就讀東京藝大期間，即獲得眾人矚目的日宣美獎勵賞並成為日宣美會員。畢業就進入資生堂工作，因無法早起僅三年便離職。在平面設計大師同時也是日宣美審查委員的河野鷹思處工讀，並於1959年「DESKA」成立時加入該設計事務所。但因和一板一眼的河野先生志趣不合，僅一年便離職。日後於1961年成立仲條設計事務所，因沒有收入而吃盡苦頭。

後，一九七三年，我舉辦了一場名為「Studio」的展覽，那時我和助理每天都工作到很晚。在當時的設計師會花很多時間，一板一眼地用定規尺描繪弧形，而我為了想讓大家刮目相看，而且也因過去自己的特立獨行，所以想用這個方法，拉近和大家之間的距離。不過，主要是因為當時也不再是插畫當道的時代了，所以我才會想用抽象的方式來表現。其實只是一種叛逆。當時的社會充斥著叛逆的氣氛，也許是我約略意識到這股七〇年代的風潮，而希望做點不一樣的事，不過現在看起來也沒什麼大不了。當時龜倉雄策先生、山城先生、早川先生和其他許多名人都來了，不過好像都是來參觀河野先生的新大樓的（笑）。

我並不知道當時大家的反應是好是壞。不過負責《家庭畫報》美術設計的人在看過我的展覽後，就找我幫他們設計一年份的扉頁，這似乎是份可以稍微發揮我個人風格的工作，好像就是這件作品和《ミセス》雜誌增刊號「Pushpin Studios」（紐約創新插畫家的工作室）的插畫，讓我獲得ADC會員賞。因為一個月只需要交一次設計稿，時間相當充裕，也因此讓我有機會能充分發揮。

關於「Studio」這個名稱，其實我並不想將它賦予意義，只想表達一種對聲音的喜好，或是一個可供鑽研的空間，進而讓人們想要前來觀看。雖然看起來好像都是用圓規就可以完成的作品，但我特別喜歡其中幾幅，不過最好的還是頭兩、三幅。

The Giza X' mas〈海報〉1993

The Ginza 企業識別 CI

曾擔任《花椿》總編輯的山田先生，在成立資生堂的精品店 The Ginza 之後就轉移陣地。一九七四年，他找我商量新大樓的室內設計，他對我十分信任，我提議先設計CI。那個時候無論什麼工作都得比稿，他們打算找龜倉先生和其他幾位大師來比稿，不過我私底下想，如果經由比稿，事後很難要求這些大師修改設計，於是我就對資生堂的人說乾脆讓我當美術指導，設計則由內部的工作人員來完成，最後由我和川崎修司先生接下這份工作。當時一般都用公司名稱作為標誌，我提議設計成所謂的企業標誌，讓人一看就明白，不需要打廣告也知道是那一家公司。而這個提案就由我和川崎負責設計。

有關室內設計的風格，客戶希望設計成像萬國博覽會，以格子為主視覺。我跟他們說現在時代不同了，要再簡單一點，利用現代化的材料和牆壁，採用間

接照明，並以稍具懷舊風的時尚燈具為主。雖然花了不少錢，但效果絕佳。

也在這個時候，我以美術設計的身份接下 The Ginza 包括包裝在內的相關設計工作，同時還接下 TACTICS DESIGN 的工作（68頁有詳細介紹）。我的工作開始上軌道，而為 The Ginza 所設計的一系列包裝紙和紙袋，也讓我變得更有自信，次年並因此成為 ADC 會員。我想這就好像獲得了大家的認同，而自己的方向就是自己的風格。

成為 ADC 會員

我在一九七六年、年屆四十三歲時成為 ADC 會員，和別人比起來，時間算是晚的。《ADC年鑑》當時還叫作《年鑑廣告美術》，不從事廣告的人是很難獲選為會員。因為山城先生和早川先生都是會員，他們說我的工作也可算是美術設計的一種，另外也許是因為《花椿》正好得了獎吧！雖說如此，現在入會的標準就和以前不同了。

剛開始的時候很辛苦，由於審查會的其他會員都是從事廣告業，當他們拿出一大疊海報時，我只能拿出少少的雜誌扉頁，一比之下連志氣都變小了，真的上不了檯面。後來我有很長一段時間沒有什麼作品，直到為木村勝先生的書設計裝幀，獲得講談社的書籍設計獎。那時是一九八六年，距離成為日宣美會員已經過了很長一段時間。龜倉先生在台上挖苦我說：「我還是搞不清楚，你究竟是厲害還是差勁（笑）。」當時我請了約三十位客人到家裡來吃喝狂歡，一個晚上就把四十萬獎金花光，嘴裡還說因為再也拿不到了（笑）。

獲選成為會員時，我非常高興，當時早川先生還在時尚雜誌上介紹我，說我為 The Ginza 設計的包裝紙很不錯。

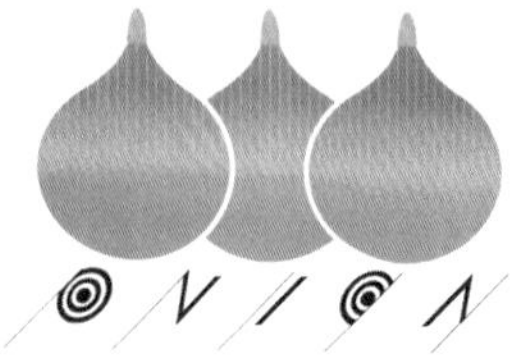

《家庭畫報》〈插圖〉
獲得 ADC 會員賞
1976

Tactics Design〈海報〉
上2：1993／中2：1992年／下2：1983年

能夠獲得他的認同，是件讓人興奮的事，所以聽到早川先生、龜倉先生或山城先生等人的讚美時，我真的很高興。感覺好像是為了給大家看才做設計，因為年紀相當的人，是不輕易肯定彼此的（笑）。

TACTICS DESIGN

TACTICS DESIGN 在帝國飯店正式開張。我將店名的字母分開設計成海報，一張張放入不鏽鋼框中排列成完整的店名。如果不是當時幫他們設計了招牌，大概也沒有後續每年設計海報的工作了。TACTICS DESIGN 主要設計鐘錶和各類文具，另外還製作紙牌。起初預算還算充裕，只要東西賣得出去，生意就可以繼續下去。之後他們開始增加產品類別，包括領帶、T恤和POLO衫等，後來還再加了腰帶和皮包，但因數量少，價格稍嫌昂貴。之後還設計了金屬鑄器，不過大部分都沒賣出去。此外，他們還曾和著名的服裝評論家一起設計西服，但是也全軍覆沒了（笑），這麼一來就無法再靠時裝吃飯。後來鐘錶也變成塑膠製品，這是因為當時開始講究輕薄短小的造型設計。有一陣子 TACTICS DESIGN 只製作鐘錶；又有一陣子只製作領帶，後來則換成手帕，就這樣持續了一段時間。大約在四年前，鐘錶的設計也告一段落。

「NAKAJOISH」

一九八八年，在ggg（Ginza Graphic Gallery）舉辦的展覽會中，ggg的人忽然對我說：「仲條先生該你了！」這句話讓我非常意外。當時我雖然參觀過一些年輕人在ggg參覽的作品，但從沒想過當時五十五歲的我要舉辦展覽或非辦展覽不可。但是被他們

MAMA〈Nakajoish 展海報〉1992

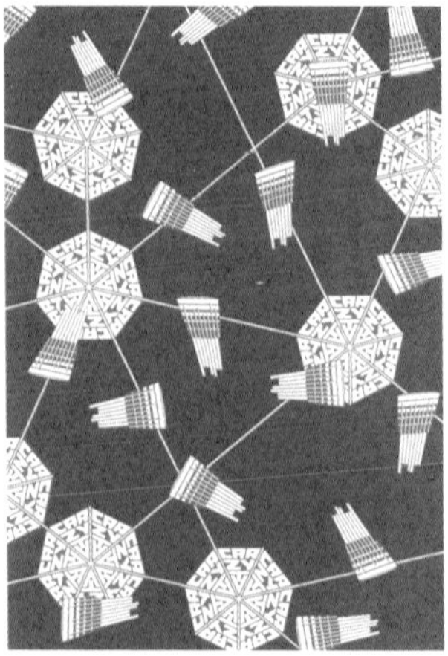

Crazy TV〈Nakajoish 展海報〉1992

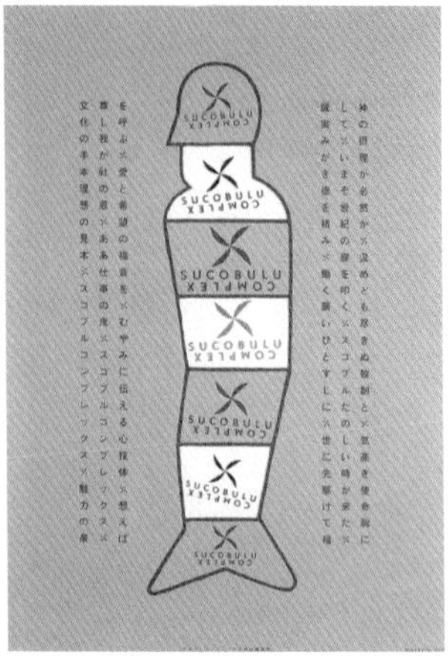

Sucobulu Complex〈Nakajoish 展海報〉1988

一說，我才頓悟，急急忙忙開始準備。正好 The Ginza 的社長也問我要不要在 The Ginza Art Space 舉辦展覽，於是我決定兩個展覽同時舉行。

從那時起，大家開始找我參加比稿或聯展，這是之前從來沒有發生過的事……。在我開始這麼做之後，陸續獲得了不少獎項。

當時的我，因為知道自己有多大的本事，覺得如果舉辦展覽，會讓別人看穿了，所以一直不敢有大動作，覺得凡事低調才是最聰明的作法。我覺得自己不像大家那麼有本事，但還是莫可奈何地舉辦展覽。要辦個展大家至少會有五十或一百張海報，但我的作品卻屈指可數，所以全部都是新的創作。因為到時

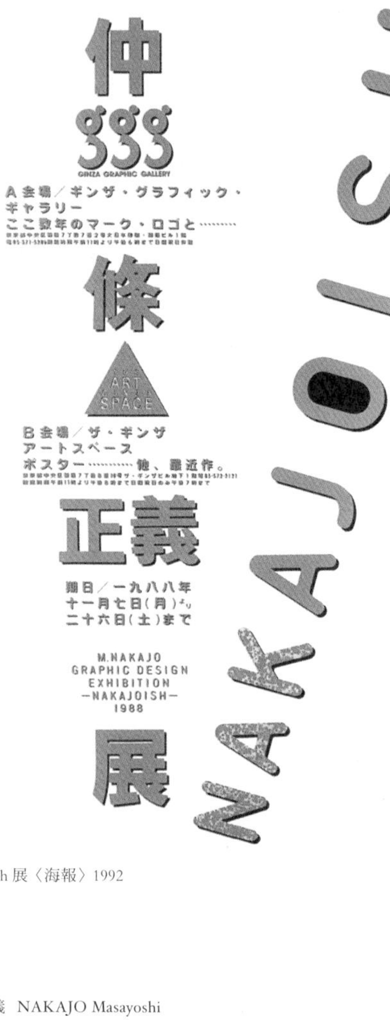

Nakajoish 展〈海報〉1992

不好意思麻煩大家專程跑一趟，我只好努力累積作品，簡直是手忙腳亂（笑）。因為很擔心，為了累積作品數，所以想到什麼就趕緊做，老實說其中有一半根本是垃圾（笑）。因為實在太擔心了，只好麻煩松永真和村瀨前一天先來幫我看一下（笑）。那時村瀨說了什麼？松永真說整體看來沒那麼好。這就是那一場名為「NAKAJOISH」的展覽。

在那之後有人來邀請我參加聯展，當時的勝井三雄或其他設計師，大多都是採用色彩豐富的多色印刷，但是我怎麼想就是做不出這種設計，最後還是以黑白為主，再稍微上點顏色。戶田先生看到我在JAGDA的「JAPAN」展中展出的海報後說：「仲條！你的這張海報令人感到相當地震撼，但我不知道為什麼如此震撼？」我是很拼命，只不過原本應該採用多色印刷的作品，我只用了二種顏色，其實這是和以前一樣。因為我剛開始從事設計工作時預算很低，只能用一、兩種顏色來設計。我雖然不喜歡，但後來還是只用黑、白再加一個紅色。

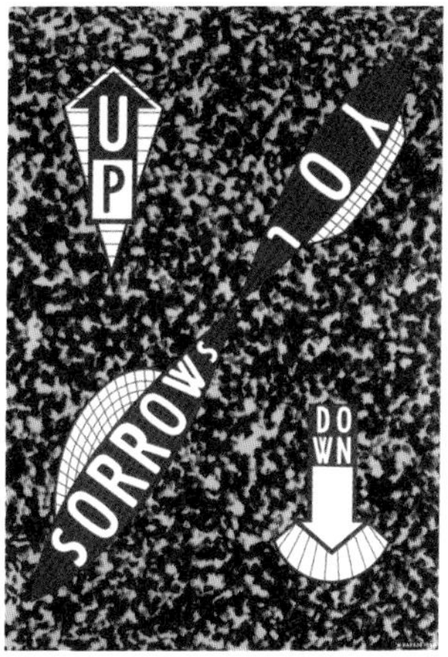

喜與悲〈Nakajoish 展海報〉1988

不過「NAKAJOISH」似乎改變了大家的看法，之前即使是TACTICS DESIGN的工作，也都是屬於比較一板一眼的設計，這回的展覽似乎讓大家有些意外，因為大家認為我不是那種胡搞瞎搞的人。不過仔細一看，盡是些奇怪的東西，要說大膽確實是挺大膽的。在舉辦「NAKAJOISH」展覽前，我確實屬於那種會認真用尺作畫的人，是因為我喜歡畫得很直嗎？我只是覺得應該要那樣。但如果接受了自己用手畫出來的線，反而有種輕鬆的感覺。

戶田先生說我的作品看起來像是小孩子的畫作（笑）。一般來說，小孩子在幼稚園到國小的階段畫得最好，但一旦父母開始拿自己孩子的作品炫耀時，孩子的表現就會愈來愈糟，戶田先生說我的作品就和他們一樣。後來他因此跟我道歉，我還以為他是在嘲笑我（笑）。我想大概是因為他只想得到這種說法吧！不過我也希望給別人這種感覺。

JAGDA「JAPAN」展〈海報〉1988
獲得 ADC 會員最高賞

設計的力量

「應該說好不容易解凍了嗎？我覺得設計是個好東西。雖然藝術創作的影響

力比較大，也比較新穎，但我還是認為設計比較好。」

插圖

我在讀藝大時主修插畫，但我很不喜歡上色時，整張畫變得油膩膩的感覺。當時早川先生、山城先生都畫過一些插畫，另外和田誠和宇野亞喜良也是。但我因為不喜歡一輩子只活在插畫家的框架中，後來就放棄了。在看過龜倉先生的畫作後，才發現抽象畫也行得通，所以也畫了很長一段時間的抽象作品。而在做什麼都不行時，就會去拍照。

以《花椿》為例。當時日本並沒有那麼多插畫家，但像《Esquire》等美國雜誌就有許多優秀的插畫，例如Saul Steinberg的作品。但那不是一般日文雜誌喜歡的風格，所以每一本雜誌都在搶和田誠或灘本唯人，結果是內容看起來都大同小異。為了突顯《花椿》的不同之處，我曾依內容需要，以模仿外國雜誌的插畫再稍加修改的方式來繪製插畫。所以在ggg舉行「NAKAJOISH」展時，也同時展出十年來我為《花椿》繪製的插畫精選。在《花椿》的插畫上，大多有文章或照片作為主要內容，所以幾乎看不出插畫的重點。但因為我原本就打算拿來當作背景，所以也沒辦法找人幫忙畫。

我在畫插畫時並不是那麼有自信，

花椿〈插圖〉1985

玫瑰〈插圖〉1990

Ristorante Amore

資生堂 Parlour logo

應該說是油膩嗎？我就是沒辦法畫得很清爽，這是因為我的素描有問題，才會發生這樣的狀況，看起來就像是舊的畫作。從這方面來看，平面設計就可以避免這個問題，所以我覺得我還是別畫畫的好。在「富士山」展覽中的作品也幾乎都是圖案式的作品。如畫獅子時，大家都會畫很多隻，然後愈畫愈難看。但也不是第一隻就最好看，對此大家都沒把握。我想，不要太講究而大膽地畫，也許就能畫出最好看的。但不每天畫是不行的，可是每天畫又會畫得太好、太像，這就是最麻煩的地方。

關於文字

我覺得日本的文字非常不簡單，但是我不會繪製字體。因此我認為只要採取不同的組合方式或稍加修飾成日式風格，就能讓西式文字具備大和精神（大和魂）。我沒辦法寫明朝體，因為它是有歷史背景的。明朝體的橫線纖細，我實在沒辦法畫好。如果是像早川或河野設計的カストリ明朝體字，我也許畫得出來。人的動作如果不夠細膩，是無法寫出來的。所以我只好用Gothic體，只要能夠畫出介於字和圖之間的字體，就能夠書寫Gothic，我現在都慣用這樣的方式。

以往都是以照相排版來製作logo，直到我開始為PARCO工作之後，才開始用方格紙。應該說是創作文字嗎？我從以前就一直在簡化筆畫，考慮要怎麼做才能減少一筆一畫，例如要減少幾條文字的橫線或幾個角，減少這些筆畫就是在簡化文字。橫線雖然很難刪減，但如果過度設計文字則會變成無法閱讀。以往我曾經批評過龜倉先生，因為他寫的字太完美，根本不是字（笑），我還說他的字太抽象。文字原本就具有生命力，帶有許多隱喻意涵，因此很容易被破壞。但如果全部都用圓規來寫也行不通，所以創造字體是件很可怕的事。筆

畫多的口文字較不會出錯，而漢字即使經過分解組合，大多都還可閱讀。

稀有動物

我到目前為止得獎的作品幾乎都是為TACTICS DESIGN設計的海報或月曆，這些都是由我全權負責的作品，從沒在事後被要求放大或縮小字體，完全可以隨心所欲，沒有比這樣的工作條件更好的工作了。如果是其他工作，就必須考量客戶的需求，提出多款設計讓客戶挑選，不可能不經過審查，沒經過審查的作品是不會被採用的（笑）。

而在設計logo時，比方說有人找我設計標題，我回家後，從半夜開始一直畫。開始時只能畫出我腦中根深蒂固的圖像，但我不滿意，畫了五、六個後，我就會突然跳脫原本的框架，發展出稍稍不同的設計。在那之前畫出來的東西，只能像是從舊檔案中找出的作品。

我的工作以打擊率來說是很低的，從以前就是這樣，但我覺得自己的收穫不少。我的作法不會有人管我，從不同的角度來看，我算是得天獨厚。資生堂就是一個例子。如果沒有《花椿》，我的日子會很難過。也許是因為我沒有做太多工作，只負責The Ginza、Parlour和文字的設計，而這些讓我覺得接了他們不少工作。該怎麼說呢？我就好像是稀有動物（笑）。像是即將絕種的動物似地處於被保護狀態，我真的覺得自己賺到了。

設計真是個好東西

去年《花椿》舉辦一個名為「Graphy T恤」的企劃，由設計師在他們從倫敦買回來的二手T恤上進行各種設計。設計師們活用原本就有的圖案設計做成其他圖案，或在整件T恤上畫滿單一圖案，完成後的作品還算新潮。我雖然認為不錯，心裡卻覺得如果能有更奇怪的設計會更好。後來他們找來藝術家舉辦第二屆的舊T恤設計，他們將設計好的T恤帶到夏威夷拍照，感覺真的很不一樣。這是因為設計師考量到社會需求，也就是強烈意識到作品存在的理由或存在感，覺得必須可以穿，可以穿著去跳舞、參加活動等，作品必須有非常強烈的存在理由。相較之下，藝術家的設計該說是存在感嗎？其實一個是把T恤當T恤，另一個則是把T恤當畫布，這應該是二者之間最大的差別吧！

這麼一來，我好不容易才明白設計還真是不錯的一件事，直到最近才發現還是設計比較好。從開始學畫，我一直相信藝術的力量，認為藝術強而有力，比較能夠吸引人更進一步鑽研。但一提到設計具有當下的存在感，便讓人覺得設計比較好。事實上因為設計必須考量到社會需求，所以有其侷限性。

［摘錄自二〇〇二年Time Tunnel Series Vol. 15仲條正義展《仲條的富士之症》記錄．宮下公美子以及Guardian Garden（株）Recruit的簡介］

收集古代美術作品的成果

細見美術館的視覺辨識系統VI

細見美術館建於京都平安神宮旁，乍看之下面積不大，卻是棟地上三層、地下二層的建築，地下二樓還有下沉式花園，展覽室的收藏品極為豐富，內容包括平安、鎌倉時代的佛具、佛畫、佛像以及室町、桃山時代的屏風和工藝品，另外還有江戶琳派的名作。從第一代的細見古香庵起，細見美術館是細見家歷經三代熱衷收藏古代美術品的成果。負責設計的建築師是大江匡，細見美術館的建築之美與京都相互輝映。

關於細見美術館的視覺辨識系統，由於在企劃階段便已接受委託，因此時間十分充裕。首先著手設計的是最基本的logo，我希望一方面能夠表現出格調高雅的日本之美，另一方面又具有能迎合年輕遊客喜好的現代風格，因此要完成這個充滿野心的設計是有點難度的。時間太多對我來說也是個問題，我東想西想就是無法統整設計概念，但最後還是在設計的草圖中看見一道曙光。我必須同時處理大到建築物標示、小到名片等各式的設計問題。文字的間隔在於字的粗細，好不容易才決定採用橫豎粗細相同的設計。我雖然很少同時使用英文字體，但還是設計了能夠相互對應的字體。基本上我不想同時並列日文和英文。

此外，包括美術館在內的設施總稱為Art Cube，包括研究單位、討論、出版、藝廊和美術館商店等功能。我利用下一頁的logo，以上下相反、黑白互換的連續花紋來製作包裝紙和各類商品的底圖。下一頁左上方（③）是細見美術館財團法人細見美術財團的副logo，以單一符號來呈現細見的第一個發音。「古今」（④）則是古美術研究機構報的logo，讀作「KO-KON」。我認為如果圖樣更豐富，就能夠使細見美術館的視覺辨識系統更多元、更具深度。在其他印刷品上所使用的日文字體為

①

③

(Kokon)

④

②

細見美術館
琳派展X
「神坂雪佳—京琳派ルネサンス—」
平成十九年九月二十二日(土)～十二月十六日(日)
琳派展X
神坂雪佳
京琳派
ルネサンス

⑦

細見美術館

⑥

ABCDE
ÉFGHI
JKLMN
OPQR
STUV
WXYZ
12345
6789
0/..

⑤

「ZEN オールド」，英文則為相對應的「Century Old」。建築物和展覽室的標誌設計，是將這兩種字體加以統一。

整棟建築物的顏色是如鮭魚般的淺橘紅色和柚木的褐色，展示室則是櫻花的自然色，金屬部分是黑灰色。整體的顏色規劃充滿了京都的華麗和當地的色彩，非常大膽；標誌設計則是由黑、白、銀三色組成。

［摘錄自一九九八年由誠文堂新光社出版的《有效的平面設計》（効果的なグラフィックデザイン）］

① Logotype（草圖）
② 依 Art Cube 的 Logo type 創作的平面設計
③ 副標誌
④ 季刊雜誌 Logotype
⑤ 細見美術館用字形
⑥ Logotype 直式用
⑦ 2006 年「琳派展 X」海報

宮田識
與企業充分配合的設計

宮田識　MIYATA Satoru
［簡歷］1948年生，曾任職日本Design Center，於1978年成立宮田識設計事務所（現為株式會社DRAFT），主要作品有摩斯漢堡、PRGR高爾夫球具、Lacoste、麒麟一番榨及淡麗啤酒、Breitling百年靈手錶、華歌爾、花王和松下電工等。1955年推出自己的品牌D-BROS。D-BROS Flower base獲選參加「現代日本設計一〇〇選」世界巡迴展。為東京ADC會員、JAGDA會員。曾獲朝日廣告賞、東京ADC最高賞、日本宣傳賞和山名賞等眾多獎項。

宮田先生是以往日本人意氣風發時代的日本人嗎？

從某方面來說宮田先生是個老派的人。他很頑固，不知變通，還有點笨拙。

但他對設計的熱情和講究卻非比尋常。他有些武士道或美學的精神，做什麼事都必須達到他的標準才行。

有點像是以往日本人走路有風的那個時代的人，我覺得讓這種人來當領袖最適合了。

讓我對廣告這份工作充滿自信的就是宮田先生。

他二十七歲時在林野廳工作。他說樹木和森林等大自然教會他許多事。

我第一次見到他時覺得他像個樵夫，從某方面來看還真說中了。和他一起工作，最讓我頭痛的是他喜歡「追本溯源」。明明已經沒時間了，他還是要來個「話說……」不可。這也難怪，因為他靠山吃飯。

有時只是討論一下事情，不知為什麼他就會開始談起日本應該怎麼做、這個世界的未來會怎麼樣，還有人類和地球等沒完沒了。

因為博學多聞再加上點子多，和宮田先生聊天雖然可以學到東西卻很辛苦。因為他總是在生氣，而且通宵達旦討論事情是常有的事（但很有趣）。

我想是廣告工作創造出宮田識這個人的能力。

宮田先生大言不慚地說廣告是很了不起的，我非常欣賞這樣的他。

第一次遇見他已經是三年前的事了。非常喜歡吃漢堡的我，很早以前就注意到我常去的車站前摩斯漢堡裡的海報。當時看到那張既高傲又迷人的Geva冰淇淋海報讓我大受震撼，立刻打電話到當時的宮田識設計事務所，希望邀請他們幫忙設計，但當下就被拒絕。

他說他們不和代理商合作。

個性乖僻的我硬是找上門去，請他至

KIRIN Ichiban Shibori <Poster>1990
CD：高梨俊作／AD：宮田識／D：江川初代、石崎路浩
C：中村禎／P：坂田榮一郎／MOJI：伊藤方也

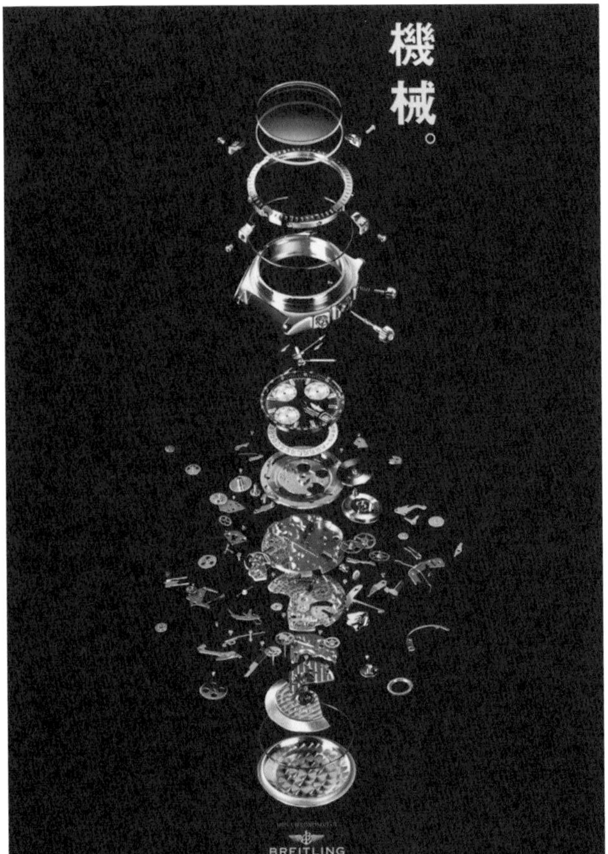

BREITLING JAPAN <Poster>2000
CD：宮田識、廣瀬正明／AD・D：渡部浩明
C：加藤麻司／P：小山一成

少和我談談。

我到現在還記得宮田先生老大不高興的樣子。但他還是和當時從事廣告代理的我成為了朋友，約一年後「一番榨」的廣告誕生了。

宮田先生肯定地說世間所有的東西都是設計出來的。他還是一樣那麼酷，雖然有點粗魯。看到「宮田學校」和「宮田工廠」設計的眾多作品，還真讓人覺得設計果然了不起，讓人想說：「設計師們加油！要設計出更多有用的作品！」

一段時間不見，我又能感受到宮田先生和他能幹的團隊的設計作品所產生的影響力。

［記錄・佐佐木宏］

［轉載自二〇〇三年 Transart《DRAFT（世界美術設計六〇）》］
＊佐佐木宏曾擔任電通創意總監，於二〇〇三年七月成立 Singata，目前為 Singata 的創意總監。

宮田識的方向

［採訪和記錄・高橋大一］

與一位客戶的相遇

宮田識在日本眾多美術設計師中是一位特殊的人物。

他拒接廣告代理商的工作。

只要了解日本目前廣告發包情況的人，對這件事應該已經不是驚訝，而是應該會擔心「這樣有飯吃嗎？」。

如各位所知，日本企業在製作廣告時，由代理商擔任仲介負責與創意工作者連絡，已經是一種常識。但宮田先生卻無法苟同這樣的系統。

他從一九六六年開始從事設計工作，二十四歲就獨立接案。

「我在三十一、三十二歲時就決定不接代理商的工作。」當然他自己也不確定不接廣告代理商的工作是否能夠繼續從事廣告設計，但他還是接下了Lacoste、高爾夫球品牌PRGR和Breitling手錶等眾多工作。

他之所以會採取這樣的工作型態，同時也讓他對自己的生活方式抱持獨特的原則，是因為與某位客戶的邂逅。

拜託廣告設計師設計店面

「這大約是十三年前的事了……」

宮田先生回想起當時某公司社長來訪時的情形。

他就是去年突然過世，得年才六十歲的摩斯漢堡會長櫻田慧元先生。

在談到宮田先生之前，必須先介紹以摩斯漢堡著名的摩斯食品創辦人櫻田慧元會長。

現在應該很少有人不知道摩斯漢堡吧！目前摩斯漢堡在日本各地有一千五百家分店。

當時摩斯漢堡的店面數量只有不到現在的五分之一，是一家即將朝向連鎖企業發展的漢堡店。

櫻田先生原本是證券從業人員，離職後靠著自己的創意創立摩斯漢堡，並且獨自將公司擴大到今天的規模。不僅店面數穩定成長，同時也與既有的速食店採取不同的市場區隔策略，穩定地發展。當時為了公司的前途，不斷摸索新方向。

「他只是因為員工跟他說：『聽說有這麼一號人物，你不妨去找他。』他就找上門來了。」

櫻田先生找宮田先生前知道他曾經為PRGR製作過廣告，櫻田先生雖然很喜歡PRGR的廣告，卻不是為了請宮

田先生幫忙製作摩斯漢堡的廣告而來。

「櫻田是來請我設計他的店面（笑）。這哪裡是我的工作！我跟他說這不干我的事，幫他介紹了我一個建築師朋友，結果他說：『我請不起這麼貴的人。』之後他又來找我。但我跟他說這不是我的工作，他卻說：『我們先去打一場高爾夫吧……。』」

宮田先生也是出了名的高爾夫球迷，「無論多忙，他的行程表中一定會安排好打高爾夫球的日子。」

而在他們打高爾夫球時，發生了一些讓宮田先生出乎意料的情形。

在打完前半場九洞之後，在午餐前洗手時，櫻田先生用洗手台上的小毛巾擦完手後，開始仔細擦拭被弄髒的鏡子和牆壁，還撿起掉在地上的垃圾，認真整理洗手台。

「我不覺得應該這樣做。因為我認為會有人來做（笑）。

不久後，我又和櫻田先生與後來接任社長的渡邊和男先生去打高爾夫球，結果這次是他們兩個開始擦洗手台（笑）。

我問他們為什麼要這麼做？他們說：『這樣後來的人會覺得比較舒服……。』」這對當時工作非常順利簡直是個「為所欲為的設計師」的宮田先生而言，從組織領導者口中聽到這句「後面的人會比較舒服」，對他造成極大的震撼。當時宮田先生已經三十多歲卻從來沒有想過這種事，他認為這個名叫櫻田的人，不單只是一個企業的領導者，而是具備了明星般的魅力。

MOS BURGER〈報紙廣告〉1999
CD：宮田識／AD：富田光浩／D：御代田尚子、內藤昇
C：廣瀨正明、岡山真子／I：渡邊良重

「當時我才開始認真考慮和他交朋友應該會很有趣。我原本以為以加盟企業利用別人的技術工作的人沒什麼好東西，但他不單只是為了追求效率的人而已。」

起初不是為了製作宣傳品

在那之後宮田開始和摩斯漢堡合作，但他不單只是做廣告提案或海報，因為沒有一家摩斯漢堡有貼海報的地方。

當時每一家店無論是外觀或內裝完全沒有統一，這在加盟店中十分罕見。無論是從好或壞的方面來看，都是一家沒有使用手冊的公司。

「或許有人會覺得那時的店很親民，但始終脫離不了土味（笑）。

之後經過建築師長谷川敬的設計，規劃了包括海報等促銷製作物的擺放位置，以及店面系統化的計畫，新生後的摩斯漢堡成立了第一家直營店。而在還沒正式開店前，我就開始提供意見。」

改變看板的形狀、菜單，在牆上保留張貼海報的空間，必須保留與顧客對話的地方或看板的擺放，甚至是如何降低經營成本，櫻田先生都逐一徵求宮田先生的意見。

「也就是說他從一開始就不是只想找我幫他設計促銷製作物。櫻田先生會讓一個人同時做好幾件事，因為他自己就不是一個甘於只做一件事的人。和他合作後，我也沒辦法只設計海報了。」

對於被捲入有別於以往的工作，而且是專長以外的事，宮田先生倒不覺得意外或突兀，反而因為能夠和以前無法認識的人交談，每天都有新發現。

宮田先生和摩斯漢堡以及櫻田先生之間的關係，當然是愈來愈深厚。他也為了讓摩斯漢堡成為受顧客歡迎的商店而一起努力。這雖然是一份很辛苦的工作，但與廣告代理商交付的工作所產生的樂趣完全不同。

「然而要完全了解一家公司是非常困難的事，有件事可以證明，那就是我和摩斯漢堡合作十年後，有一天櫻田會長笑著對我說：『你也終於懂了點了！』」

宮田先生不斷提出對摩斯漢堡有益的建議。

身為創意工作者的他直接介入公司的定位，同時不只是為了單一的廣告宣傳，而是以考量公司的長期發展，來設計包含廣告在內的未來藍圖。

不只是摩斯漢堡，無論客戶是否需要，他都從公司（商品）五年後、十年後可能發展的角度來製作廣告，這正是他在與摩斯漢堡互動的過程中培養出的宮田識手法。

宮田先生討論工作的時間很長，在未進行徹底檢驗前「無法進行工作」。而這些確認工作，就是他設計的重心。

有著曾經於經營自己事務所的同時，也在宮田事務所工作了將近一年後，然後再次獨立的特殊經驗的美術指導蝦名龍郎先生，在談到宮田先生的設計工作

時這麼說。

「我在宮田先生的事務所學到最重要的事就是設計過程時的想法。在設計一張海報版面時，對於文字的大小和海報的需求必須逐一釐清，確立設計的概念。我真的認為如果沒有在宮田先生事務所工作的那一年，我一定是個沒長進的設計師。」

MOS BURGER <Poster>1987　AD：宮田識／D：江川初代／P：坂田榮一郎／C：藤原大作

自作主張製作海報

宮田先生說：「可是剛開始和摩斯合作時，我也什麼都沒想啊（笑）！自作主張就做了海報（笑）。

我做了幾種B0尺寸大小的海報，其中一張根本沒有計畫要貼，所以將它設計成以花朵為主題的形象海報。造型師努力幫我買來一百五十種花，我心想：『好吧！就這麼做了（笑）。』

我們曾為了拍攝冰淇淋海報，費盡心力地讓小鳥停在樹枝上。我希望背景呈現如深夜般的顏色，所以在樹枝後搭了十公尺深的黑色背景，這麼大的空間卻造成小鳥到處亂飛，最後我們只好等牠飛累了，一直到凌晨三點左右，牠才停在樹枝上。

結果牠卻開始睡了起來。為了不讓牠睡著，我們又費了一番功夫（笑）。」

這雖然是初期製作海報時的小插曲，但仍有店家因為喜歡這張美麗的海報，在海報完成十年後持續使用。

一句「讓它結凍之後再拿出來」……

和宮田先生合作為摩斯漢堡拍攝眾多廣告照片的攝影師和田惠先生，告訴我們一個宮田先生為摩斯漢堡製作廣告時的小故事。

「當時我們正要拍攝奶昔的海報，為了將冰冷的感覺傳達給顧客，宮田先生提議在冰凍的玻璃杯中放入奶昔來呈現視覺效果。最後我們雖然完成了美味的奶昔照片，但在現場進行拍攝工作時，

我心想『你說什麼傻話，這真的有辦法嗎？』因為摩斯的海報可說是對摩斯內部推銷商品的展示，一旦做出以冰凍玻璃杯提供奶昔的視覺效果，店裡的工作人員就必須將玻璃杯冰凍後裝入奶昔提供給客人。

拍照時我們用乾冰使玻璃杯結凍。不過我想最辛苦的應該是每家店的員工，他們要如何才能讓玻璃杯結凍呢？」

宮田先生要摩斯的員工測試玻璃杯結凍的溫度和所需時間，並準備即使結凍也不會破裂的玻璃杯，為的就是要能夠以冰凍的玻璃杯供應奶昔。之後幾乎每一家店都提供這個服務。

冷たいね。
凍ったグラスで
玄米シェイク。
玄米フレークシェイク よもぎあずき

MOS BURGER <Poster>1994
CD：宮田識／AD・D：江川初代／D：富田光浩／C：鵜久森徹／P：和田惠

「一般的客戶應該會以『無法提供冰凍的玻璃杯』而斷然拒絕吧！因為他這句『讓它結凍之後再拿出來』，不知道給摩斯的人找了多少麻煩（笑）。

但以冰凍過的玻璃杯裝的奶昔，看起來確實比較好吃。宮田先生是對的。」

宮田先生和摩斯漢堡的關係，雖然只是設計師和客戶，但在不知不覺中已變得密不可分。

當設計師和客戶觀念一致，要共同作決定時，由於宮田先生會不斷整合自己的設計概念，因此不會和客戶意見相左。

宮田事務所的員工所設計的作品，只要經過宮田先生同意，極少需要重做。也許有人會覺得怎麼可能，但這卻是不爭的事實。在現有的系統中從事廣告設計的設計師，可能會覺得不可置信，但這正是因為沒有廣告代理商介入才可能

辦得到。

和宮田先生合作的設計師、攝影師和廣告文案都異口同聲地說：「摩斯廣告的困難之處與其是說服客戶，倒不如說是取得宮田先生的認可。」

反過來說，這是因為宮田先生必須負擔所有責任，他必須要求自己扮演設計師以外的角色。這個作法之所以行得通，不用說當然是因為有櫻田先生的支持。他為什麼會這麼相信宮田先生呢？如今也無法問他本人了。

目前宮田先生的這個作法不只用在摩斯漢堡。他當然無法和所有的客戶都有像和摩斯漢堡般的交情，但只要是他接下的工作，就一定會和客戶進行通盤討論，決定廣告的方向後再著手設計。

宮田先生和櫻田先生兩人出乎意外的邂逅，創造出客戶和設計師互相信賴的廣告製作方法。

［摘錄自美術出版社出版的《設計的現場》一九九八年一月九十五號］

MOS BURGER < 報紙廣告 >1998
CD：宮田識／AD：富田光浩／D：內藤昇、御代田尚子／C：廣瀨正明、鶇久森徹、岡山真子／I：出口雄大

工作的方法

〔採訪和記錄・高橋大一〕

以苦思得來的創意表現作品

宮田識的事務所「DRAFT」位於涉谷和惠比壽之間安靜的住宅區中，我循著地圖前去拜訪時，出現在眼前的是一棟經過特別設計的偌大有趣建築。

玄關前掛著青銅製寫著「DRAFT」的門牌。宮田先生將以往提供埃及駐日大使或外資證券公司社長居住的豪宅拿來當辦公室。

事務所裡有十三位（一九九五年）設計師，在寬敞的空間裡無論從哪個座位放眼望去都是綠意盎然的庭院。

春天櫻花盛開，滿眼新綠，聽說以前在夏天的時候他們還會在院子裡的小池塘畔舉行游泳大會。天氣暖和之後，這裡還會變成與「DRAFT」熟識的朋友們聚會烤肉的地方。

宮田先生說他之所以會選擇這樣的地方作為工作室，也是受到櫻田先生的影響。

——如果您沒有遇見櫻田先生，就不會租這樣的辦公室嗎？

「我沒想過要租一個有庭院獨門獨院的房子當作辦公室。我獨立接案後搬過八次家，慢慢開始發現工作室具備某種基本功能。庭院可以讓我們看到四季的變化，有聲音、風和花，這些東西一定可以對創意工作者造成某種程度的影響。」

——櫻田先生對您的影響真的很大。

「我試著將櫻田先生說過的話套用在自己的事務所。

例如一般是早上九點開始上班，但我們是在覺得舒服的時間才集合開始工作。結果我們覺得舒服的時間是凌晨三點。此外我們為了接待客人還擺花，準備大型的會議桌開會，和一般商店一樣，讓大家覺得來開會是一件輕鬆愉快的事。只要將事務所布置得讓大家都願意前來，我們就能充分利用時間。」

——不過身為公司的經營者，必須盡力節省經費，這樣對您沒有造成困擾嗎？整理庭院也得花錢吧！

「我不能說沒有。不過如果我想賺錢就不會將辦公室搬到這裡來了，也不會將經營事務所弄得像是設計師的聚會般沒有效率。因為我做的是我喜歡的工作，只要有飯吃，我還是希望能夠隨心所欲。」

——我想再請教您的工作方式。國外應該沒有像您這樣以個人的CD（創意指

PRGR SPEED TITAN〈POSTER〉2001
CD：宮田識／AD・D：田中龍介／C：西村嘉禮／P：宇田幸彥

導）或AD（藝術指導）的方式深入一家公司，最後還為這家公司營造出企業風格的例子吧！以摩斯漢堡為例，DRAFT製作廣告的方式可以說非常另類。

「我倒不覺得另類。公司的領導人希望能夠創造出這樣的公司或組織，他們希望給社會大眾這樣的想法，而我只是認同這種想法而已。

我根據他的意思來表現，必須確定沒有弄擰他的意思。我不想說謊，也不想把辦不到的事說得煞有其事。

以摩斯漢堡為例，目前我沒有以垃圾或環保等話題作為廣告主題。當然各店面的垃圾量是一直在減少，同時我們也以摩斯店面為中心向外打掃街道，但我們對於大自然或環境還不能說已經採取積極的行動。如果拿它來打廣告，我覺得很不好意思，然而沒有這種想法卻拿環保來當作賣點的廣告卻多的是。

但從某個角度來看，或許能夠藉由廣告帶領社會逐步發展環保這個主題也說不定。」

——在您與摩斯合作過之後，其他的廣告工作會不會讓您覺得若有所失？

「這倒不會，我和摩斯的關係雖然比較特別，但我還是希望能夠和客戶建立起相互了解的關係。」

——那麼，您認為您可以和什麼樣的客戶建立起如同您和摩斯漢堡的關係呢？

「我們是創意工作者，是設計師，不是商品開發或經營策略專家。對我的客戶來說，我提供的只是外行人的發想，大概沒有人會喜歡外行人大放厥辭吧！我想其實大概沒有人想聽我說話吧！我也知道櫻田先生和我說話時會愈來愈生氣。

即使如此我還是死性不改，所以我覺得摩斯漢堡對我來說是特別的，但我還是希望能夠和所有客戶建立起能夠自由表達意見，彼此合作完成工作的關係。」

廣告代理商的工作很無趣!?

——宮田先生好像大多直接和企業合作，您也和廣告代理商合作嗎？

「我其實並不了解代理商的想法。我不是和代理商合作，而是和人，如果和我合作的負責人擁有身為創意工作者的自知之明，我多半能夠了解他們的想法；如果不是的話，我就會被捲入代理商的作業體制中。如果我們的關係能夠讓我充分發揮我的實力，我就能夠創作出好的作品。」

——您是說您會受到製作廣告時的理念和想法之外的因素影響嗎？

「我認為不只是代理商，在企業的體系中如果前任的業務經理創下十億元的業績，繼任經理就必須維持前任的水準。思考如何依照前任經理創造出十億業績的方法，創造十億以上的業績。但這對企業來說是理所當然的事。」

——在這樣體制下工作您覺得辛苦嗎？

「該說是辛苦嗎？不過確實和我的人生觀有衝突。如果代理商的想法和我的想法不謀而合的話，應該是可以合作的。」

——如果有人想要跳脫這樣的體制，採取和您一樣的方式進行創作，您認為會遭遇困難嗎？

「或許會有這種人，但並沒有你想的這麼困難。因為我的作法是希望能夠輕鬆愉快地工作。

我認為只要能夠創造出以我想呈現的方式呈現、不需修改、盡可能排除限制的體制，就一定能夠創作出有趣的作品。」

——不過即使是年輕人看了《ADC年鑑》後，想要試著創作某種廣告，但在實際進行後難免會遭遇各種障礙，這時還是必須改變原本的創意吧！

「即使是看了淺葉克己或大貫卓也的作品，也無法馬上創作出那麼優秀的作品。因為優秀的人必須很用功、很辛苦，而且他們兩位一直希望自己的作品能夠讓大家大吃一驚。所以想要達到他們兩位的程度，必須花費一段時間，只要想必須花上十年心情就會輕鬆許多，而且為了能夠創造出好的作品。換個角度來看，障礙可以是很有趣的，而且對自己通常多有幫助。如果將改變創意當作是爭取時間尋找靈感的機會，就會讓你更有勇氣，也不覺得辛苦了。尤其是每個人的時間都一樣，如果能夠善加利用，工作起來就會更輕鬆。DRAFT的夥伴正努力讓B4的廣告傳單，能夠刊登在《ADC年鑑》上。無論是多小的工作，只要認真做，就一定會有所發現的。」

——您二十四歲獨立的時候就已經想到要讓自己輕鬆工作了嗎？

「不要說是想了，我根本就做不出那樣的設計或廣告（笑）。我還在日本Design Center的時候很有自信，但獨立之後忽然覺得眼前一片黑暗，非常沮喪，花了七、八年的時間才找到自己的

方向，根本無暇思考如何輕鬆工作。」

——那麼，這個想法是怎麼來的呢？

「當時我想再這麼下去也不是辦法。幾場比稿我一直沒有獲選，即使是我認為很棒的作品也都沒被採用，身為設計師卻得不到設計的機會，我覺得一定是哪裡有問題。我在加入Design Center時，前輩曾跟我說：『如果二十七、八歲還無法獨當一面，最好還是別當設計師了。』

當時我雖然已經三十好幾了，卻一點也不緊張。獨立之後雖然痛苦了很長一段時間，但我認為這成了我發現自我風格的一種能量。

那時我的工作幾乎都來自代理商，就當時的狀況來看，我決定不再和代理商合作，也不再參加比稿的決定，是非常莽撞的事……」

——這個決定確實很了不起。

「但在做了這個決定後，我突然開始得心應手了起來。人啊……如果不斷然決定自己的方向，隨波逐流似乎是不行的。」

[摘錄自美術出版社出版的《設計的現場》一九九八年二月，九十五號]

上
LACOSTE<POSTER>1991
CD・AD：宮田識／D：渡邊良重
C：廣瀨正明／P：藤牧功

下
PRGR<POSTER>1985
CD・AD: 宮田識／D：竹下幸雄
C：東倉田長／P：坂田榮一郎

左：CASLON 本店外觀／右：FLYER
外觀和內裝的靈感是來自於一開始的白色立方形。
CD：宮田識／AD・D：渡邊良重、植原亮輔／設計：原成光／PR：中岡美奈子

DRAFT發信

與大量生產背道而馳的「生產的樂趣」

產品品牌「D-BROS」+
麵包工房、咖啡廳和商店「Caslon」

位於仙台市郊外，自仙台車站搭乘地下鐵約二十分鐘，在終點站「泉中央」下車後，再搭十分鐘的車就可抵達複合了麵包工房、咖啡廳與商店的Caslon。Caslon位於平坦的丘陵地上，四周綠意盎然。聽說這個地區叫作泉公園，已經開發約二十年，Caslon的所在地名為紫山，已開發五年。周圍有許多企業的研究機構，距離咖啡廳不遠處的森林中，有原廣司設計、狀似巨大銀色飛行船般的宮城縣立圖書館。此外，還有仙台白百合女子大學附屬學校，稍遠處還有宮城大學。

這一帶聚集了各種高求知慾的場所，同時也是追求與四季分明的大自然共生，建立新生活型態的地方。無論是屋頂顏色、建築物高度或看板都受到限制，呈現出經過良好管理的景觀。咖啡廳陽台在寬廣的天空下為樹木環繞，空氣非常新鮮。

Caslon成立於七月，由DRAFT的老闆宮田識，以及有十五年外食產業經驗的川井善博共同經營。兩人之所以會合作，是因為當初任職於從事土地開發業務的三菱房地產的川井先生，前來拜訪宮田先生，並詢問如何有趣地利用這塊土地。在那之前川井先生是摩斯漢堡加盟店的老闆，以仙台為中心擁有七家店面，和宮田先生因為製作廣告而認識，覺得彼此志同道合，之後便成為高爾夫球伴，而Caslon則是兩人根據彼此對未來的共同看法，所提出的第一個空間設計。

〔記錄．澤水潤〕

〔摘錄自美術出版社的《設計的現場》一九九九年十二月一〇六號〕

G和P之間

（G=graphic、平面。P=立體的商品）

如果以美術設計的表現方式創作的話，會發展出什麼樣的世界呢？

在十二年前，DRAFT提出名為D-BROS的企劃案。所謂的美術設計，就是基於某種目的傳達情報和訊息的表現方式，而產品重視的則是實用和功能。我們提出企劃案的目的是為了嘗試一種新的概念，希望結合二者，創造出傳達某種訊息的作品。

現今這個社會講究的是不注重「人心」的經濟理論，只追求利益的經濟主義蔓延，完全遺忘人類原本的溫柔和品格。從某方面來說，美術設計這個工作使這樣的情況惡化。遭到視銷售為優先的利己企業理論扭曲的設計、脫離本質只裝飾表面的設計，無論你願不願意都直接闖進了你的生活。

然而美術設計原本是具有使人與人、人與社會間產生幸福溝通的巨大力量，而且我們認為它還可以提高這種溝通的品質。所以我們的目標是讓這股巨大的力量自由解放，擴展領域並與社會的幸福連結。D-BROS的商品就是想表達這些概念。

你高興嗎？寂寞嗎？想起什麼了嗎？現在對你來說最重要的是什麼？設計還真是件讓人高興的事。各位不妨試著和這樣的問題對話，這來自於G和P「之間」。

宮田識

［取材自二〇〇六年十一月「D-BROS EXHIBITION」］

D-BROS PRODUCT
CD：宮田識／PR: 中岡美奈子
左：LA DOLCE VITA〈Greeting Card〉2002／AD・D：御代田尚子
中：Hope Forever Blossoming〈Flower Vase〉2003／AD・D：植原亮輔、渡邊良重
右：A PATH TO THE FUTURE〈Packing Tape〉1999／AD・D：植原亮輔

PHILOSOPHY

以往我所憧憬的設計，正確地說是屬於文化的一部分，然而現在大多數的設計只是為了延續企業的生存而存在。社會上經濟主義蔓延，有人認為只要是有利益的事都是對的，為謀取利益不擇手段，完全遺忘人類原本的模樣（？）。在這個社會中，設計除了文化外，如何販賣和消費也成了重要的要素。

我認為DRAFT的設計「應該做什麼」是一件很重要的事。我們經常站在設計師的立場思考和行動，對於設計這個工作樂在其中。但我認為我們也有責任，因為這個社會到處都是設計。沒錯！現代沒有設計就無法形成社會，設計依照好壞被捨棄、破壞，甚至被當成垃圾，影響大家的喜怒哀樂，甚至是健康和生命。DRAFT相信設計對今後的社會來說扮演著重要的角色（立場），我們設計師必須認真考慮要用「設計」來做什麼……。

每個人都有特殊的能力，同時也都有提升自己的權利，而這個權利絕對不能被束縛。DRAFT相信人的力量，人創造社會、創造時代，人守護人、也守護地球，一切都由人來控制。我認為對現代社會而言，活用人的力量是最重要的事。人都有夢想，想要盡可能地快樂生活、實現夢想，也希望自由、平等、和平，而想要珍惜這樣的想法，必須以身為地球的一份子創造「以人為中心的社會」。DRAFT相信「人的力量」和「設計的力量」，而且相信如果設計師很有誠意，對於未來的設計界和社會也會產生不小的影響。

DRAFT直接與客戶簽訂契約，從上到下進行整體設計的第一份工作應該是摩斯漢堡。而那已經是距今約十八年前的事了（其實也接過一些電影院和代理商的工作）。因為對我來說，設計的工作必須要讓我能夠接受，所以我無法只參與其中一個項目或某個部分。

二十五年前我在沒有任何保障的情況下，選擇直接接受客戶委託的工作方式。雖然這對當時年輕的我來說，除了代理商之外沒有其他的工作機會，但我無論如何都希望能以這樣的方式進行創作。目前DRAFT和客戶都是五年、十年甚至二十年的關係，雖然廣告製作公司的製作人和設計師，有可能會變成制式的上班族，但我認為就慢工出細活來說，我還是選擇了正確的方式。

宮田識（DRAFT）

［摘錄自二〇〇三年Transart《DRAFT（世界的美術設計六〇）》］

上左：飲料「世界的廚房」〈Package Design〉2007／CD：宮田識／AD・D：福岡南央子／P：和田恵
上中：WACOAL DIA〈Poster〉2004／CD：宮田識／AD・D：井上里枝・久保悟／C：笠原千晶／P：藤井保／PR：中岡美奈子
上右：BREITLING JAPAN〈Poster〉2005／CD：宮田識／CD・C：廣瀬正明／AD・D・P：古屋友章／D：平野篤史／CG：赤木泰隆
下左：BOURGMARCHE〈店舗〉2005／CD：宮田識／AD・D：關本明子／D：田中龍介、板倉梓／設計：五十嵐久枝／PR：中岡美奈子
下右：NISSAN STAGEA〈Poster〉2002／CD：河野俊哉／SV：宮田識／AD：內藤昇／D：田中龍介／C：福島和弘、田中良司／P：M.HASUI

松永真

確定的事應該要貫徹始終

松永真　MATSUNAGA Shin
［簡歷］1940年生於東京，畢業於東京藝術大學美術學部設計科。主要的作品有「和平與環保」的海報、SCOTTIE和UNO等熱門商品，以及ISSEY MIYAKE和BENESSE的企業識別計畫，活躍於各個領域。在日本國內以及華沙、紐約等地，舉行過多次大型個展，作品被七十五國的國家美術館永久保存。曾榮獲華沙國際海報雙年展金牌獎和名譽獎、每日設計賞、紫綬褒章、龜倉雄策賞、東京ADC會員賞等。

——您說您是在還沒有找到工作的情況下，就辭去資生堂的工作？

松永　我並不是因為不喜歡資生堂的工作才辭職，只是想接觸化妝品以外的領域，所以中村誠先生（當時資生堂的宣傳部長）才會對我說：「你太天真了。化妝品廣告也有各種不同的面向啊！」他說得雖然沒錯，但我只是單純地認為設計這個領域應該更寬廣。我就是想嘗試不同的東西……

——當時您差不多三十歲吧！

松永　正好三十。當時我很高興地舉行告別派對，毫不留戀地離開了資生堂。所以就好像白紙般毫無計畫，如今也已經離職十三年了。

——所以當時不像現在這樣悲壯嗎？

松永　沒工作就沒工作，反倒可以發呆。雖然年紀是一回事，但我的個性沒辦法積極地去推銷我的作品，只能等待，並和助理不斷地製作卡片。

——在這次的對談中，您提到在吉田臣（美術設計師）和西村佳也（廣告文案）的事務所時，也一直在製作卡片。當時您應該覺得自己前途無量，會不斷地前進吧！

松永　其實也許我很貪心，莫名其妙地充滿自信，什麼都想要。就是不想廉價賤賣自己。我雖然不是很精明，但總覺

「我是大猩猩」報紙廣告 明治製菓（1973）
CD・C：土屋耕一／AD・D：松永真／P：國房魁

● 一九八九年發行的松永真著作《對談、快談、松永真》，內容集結了誠文堂新光社《BRAIN》雜誌的「創意者工作室記」（クリエイター事務所のぞ記）連載，以及有關松永真的訪問。（現在《BRAIN》雜誌，已經隸屬於宣傳會議公司）。
這個對談集，採訪了二十九位不同領域的創作者，其中松永真的文章是出版社特別要求加上的，他以自問自答的方式，寫下極為獨特的創意對談。
除此之外，這本對談集裡介紹的仲條正義，本書介紹的石岡瑛子，都是松永真在東京藝術大學及資生堂的前輩。

得不能自己去要工作。

——您在這回的連載中，經常提到之前工作的地方很像學校。

松永 真的是這樣。在這家名叫資生堂的學校，他們不僅幫我把作品印出來裝飾在全國各地，每個月還會給我一次零用錢。

——您成立事務所之後接到的第一份工作是什麼？

松永 當時正好是《non-no》和《Wo-men》等雜誌紛紛創刊的時候，我根本不知道編輯工作是怎麼回事，但他們因為知道有我這個人就找上門來，要我擔任他們創刊號的美術設計，並參與他們的編輯會議。知道他們是雙週刊，我大吃一驚。因為在資生堂的時候，週期比較長，捨得花時間和金錢，工作起來比較遊刃有餘。我心想自己不是為了做這種工作才離開資生堂，於是就跟人家道歉，只答應幫忙設計雜誌標題。最後完成的作品就是「non-no」的雜誌名標準字，並未幫忙做美編。在我到處瞎忙的時候，有一天土屋耕一先生（廣告文案）要我幫忙接下「我是大猩猩」（明治製果）的工作。現在我還記得當時心裡的感動。（中略）

——當初您的事務所只有一位員工，現在有七位，是從什麼時候開始增加的呢？

松永 我在設計「我是大猩猩」的時候，曾經有五名員工，後來變成四個。在推掉雙週刊，接下月刊的工作時，就需要增加人力。但因為增加的是美編方面的助手，工作效率並沒有因此提高。而且因為我只有這份收入，經常得錙銖必較。在付完薪水、房租之後，剩下的比在資生堂的時候的薪水還少。不過因為精神上非常自由，我想這樣就夠了。因為工作就是業務，不應該自己去找，而是腳踏實地認真去做，這樣下一份工作自然就會找上門來。雖然這麼說有點矯情。

——您說您不希望侷限在特定的領域，是嗎？

松永　因為我的意志並不堅定，事到臨頭非學不可最適合我（笑）。現在我覺得從點連成線也蠻有趣的。

——我想請教您，在這次的連載中您經常提到的「您每天幾點來呢？」是怎麼回事？

松永　搬到新的事務所之後，我希望十點就開始 stand by。十點前先打掃環境，第一場會議就從十點開始。這是因為這棟大樓在晚上八點就會關閉無法進出，我希望能夠把它當成一種良好的習慣。

——設計師事務所經常給人晨昏顛倒的印象。

松永　因為我不喜歡工作到深夜，而且我的同事們都有家庭。這種工作雖然沒辦法像郵局一樣準時上下班，有時候也必須要工作到很晚，所以如果能夠提早下班就提早下班，也不要喝到三更半夜才回家。

——但喜歡夜生活的人似乎大有人在。

松永　說的也是。這是因為有點小奸小惡的人比較吃得開，講究健康的人會被認為跟不上時代，但我不這麼認為。我就是這種人。就像我在大家聚會時高談闊論卻沒有人會理我。我想那些不那麼一板一眼的人比較風趣，中規中矩的人確實很無趣。我偶爾去喝個酒，就會有人說：「真難得！松永先生也來了！」我就會拼命地找藉口解釋。不過我現在不這麼做了，反而會理直氣壯地說：「你們這些人還在這裡混，我一個星期有五天都在家吃飯。」

——生活如果不正常，有時就無法設計出好的作品。

松永　我也這麼認為。我的長相讓大家誤會我是個溫和的人，但我在工作時其實是很神經質而且不講情面的，時常讓身邊的人很痛苦。我認為不斷重複同一件事是好的，因為這樣才會進步。一般來說，至少要十年，甚至要到十五年才能了解另一個人，所以有時候或許會自然地想配合對方，但若是這樣就不會進步。所以如果大家想創作出更好的作品，就必須仔細想想我的建議。而在這個過程中，設計工作就已經展開了。如果我隨便提出的企劃馬上就被接受的話，是做不出什麼好東西的。那只會是一種技術，而以身為技術人員的角度來看，也許會想「標題要怎麼處理，標誌這麼做可以嗎？」，但客戶想要創新時就會找不到答案。技術對我們來說很重要，但我認為在那之前有更重要的部分。沒有技術雖然無法執行設計，但在那之前的觀察或想法更為重要。（中略）

——您設計的威士忌 NEWS 最近成為話題。

松永　這應該歸功於倉俣史郎，我們只是馬前足，最後卻成功了。瓶身是川上元美（產品設計師）設計的。雖然有人說像增髮劑，其實我是想打破團塊世代以來大家對這產品既有的想

集英社《MORE》雜誌創刊二號封面設計
AD・D：松永真／P：吉田大朋

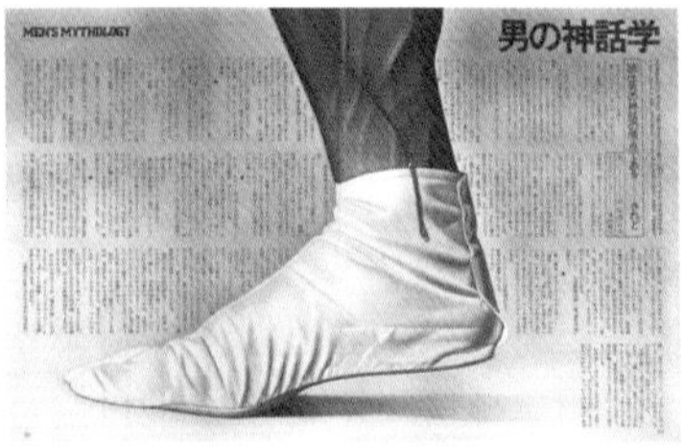

集英社《MORE》雜誌內頁設計、外山滋比古的散文系列
〈男之神話學〉（部分）AD・D：松永真／I：滝野晴夫

non·no

MORE

LEE

メイプル

集英社的女性雜誌・標題／集英社　AD・D：松永真
《non・no》（1971）・《MORE》（1977）
《LEE》（1983）・《メイプル》（1998）

法。也有人說我的想法太過武斷，說這是因為我曾經待過化妝品公司的緣故。總之，我不希望將一千、五百和二五〇毫升容量的瓶身再設計成類似不倒翁的威士忌。

原本他們只拜託我設計標籤，我問他們：「那紙箱呢？」他們說：「那個放在倉庫所以不用了。」我就說：「不行！就算沒有預算也請讓我試試看。」結果我也設計了紙箱。我還要求他們要設計贈品。很多東西都是因為我提議才做的，但也因為負責這個案子的負責人非常能幹，大力支持我，我才能完成。設計就是這麼回事。上市後調查發現有不少人表示紙箱和盒子的設計不錯，例如每天負責搬運的人，也就是麒麟Seagram 的人。對他們來說有新的紙箱，工作環境也會不一樣，會讓他們工作得更起勁。這雖然是很簡單的道理，我卻覺得感覺很好，這就是我認為的設計。我剛才也提到原本我們的工作，就是秉持設計者的良心說出想做、該做的事。我認為與其告訴對方會算便宜一點，或會照著對方交代的事去做，倒不如提醒對方不要這麼做或拒絕對方的要求。誠實以對還可能換來更多的合作機會。

——您最近好像工作得很起勁。

松永　不！還好啦！不過我倒是覺得愈來愈有趣了。我一直不斷強調要有自己的想法，以前聽過我說這些話的人，現在已經陸續成為主事者。當時因為他們必須聽命於上司所以無法幫助我，雖然其中也有不少人認為我說的話是對的。當我再遇到他們時，他們已經擁有決策權，並且能夠告訴我「你說的沒錯，我們就這麼做吧！」。我覺得大家都一樣，所以我認為說出自己相信的事絕對不會有壞處或損失的。就算當時沒辦法那麼做也一定要說，因為下次還有機會，到那時候一定可以在更好的情況下工作。所以我剛才也說大家之所以不動作是因為太貪心了，我覺得那些遲遲不肯行動的人，實在是貪得無饜。

一九八三年十二月

［摘錄自一九八九年誠文堂新光社出版，松永真著《對談、快談、松永真》（対談・快談・松永真）］

Kirin Seagram（株）「NEWS」的品牌和包裝等（1983）
A・D：松永真／產品設計：川上元美

SCOTTIE

面紙是男女老幼大家都需要的日常用品，所以設計需要容易親近才行。這個時候我通常會從我的角度來想「面紙是什麼樣的東西」、「我想要什麼樣的面紙」來開始設計。很久以前有句話說「半徑三公尺內的發想」，也就是說與其到處學習，倒不如從自己生活領域的行為來確認更容易掌握情況，同時也是一種比較誠實的作法。

日本每戶人家的各個房間都會擺放面紙，面紙已成為室內景觀的一部分。因此我覺得在純白紙盒上含蓄地放上 SCOTTIE 商品名稱就夠了，絕對不要強調個人主張，這就是我最初的概念。

在進行國際比稿時，SCOTTIE 指定以花紋作為主題，還必須使用固定的商標，但最後我既沒有使用花紋還改變了標誌。這是因為 SCOTTIE 對於山陽 SCOTT 公司（現在的日本 CRECIA 製紙公司的前身）而言，幾乎形同主力商品，在毫無裝飾的情況下，必須讓標誌能夠表現商品的特性，並給人高品質的印象，此時商品標誌扮演的角色非常重要，已不只是單純的商品標誌而已，所以我才會想要重新設計。至於花紋，在交出設計稿時，我有些強辯地說：「因為我不懂花，所以從廣義來解釋。」因為這算是某種程度的違反規定，就算在正式審查前被淘汰，我也不覺得奇怪。幸運的是結果竟然被採用，最後甚至成了企業識別標誌。說來這與一般的過程相反，這年頭大部分都是先有標誌或商標，之後包裝和所有宣傳製作物再根據這些標誌來設計，可說是中央集權式的企業識別。但先有具吸引力的商品，獲得認同後演變成商品識別標誌（Brand Identity），最後甚至成為企業識別標誌……，我喜歡這種形式的企業識別標誌。

由於企業的識別標誌必須承擔傳統和歷史，大多顯得保守。而商品識別和包裝卻因為像是有治外法權而擁有某種程度的自由，可以保留設計的純度，繼續向前進。我認為 SCOTTIE 以一種很好的形式昇華了。

隨著母公司的合併，因公司進行組織重整而卸任的社長說：「我希望至少把這個包裝的設計留下來作為公司的財產。」讓我深受感動。

［摘錄自一九九六年集英社出版《Graphic Cosmos──松永真設計的世界》］

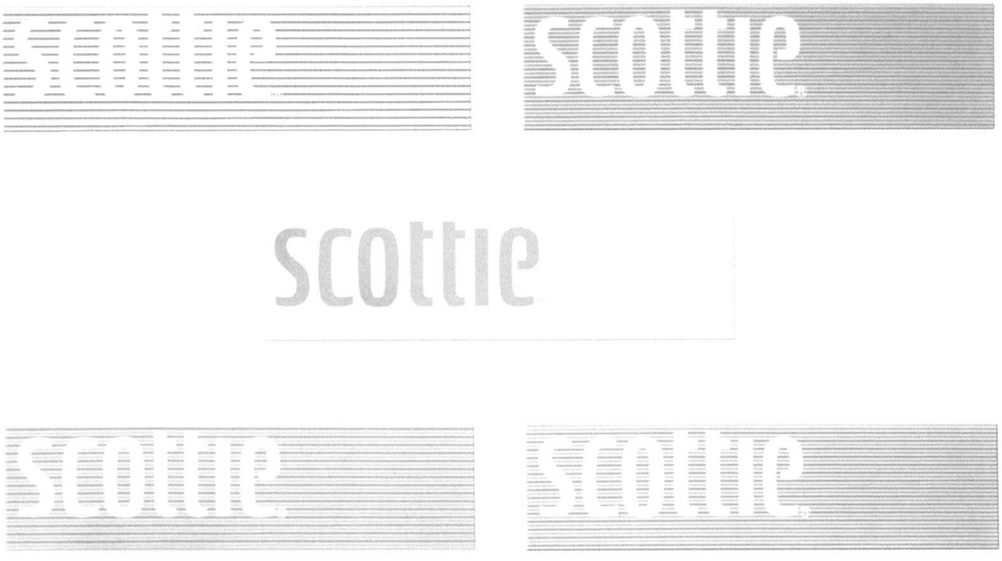

Scottie 的包裝設計／山陽 Scott（1986）　AD・D：松永真

「這個人將來一定會有出息。」

在大組織中要改變經由多數表決同意的事，比想像中困難許多，要是沒辦法成功，下場可能是得回家吃自己。要這麼做必須承擔相當的風險，曾任職於像資生堂這樣大型企業的我，也曾經吃過好幾次因為想改變方向，嘗試新作法的苦頭。我雖然沒有親眼看到寶酒造公司逆轉決定的情況，但得知這個不容易的結果時覺得非常高興。

每個人會根據自己以往的經驗，判斷發生在自己眼前的事，不知不覺地套用社會大眾或自己的公式。在各類商品氾濫的現代，要創造一種新的事物，必須有和這種既有觀念對決的想法。

我認為在設計時，了解時代和環境是非常重要的事，一味地否定很無趣，但一味地追逐流行也不是件好事。如果能夠在周遭的事物和風景中，創造出與生活環境能夠相互改善前進、舒緩大家的緊張感的設計最為理想。我認為從某方面來說，在毫無責任感的事物四處充斥的現在，即使只是歷史中的一件小事，若能果敢地和既有觀念對決，也絕不會是白費工夫。

從某方面來說，決定嘗試裸露鋁罐這個前所未有設計的 Can Chu-Hi，在銷售的過程中也是經歷了戲劇性的變化，最後成為熱賣商品，點燃燒酒熱潮，並與隨後陸續上市的各類燒酒形成趨勢。

我還記得當初我以四種顏色來區別四種口味，但隨著新口味上市，顏色的選擇讓我傷透腦筋。現在大家雖然已經很熟悉罐子的形狀，但當初這個基於節省成本產生的好想法所設計出的形狀，一開始也是不被接受甚至被公司拒絕。那個有如舊棒球帽般的線條，在當時設計時也面臨很多困難。但或許因為真的覺得有進步的感覺，現在想來都是愉快的回憶。

雖然聽來有些老調重彈，但我並不是認為所有燒酒都必須是這個模樣，當時我只是思考著如何將這罐 Can Chu-Hi 屬於中性燒酒的特性表現出來。它使用了革新商品的發想，也未受傳統牽絆。雖然不是在肯定目前的居住空間，但也不是單純維持傳統。

我們的生活空間無論好壞都在持續改變。當想要挑戰、推翻整個環境，卻沒有實際的力量時，觀察當時的狀態和情勢也很重要。

雖然是題外話，日後我真的見到採用這個設計案的當事人，當時還是部長的細見吉郎先生（此時已升任社長）。我們當時雖然只有間接的互動，但他最後還是在與我溝通後推翻原有的決議。我現在覺得，或許 Can Chui-Hi 就是一種會讓想法相近的人產生不可思議同感的產品。

一九九八年八月

［摘錄自二〇〇四年 BNN 出版松永真著《松永真、設計的故事。+⑪》］

「CAN CHU-HI」包裝／寶酒造（1984）　AD・D：松永真

寶的 Can Chui-Hi 罐裝酒

一九八三年我透過代理商參加有十幾位設計師參與的寶酒造公司（TaKaRa）新商品設計比稿。即使現在想像酒商的貨架上堆滿罐裝酒，是多麼壯觀的一件事，但在十五年前是沒有罐裝酒這樣的商品的。我輕鬆地接下這個劃時代的商品包裝設計工作。

過了一段時間，廠商送來作為設計資料的無紋鋁罐。光溜溜的鋁罐散發著光芒，讓我覺得十分新奇。看著毫無裝飾的罐身，我覺得實在太美了，讓我一見鍾情。

以往大家都覺得設計瓶罐的包裝自然要從打底開始，完全忽略鋁罐本身的美。

我要利用素材原本的模樣，直覺認為皮膚光滑的年輕女孩不需要化濃妝。這個鋁罐也有同樣的光芒，新鮮的感覺讓我決定直接在鋁罐上印 logo。

說到燒酒總給人鄉土的印象，我自己是比較喜歡樸素、古風、形狀厚實的素燒陶器或小酒瓶。

但考量到我們的生活和居住環境，卻是一樣的擁擠，愈來愈沒有日本「和」的感覺。最後的畫面變成在狹小的白色食堂裡，坐在椅子上喝一杯國籍不明飲品的情況。再加上因為現在的生活方式朝向清潔便利發展，若是帶有殘留日本傳統的土味，煞有介事的燒酒給人的印象就稍嫌突兀。

我希望設計出外觀時尚輕便的燒酒。有一罐舉行宴會時和葡萄酒或香檳放在一起也不顯突兀的燒酒，也挺不錯的呀！大家對目前居住的空間雖然不滿意，但如果能有一瓶肯定這些環境的燒酒，不也挺不錯的嗎？這是我的感覺。

然而我使用無紋鋁罐的設計，似乎與寶酒造最初的打算有些不同。事實上當初比稿時獲選的是別家公司的設計，諷刺的是那卻是我提出的另一份設計稿。

他們來電告知我結果，並詢問我的意見，我老實告訴他們：「我其實希望能利用鋁罐來設計。」我當然很高興自己的作品受到青睞，但事實上獲選的作品也是忠實地遵照該公司提出的方向來設計的。

然而我之所以創新使用光溜溜的鋁罐來設計，是我用來表達新燒酒存在理由的方法，也是我對慣用設計所下的簡單戰帖。我想忠實表達真正的感覺。

經過這樣的事件後，Can Chu-Hi 的設計工作發生極大變化。寶酒造突然打電話來說：「我們決定改採無紋鋁罐的設計。」事後我才知道當時寶酒造的廣告負責人在聽到我的意見之後，強力推薦無紋鋁罐的設計，因為這樣才變更入選的設計作品。正當我對自己的想法能夠清楚傳達給對方感到興奮的同時，也驚訝地發現他們竟然只因為設計師的意見，就推翻公司內部正式的決定。我腦海中浮現這位從未謀面但行事果決的部長，記得我當時還高興地對事務所的助理說：

經手的作品由我自己來重製。我決定將客戶再來找我視為是對我的挑戰，也認為是肯定我的能力而心懷感激。

我的新提案是將原本厚重安靜的「UNO」設計得更簡潔俐落，字體也從粗短的 Utopia 改用簡潔的 Bodoni Book 字體。因為我不想設計得比以前複雜，也不想脫離原本簡潔的形象，因此在設計上加入一條細長的線。並以這條線作為媒介嘗試各種排列方式，以突顯「UNO」各產品的特色。這個設計完全無損簡潔的形象，還因此製造出新的面向，讓我非常滿意。

正因為之前的「UNO」受到大家青睞，確實完成任務，我才有機會繼續接手新版的設計工作。感覺就好像發現飄浮在藍天中的白雲，有如微風吹過般充滿時尚感的新「UNO」，上市時市場的反應如我預期般十分熱烈。

〈後略〉一九九八年九月

［摘錄自二〇〇四年 BNN 出版松永真著《松永真、設計的故事。＋⑪》］

舊「UNO」包裝／資生堂（1992）　AD・D：松永真

新「UNO」包裝／資生堂（1998）　AD・D：松永真

高岡市和 Metal Freaks

富山縣高岡市是日本少數幾個生產鑄器的城市。這個傳統的工藝城自一九八六年起開始舉辦名為「工藝都市高岡手工藝展」的設計展，而我從一九九〇年便開始擔任審查委員的工作，因此和高岡市結緣。之後受託製作高岡市的形象海報，因此有段時間因為設計工作的關係，時常往來高岡市。某日，日本首屈一指的鑄器公司社長問我：「要不要來捏一下？」他是在問我要不要做銅雕，我立刻接受他的邀請，自此成為一個「metal freaks」。freak 是「善變、狂熱、任性」的意思，就如我每次不想任何目的，專心把玩黏土，忘了工作而像個小孩子一樣。如果說設計的工作是要求理性和客觀的白天，那麼 freak 就是直覺和本能獲得解放的夜晚。不知從何時開始，工作結束後在深夜創作成了我每天的功課。

手中把玩的銅雕擴大成「paper freaks」的圖畫世界，在我的創作活動中成為與平日的設計相對的「另一個世界」，同時還與我的設計工作彼此產生正面的影響。

一九九五年三月我在銀座的和光 Hall 舉辦只有「freaks」的個展，還因此成為大家討論的對象。

［摘錄自一九九六年誠文堂新光社出版，Idea 編輯部編《美術設計的創意》］

上左：Metal Freaks「なかよし」銅製／竹中製作所（1995）設計師 松永真

上右：「松永真的 FREAKS 展」（1995）展覽會場（銀座・和光 Hall）

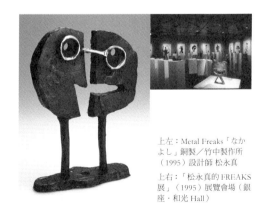

資生堂 UNO

我自東京藝術大學畢業後，在資生堂宣傳部當了七年的設計師。離職後自立門戶，剛開始找上門來的全都是和化妝品有關的工作。這年頭大家都帶著有色眼鏡在看別人。也許是因為曾任職於資生堂，大家都認為我只做過化妝品的相關設計。但我一律不接任何類似的工作（遺憾的是每個案子的條件都很好），如果要做化妝品，我只接資生堂的工作。

這是因為我和資生堂之間沒有任何不愉快，而且我對於在那裡學習到的眾多經驗心存感激。在工作換愈多自己的勳章就愈多的美國社會，像我這樣的人一定被視為怪胎。在三十多歲時，工作量比現在少很多，雖然覺得不安但還是貫徹極為潔癖的工作態度。不過我雖然這麼堅持，卻幾乎沒有接到資生堂的工作。過了好久，資生堂才要我幫忙設計一九九二年上市的男用化妝品「UNO」。我還記得當時我很高興接下這份工作（附帶一提「UNO」是義大利語「唯一的」或「第一名」的意思）。

然而這樣的喜悅也只是曇花一現，在聆聽廠商的說明時，我愈聽愈生氣。光是短短十秒鐘，人就可以說出很矛盾的話。又細、又粗，又軟、又硬、又熱、又冷，他們把這些充滿矛盾的條件攤在我的眼前。

「UNO」原本被賦予的任務，就是在超商裡競爭激烈的眾多商品中拔得頭籌。在大家討論要如何在這個充斥從食品到雜誌，有著眾多商品的非日常空間中，突顯商品以提高銷售量時，資生堂負責人的表情愈來愈像超商的老闆。

我覺得溝通真的是一件很困難的事，他們應該也很清楚自己的要求充滿矛盾。如果認真考慮，就連原本能夠實現的目標也會無法實現。但如果是用語言就可以充分說明的事，他們早也就找到解決之道了。我決定把它想成就是因為用普通的辦法解決不了，所以他們才會來找我。這麼一想，讓我躍躍欲試。

我認為無論廠商提出什麼樣的難題，以造型和色彩來克服是我的工作。即使他們說出一連串互相衝突抽象的形容詞，或用語言來表達所有的理想，我也只能概括承受。因為具體呈現語言無法表現的事物，成為眼睛看得到的形狀，正是設計的本質。

在與這些矛盾搏鬥後，我完成了 UNO 的設計案。沒有圖案和顏色，只有商品名稱，再也沒有這麼簡單的表現方式了。然而這並不是對客戶所提複雜奇怪的要求產生的反彈，只能說在聽完客戶的要求後我自己的反應。為了找出符合目的的解決辦法，將它昇華為概念，付出刻苦銘心的努力（？）的結果。我覺得這次的設計過程，就好像是辛苦勇渡驚濤駭浪的大海，最後看到了藍天。

日後這個商品大賣。為了保持化妝品原本的美，以最少的顏色來呈現最小的商品標誌的「UNO」，在超商這個怪物中得到了消費者的支持，取得市場最大占有率。

我心裡也偷偷覺得這個設計簡單的程度，在我眾多作品中算是經典的。極致的簡潔設計不只讓我覺得驕傲，也獲得大家的認同。然而才過了六年，「UNO」又來找我談改版，我該說是始料未及還是晴天霹靂呢？因為資生堂非常滿意這個設計，而我也沒有辦法再創作出更簡潔的設計了。

而他們卻提出這樣的要求，事到如今總不能把它做得更花俏。我半開玩笑地問道：「你不會要我做出更簡潔的設計吧！」可是那真的是他們的要求。當時我雖然先請他們回去，但這個要求實在太讓我震撼了。用說的很簡單，事實上卻是一件很殘酷的事。所謂「知易行難」指的就是這個。這讓我想了好長一段時間。

我不斷反芻對這個設計的想法，努力尋找這個讓我得意的設計作品，是否有可能增補的點子。當時我是相當得意的，這個商品剛推出時背負著「一無所有」的重擔，最後是不做過多的設計，只在「UNO」三個字上下工夫，卻反而展現出強而有力的設計，現在要改版，變成要找出當時設計時的缺陷。但在小有名氣後要改版，也許就不需要像剛上市時般費力氣了。這麼一想，我決定接下這份工作。

既然是現職的設計師，我希望能夠經常推出新的作品，也希望新作品經常可以是自己的代表作。所以雖然覺得資生堂要求好不容易想出新創意的我，再提供一個嶄新的創意是很殘忍的事，但多少也覺得高興。

有時客戶會很無情地找別的設計師創作完全不同的作品，有時則會利用一點小技巧做些簡單的修正。我認為與其如此，只要我還是現職的設計師，都希望

Gitanes Blondes

「Gitanes」和「Gauloises」是法國最具代表性的香煙品牌，自一九一〇年上市後，在全世界超過八十個國家銷售，為歐洲十大品牌、全球二十大品牌之一。「Gitanes Blondes」是 Gitanes 的美國品牌香煙。由於法國口味較淡的美式煙草，在市場上取代了以往口味較重的煙草，法國的煙草公司Seita為了對抗美國產品，決定改版設計「Gitanes Blondes」的包裝以加強促銷。這場國際比稿，邀請了來自世界六個國家共二十名的設計師參加。

一九四七年，「Gitanes」以法國設計師麥克斯・普蒂（Max Ponty, 1904～1972）所設計的吉普賽佛朗明歌舞者的剪影作為商標，此次比稿的條件就是以這個剪影為主題提出兩種設計稿。Seita 長期以來都會舉辦有全球知名創意工作者參與的「Artist Campaign」，這回則直接利用「Gitanes Blondes」的新包裝設計來比賽。從一開始製作展覽會用的放大版作品（高約八十公分），就被納入比稿的條件之一。

比稿的結果，由我和法國設計師一決勝負，為了作最後的決定，廠商要求針對日本版淡菸的包裝和煙盒等進行設計，最後共交出十一次，共一百多件試作品，堪稱是一場前所未有競爭激烈的比稿。經過約一年半後，一九九五年五月我才收到錄取通知。

對 Seita 來說，當然希望設計師能夠活用一直以來被當作財產的「吉普賽舞者」剪影來設計包裝，再加上同時展出的自由設計，設計師對這兩件作品必須付出同樣心力。在自由設計部分，有更多可以發揮的地方。

一九九六年二月 Seita 在巴黎的龐畢度中心（Centre Pompidou）以「為了一個剪影聚集的二十名設計師展」為題，讓參加比稿的二十名設計師作品齊聚一堂，入選作品也在展覽中首度亮相。在香菸的宣傳活動仍然受限的時代，利用展覽開幕發表新包裝，將整個宣傳弄得像是意外發生，讓人不得不佩服法國人的厲害。此外，我對於戰後五十年，在日本人憧憬的「文化之國」—法國，終於出現日本設計師設計的香菸包裝一事，感慨萬分。

這次的包裝設計被用作國際版的「Gitanes Blondes」，在歐盟各國販售。

［摘錄自一九九六年誠文堂新光社出版，Idea 編輯部編《美術設計的創意》］

「GITANES」包裝／SEITA 社（法國, 1996）
左：「GITANES BLONDES」
右：「GITANES BLONDES LÉGÈRES」
AD・D：松永真

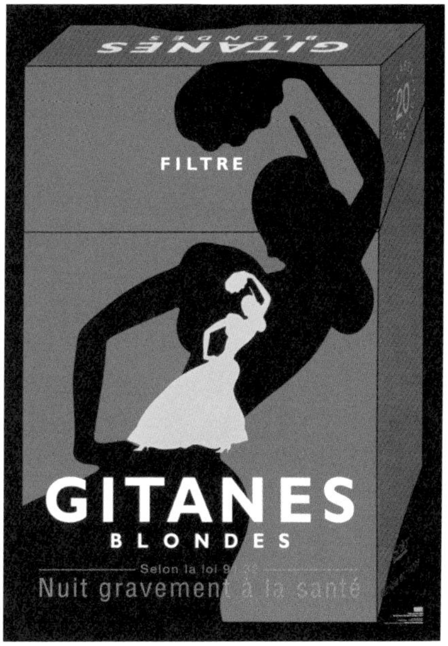

「GITANES」海報（1996）　AD・D：松永真

「GITANES」包裝試作（1996）　AD・D：松永真

「Gitanes Blondes」十問

以下是松永真先生為了配合展覽出版的目錄，在作品確定獲選時，在法國針對記者有關Gitanes的提問所作的答覆。

問題1. 您認為麥克斯．普蒂的吉普賽舞者剪影的設計充滿法國風味嗎？如果是的話，是什麼地方讓您有這樣的感覺呢？

松永　這個圖案讓我印象非常深刻，非常具有繪畫的感覺。對我這個外國人來說，充滿法國懷舊的氣氛，而且脫離舊有的框架，十分獨特。

問題2. 您為什麼會說Gitanes（麥克斯．普蒂）的煙盒設計甚至帶有神話的意味呢？

松永　在第二次世界大戰後物資缺乏的年代，象徵美國文化的Lucky Strike香煙圖案，對當時年幼的我造成極大的衝擊。基於這點，Lucky Strike和Gitanes之間的差異，對我而言就帶有神話色彩，與美國文化對比，這個設計是極度歐洲風格的，也正是法國這個國家給我的感受。

問題3. 您如何定義傳統價值？

松永　我認為傳統是一連串的革新，然而透過這次Gitanes的工作，我再度了解到法國人堅守自己方式的執著，在另一方面來說也是一種強而有力的傳統。

問題4. 您聽說過「吉普賽人」嗎？看過佛朗明哥舞的表演嗎？

松永　我知道吉普賽人，也曾去看過表演。

問題5. 我想您是用美術造形的感覺將Gitanes的剪影重疊，不知道您還有其他的意思嗎？

松永　中間黃色的剪影表示新款Gitanes的誕生，背後大的黑色剪影則表示Gitanes的傳統。

問題6. 您如何區分海報和商品包裝的設計？

松永　從創意的角度來看，二者並沒有太大的差別。如果從表現的方式來看，海報較具有藝術設計性，靈感的比重較大。包裝因為就存在自己的生活環境中，要如何具體地表現出物件，將形象增強的同時，也不會讓人產生不舒服感，這點非常重要。而包裝設計令我覺得困難之處，就是設計總是會將我自己的生活觀和個人價值展現出來。

問題7. 您曾經想過在您的設計作品中結合新鮮和溫暖的感覺嗎？

松永　我自己是沒有這種感覺，但成功的作品經常被這麼說，這次應該也不錯吧！

問題8. 您對日本的（水墨畫、歌舞伎、能和禪）有什麼看法？還是您的作品完全與這些無關？

松永　我對這些並不是特別清楚，也沒有特別意識到這些東西，但你的問題讓我再度意識到自己是日本人的這件事。這些日本傳統文化的特徵是簡單的形式美，不知不覺中我開始認為「削減」才是最大的設計行為，而不是自我表現。這或許也是因為我是日本人的緣故。

問題9. 您認為國際性的造形存在嗎？

松永　我認為國家風格明顯的東西就是國際化的東西，聽起來似乎有些矛盾，但所謂的國際性必須要有強烈的國家性，必須了解自己才能意識到自己與他人之間的不同，也就是說客觀相互理解，是創造出國際性造形的主要原因。我認為身為日本人的我，對Gitanes懷抱模糊的憧憬，透過這次的比稿具體成形就是一件國際性的事。

問題10. 您認為您最後設計的這個包裝對您來說是經典嗎？（是成功的作品嗎？）

松永　在好不容易回答了您之前的問題後，這個問題最困難。就好像我對第5題的回答，我認為這次的工作是新生後的Gitanes的起跑線，其次是我在第9題回答的，我認為我和Gitanes的邂逅創造出最幸運的結果。隨著今後的發展方向，Gitanes極可能成長得更茁壯，與其說這對我來說是一種「極致」，倒不如說我和Gitanes成功創造出「國際性」的造形。至於是不是極致，要由眾多的第三者來決定吧！

［摘錄自《20 designers pour une silhouette》展目錄］

＊原文為法文

實踐企業理念的 Benesse Corporation CI 計畫

一九九五年四月福武書店將公司改名為 Benesse Corporation，早在一九九〇年為了進行員工的意識改革，該公司引進「BENESSE」作為企業理念。一九九〇年，福武書店除了基礎的升學補習班等教育事業外，也希望能夠投入出版和美術館等文化事業，因此如同其他持續快速成長的企業，福武書店開始需要管理龐大組織的新系統。

「Benesse」是由拉丁文的「bene（＝好）」和「esse（＝活）」組成的詞，「活得好」的人是什麼樣的人？自己「活得最好」的方法又是什麼？也就是說要經常將這個問題當作思考和行動的基礎。福武書店為了具體實現這個理念，煩惱了半年，規劃出涵蓋眾多事業內容的願景，最後得以柳暗花明的答案就在「Benesse」這個字。如果為了創造以「活得好」為主題的象徵，我卻因為覺得有義務感而焦慮苦惱，就變成一件奇怪的事。因此由讓自己享受生活、「活得好」的心態出發，用剪紙的方式，剪出各種人體形態，彷彿傳達出以前的辛苦都不是真的。

也就是說比起其他的員工，我率先實踐了「Benesse」。企業標誌的選用經過如下。因為完成的十九張剪紙各有不同的特色，我捨不得放棄，於是全部提出發表。福武總一郎社長也說「我都喜歡」，我當下決定「十九個都用」。福武書店是採多樣化經營的企業，組織中的每個人如果無法「活得好」就不是「Benesse」。雖然從沒聽過一家公司有十九個企業標誌，但我認為這是活用福武書店的方法，也表示認同這個標誌的福武書店＝ Benesse Corporation，無法被限制在一個框架中，而是一個有深度且獨特的組織。看著這十九個形象標誌，在更改公司名後，更加被自由靈活運用，更讓我覺得能遇上這家公司，設計這個標誌真是件幸福的事。

［摘錄自一九九六年誠文堂新光社出版，Idea 編輯部編《美術設計的創意》］

上：Benesse 形象標誌（1995）
右：Benesse 標誌・基本形（1995）
CD：中西元男（PAOS）／AD・D：松永真

JAGDA 海報展・JAPAN 2001

我想只要是從事美術設計或對設計有興趣的人，應該都聽過JAGDA。它的正式名稱是「日本設計師協會」，是一個社團法人，擁有超過兩千名的會員，日本最大的全國性美術設計師組織。為了確立美術設計師這個行業，於一九七八年成立，並由已故的龜倉雄策擔任首任會長。協會成立後除展覽出版和座談外，也從事制定製作費用標準、組織著作權委員會和國際委員會等活動。

其中尤以發行年鑑和舉辦展覽最為重要，可說是JAGDA的兩項主要工作。我也擔任JAGDA的理事，理事有時必須兼任將近十個委員會中其中一個的委員長。我最初擔任展覽會委員長，並從一九九六年起擔任了五年的出版委員長，負責發行和改革年鑑，於二〇〇一年起再度擔任展覽會的委員長。

由於在那之前的展覽都是隔年舉行，二〇〇一年正好不舉行，但由於二〇〇一年正好是跨入二十一世紀的第一年，一百年一次值得紀念的年份，不可能什麼都不做。我於是提出以「JAPAN 2001」為名的企劃案，並獲得同意舉辦展覽。JAGDA的展覽就是海報展，在此之前曾經以「和平」、「環保」、「世界遺產」等為主題，十三年前也曾經以「日本」為題舉辦過展覽。當時日本經濟活絡，展出的作品當然都代表「蓄勢待發的日本」，我於是想再度嘗試以「JAPAN」為主題舉辦展覽。有別於十三年前，日本的變化超乎大家預期，長期的經濟不景氣、政治不穩定、環境破壞和IT革命，導致價值觀產生巨大變化。我希望以美術設計師的感性提倡「JAPAN 2001」，在這個新世紀的開始重新檢視日本。JAGDA的會員全都是美術設計師，帶頭的我必須率先製作作品。我以太陽旗作為海報的主題，展現燃燒的太陽。因為不知道該讓它怎麼燒，所以我畫了很多素描，之後再用電腦處理才大功告成。乍看之下像是圖畫或照片，其實是以毫米以下的細緻筆觸製作完成的。

廣告詞是「是熊熊燃燒的日本？還是即將灰飛湮滅的日本？」，看起來好像火勢正旺，又好像即將熄滅，就好像大家永遠搞不清楚描繪馬和人的古典名畫中，究竟是要下馬還是上馬。雖然因為有兩種詮釋方式讓人覺得有趣，但我聽說當時大家都在討論這幅畫究竟是好還是不好。其實我一開始想表現的是一種幻覺，這張海報的目的，就是希望讓人在那一瞬間想起「日本究竟會怎麼樣？」。

［摘錄自二〇〇四年BNN出版，松永真著《松永真、設計的故事。+⑪》］

Burn up, Japan? Burn out, Japan?
JAPAN

「是熊熊燃燒的日本？還是即將灰飛湮滅的日本？」海報
日本平面設計師協會（2001） AD・D・I・C：松永真

Benesse

右：Benesse東京本社的大型牆面
左：Benesse走廊（1995）　AD・D：松永真

HIROSHIMA
APPEALS
2007
NO MORE HIROSHIMA! It was a fine day in Hiroshima at 8.15 a.m. on August 6, 1945. There was a flash of light. A right to life is given to anyone. The cruelest death suddenly visits a remote peaceful place from a battlefield. Many innocent children have died with nobody's presence. Again, strong sorrow and anger wells up in my heart. We can't forgive the reckless action of an A-bomb dropping down on Hiroshima and Nagasaki. "Design work always has to be positive, pure, righteous and beautiful." This has been my motto in my whole life up until now. But in making the poster of "Hiroshima Appeals 2007" I decided to appeal with the straight emotion of sorrow and anger. This emotion includes the anger of my powerlessness because I could not do anything in particular for this cause. This black circle is the symbol to express sorrow and anger of people who died silently. This circle also stands for the largest error of human beings, the burned Japanese flag and the earth in despair. No more Hiroshima! No more Nagasaki! Though 60 years have passed since then, why is war not over?
Design : Shin Matsunaga Cooperation : Toppan Printing Co., ltd. / Takeo Co., ltd. Sponsors : Hiroshima International Cultural Foundation, Inc / JAGDA (Japan Graphic Designers Association Inc)

「HIROSIMA APPEALS 2007」海報
財團法人廣島國際文化財團／JAGDA（2007）　AD・D：松永真

一九八六年松永先生參加「HIROSHIMA APPEALS」，展出作品「PEACE' 86」。這幅作品後來在第十二屆華沙國際海報雙年展中獲得金牌獎，得到世界極高的評價。這幅作品精采的用色充滿松永先生的個人風格，輪廓模糊的人物像同時也呈現和平的脆弱，繁榮的景象不知何時會像海市蜃樓般消失，切膚的危機意識如同低音奏鳴曲般迴響。始於一九八三年的HIROSHIMA APPEALS，遺憾地在一九八九年停辦，隨後又在二〇〇五年重新舉行。由仲條正義、佐藤晃一負責製作海報，今年則輪到松永先生。

「『HIROSHIMA APPEALS』最初是由龜倉雄策先生負責製作，接下來的是粟津潔、永井一正、田中一光……等大師接手。這個工作雖然是很大的壓力，但要如何面對廣島這個極具震撼力的主題壓力更大。」

身為美術設計，一直以來不斷以作品呈現美的松永先生，這回要轉向表達黑暗的憤怒，而且是用一種很直接的方式。

不過事實上松永先生並沒有改變他的作法。他認為在美術設計的框架中，只能設法去感受，他試著去面對爆炸產生的巨大黑雲，也就是充塞在原爆受難者和家屬心中無法言喻的記憶（永遠無法散開的黑雲）。要以極度簡單的設計去感動觀眾。也就是說身為美術設計的松永真，這次就如同他以往的工作方式一般，要以明快的視覺訊息，傳達身為一個人的心情。然而，要向全世界傳達自己對這件歷史慘劇所產生的真切情感，是不同於一般工作內容的，因此必須不斷嘗試錯誤也是事實。附帶說明一句，這次的海報和二〇〇一年發表的「是熊熊燃燒的日本？還是即將灰飛湮滅的日本？」（參考105頁）是一組的，同時也參考了龜倉雄策被稱為現代設計的火紅日本太陽旗。

此外，「HIROSHIMA APPEALS 2007」的最下面有一大段小字，那是松永先生感想的英譯（中譯如右「NO MORE HIROSHIMA ！」）。

「在將作品交給JAGDA時，必須寫出設計的想法。老實說我覺得自己寫的像小學生的作文，然而正因為如此，或許才能正確地表達我的感覺。我本來沒有想過要放進這樣的內容，但覺得即使文筆笨拙，如果能夠清楚記載廣島遭到原子彈攻擊，以及大家對這件事的憤怒的話，不也很好嗎？就是因為想到我有這些話想說，才能達成這張海報的主要目的『APPEAL』。」

雖然我是在送印前才突然決定要用這段內容，正因為深刻了解海報原本就是傳遞資訊的媒體，才會這麼處理。這裡的重點與其說是字體或文字，倒不如說是非說不可的語言本身的力量。

「這段關於過去沉重歷史的文字所要傳達的意義，就是要把問題展現出來。如果這張海報貼在其他國家，無論是美國人或伊拉克人看到，會納悶這張讓人心痛的海報是怎麼回事時，那就達到目的了。因為這會讓他們想要了解廣島事件的慘狀，而我那不怎麼高明的文章也才有意義。」［文・大城讓司／《+DESIGNING》二〇〇七年十一月號／毎日コミュニケーションズ出版］

NO MORE HIROSHIMA ！

一九四五年八月六日上午八點十五分廣島，天氣晴。瞬間的閃光。

誰都有生存的權利。

在這個不是戰場，一直和平的日常生活場所，最殘忍的死亡突然降臨，然後……

眾多無辜的孩子在無人目睹的情況下死去。

再次激起巨大的悲傷和憤怒。

我絕對不能原諒在廣島和長崎投下原子彈的暴行。

設計對我來說，

是具備正向、純潔、正義和美麗的宿命。

然而在設計這次的海報時，

對於一直以來無所作為的自己，

我想在「HIROSHIMA APPEALS 2007」中，

明白表達我的「悲傷」和「憤怒」。

這團黑雲是那些連叫都叫不出聲來，

就這樣死去的人的悲傷和憤怒的象徵。

也是可恥的人類最大的污點，是一面焦黑的太陽旗。

更是絕望的地球的模樣。

NO MORE HIROSHIMA ！ NO MORE NAGASAKI ！

都已經過了六十年，戰爭為什麼還不結束？

二〇〇七年八月 美術設計師 松永真

誌一定是黃色的星星之類的。

我在著手設計時，思考到 Scheufelen 造紙公司之所以啟用世界各國的設計師，共同設計這本進入二十一世紀的第一本月曆，應該是想告訴全世界該公司的全球化以及國際領導地位。既然如此，身為日本人的我，就應該做一些充滿日本味道的設計，而英國的設計師，其實也只要做有英國風味的設計就行了。因為每一位設計師都表現自己國家的風格，整體來說就能夠創造出最國際化的作品。

在收到對方答覆四天後，我將草圖和設計概念送至英國的設計公司。結果對方告訴我，我的作品在德國舉行的發表會中得到客戶的讚美。這就是我接下這份工作的經過。

左圖就是我設計的封面。圖中的十二顆大石頭以紅色圓圈表示，我的詮釋是除了這十二顆之外，還有肉眼看不見的石頭（重要的事），我以未知的黑色石頭來表示。十二顆紅色石頭就是十二位設計師，表示這十二位設計師認為重要的事。連接各個圓圈的線，代表來自世界各地設計師作品的連結，大家共同完成了這個作品，而這張封面就是全世界，也代表整個宇宙，中間的紅色圓圈是事物的本質，也是太陽。雖然有點畫蛇添足，我光明正大地將日本的太陽旗隱藏其中。

這就是我對這份工作的答案。我深刻地覺得視覺是全世界的共通語言，即使語言不通，但只要視覺化表現出來就能夠彼此溝通。

不斷出現的「十二顆大石頭」究竟是什麼？我就來介紹這個意義深刻的故事。這是一個很有趣，非常適合用來當作二十一世紀展開的故事。與其說我是在炫燿自己身為日本人，卻能夠參與這次德國公司月曆的設計工作，倒不如說我希望年輕讀者能夠知道這個西藏喇嘛所說的故事。

「十二顆大石頭」的故事

有一天西藏喇嘛對一群年輕喇嘛說了這麼一段故事。這個喇嘛在年輕喇嘛面前放了一個容量約一加侖的廣口壺，將約十二顆拳頭般大的石頭逐一放進壺中，不一會石頭就堆到壺口。喇嘛問年輕喇嘛：「這個壺滿了嗎？」所有年輕喇嘛都回答：「滿了！」於是喇嘛又拿出一水桶的小石子，一口氣倒入壺中，小石子流進大石頭的縫隙間。喇嘛又接著問道：「這個壺滿了嗎？」「應該還沒有！」年輕喇嘛終於發現什麼了。「很好！」喇嘛回答。接著他又拿出一整桶的沙倒進壺中，沙子立刻流進石頭和小石頭的縫隙。他又問：「壺滿了嗎？」「還沒！」年輕喇嘛叫道。喇嘛又說：「好！」他接著拿出水壺往壺裡灌水。

水快滿時，他問道：「我舉這個例子究竟是什麼意思？」有個年輕喇嘛舉手回答「無論自己的時間多麼緊湊，只要有心隨時都可以做更多的事。」「不！」喇嘛搖頭。

「如果不先把大石頭放進去，後來就算想放也放不進去了。對你們的人生來說，什麼才是大的石頭呢？是孩子、是你們愛的人、是你們的教養、你們的夢、做人的節操和份際、來自他人的教育指導、做喜歡的事、留給自己的時間、自己的健康、對你非常重要的伴侶、尊重自己和他人和愛地球。你們要記得先把這些「大石頭」放進你的人生當中，要不然會放不進去。如果你把精力浪費在像小石頭或沙子般的小事上，這些根本不值得你傷腦筋的事。那就會把自己的人生浪費在一些無謂的事情上，會讓你根本沒有時間來面對重要的事。所以從今晚，不！從明天早上起，試著想想這個故事，問自己對你來說什麼是大石頭？然後就先把它放進你的壺裡。」

這雖然是國際性的設計競賽，但我想對那些在製作月曆時，能夠從眾多平常的概念中提出如此有意義主題的企劃人員表示敬意。

後來這個「喇嘛的故事」意外得到不小的迴響，讓我覺得十分驚訝。聽說某一家公司從我的書中影印這段故事發給管理階級。這是喇嘛說的故事，不是我的哲學，而且是我從英國人那兒聽來的設計主題，而英國人又是從德國的造紙公司那兒聽來的月曆製作主題。至於德國人是從什麼人那裡聽來的？說得誇張些，才幾個月的時間，這個故事就已經傳遍西藏、德國、英國和日本，讓我深深覺得好事是會傳千里的。

二〇〇一年三月

［摘錄自二〇〇四年 BNN 出版，松永真著《松永真、設計的故事。+⑪》］

People & Paper 2001

在迎接二十一世紀到來的此刻，大家是什麼樣的心情？我為了準備二〇〇一年春天在 Ginza Graphic Gallery 舉行的個展忙得不可開交。也許就是因為這樣，只覺得從二十世紀的最後一天到二十一世紀的第一天，好像只有月曆換新的感覺。說到月曆，我在二〇〇〇年接下了德國造紙公司月曆的設計工作。

當時是二〇〇〇年的夏天快結束的時候，英國的某家設計公司突然傳真來說有工作要給我，傳真上寫著一家名為 Scheufelen 的德國造紙公司名字，要我為他們設計週年月曆，月曆的主題是「12 Big Rocks」（十二顆大石頭）。他們計畫從世界各國挑選設計師參與設計，而我是其中之一。因為我想知道詳細的內容，就傳真問了幾個問題，對方告知這份月曆即將在德國、西班牙、法國、英國等歐洲各國出版，我負責設計月曆的封面，主題必須和「十二顆大石頭」有關。

雖然是要在歐洲出版的月曆，之所以指定由身為日本人的我來負責，是因為他們對我所設計的「神戶 Creative Forum」海報和法國香煙「Gitanes」的包裝，以及在全國美術館巡迴展覽的「Graphic Cosmos」的主視覺「The Sun」等作品有極高的評價。獲選的理由之具體讓我非常意外，他們詳細描述了對每一幅作品的評價，讓我清楚感覺到他們不單只是因為我的名字而找上門來。

日本設計師中還有永井一正先生獲選，雖然我的工作地點是在日本國內，作品卻在我意想不到的地方與某人邂逅，並讓我出乎意料地得到來自遙遠國度的工作機會，這應該就是拜「IT 革命」所賜吧！那當下我覺得這個時代只要認真工作，某一天機會就會從天而降。正因為現在是資訊傳播快速正確、無遠弗屆的時代，無論是好事或壞事，一眨眼就會傳遞出去。這雖然是題外話，但瑞士某個學者曾將我的作品集連同文章公布在自己的網頁上。

當我聽說要負責設計封面時，有點漫無頭緒，因為封面是最早被撕掉的，當下我還覺得無趣。但仔細一想，我負責設計的部分是集結世界知名設計師作品的封面，其實是一件了不起的事。關於這件設計基本的理由，我用自己的方法加以詮釋，「最先讓人看到的才是第一棒跑者」，最後滿心歡喜地接下這份工作。

然而這次的設計有點麻煩，因為是包含以「十二顆大石頭」為主題的作品集封面，當然必須概括所有主題才行，再加上還有「整體的印象以白色為主，使用一點黑色和紅色，但不可使用黃色和星型」，這個有點像是暗號般的要求。如果公司有屬於自己的代表色，當然必須照單全收。我當下便覺得對手公司的標

［負責設計師］

封面	SHIN MATSUNAGA
扉頁	ELMWOOD
1 月	PAULA SCHER
2 月	PIERRE BERNARD
3 月	DESIGNERS REPUBLIC
4 月	STASYS
5 月	KAZUMASA NAGAI
6 月	MICHAEL SCHWAB
7 月	IVAN CHERMAYEFF
8 月	ALAN FLETCHER
9 月	LUBA LUKOVA
10 月	DAVID HUGHES
11 月	NICKLAUS TROXLER
12 月	UWE LOESCH

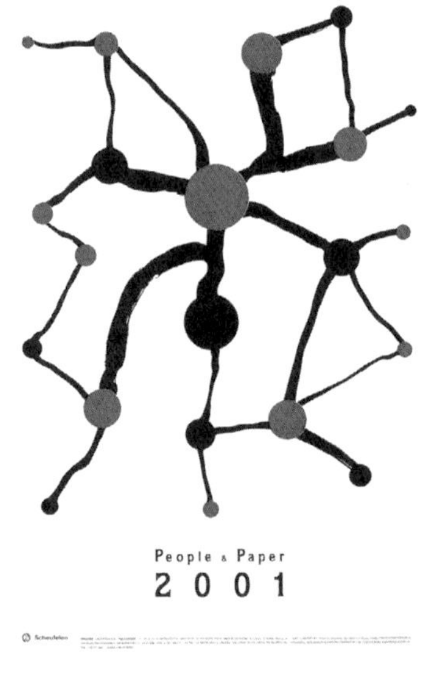

Scheufelen wall calendar
「People & Paper 2001」
月曆封面
824mm × 602mm
德國 Scheufelen 公司（2001）
AD・D・I：松永真

原研哉

「地平線」和「家」的拍攝紀實

原研哉　Hara Kenya

【簡歷】1958年生，美術設計師，亦為武藏野美術大學教授。主張設計是「事」而不是「物」。2001年起擔任無印良品董事，廣告作品獲得東京ADC賞優等獎，曾負責籌劃「RE DESIGN」、「SENSE WARE」等展覽。近作《設計中的設計》（DESIGING DESIGN）被翻譯成各國語言，在世界各地有許多讀者。

地平線／

玻利維亞 Salar de Uyuni 鹽湖

乾燥的地表上浮現因鹽的結晶形成的花紋。在阿根廷加入的工作人員，到大街上實地尋找鐵管作為材料，漏夜焊接成活動式高台，搬到鹽湖中央，從四、五公尺的高度拍攝地平線。

我們在尋找完美的地平線。這是這次外景主要的過程，也是方法。

二〇〇二年，無印良品希望根據新的願景，進行脫胎換骨的改造，而「地平線」這個概念，非常適合用來呈現這樣的視覺效果。發想是來自於攝影師藤井保，當我和他在電話中聊到無印良品應該發展的廣告方向時，他問我「地平線怎麼樣？」。

以最自然不刻意的方式，單純而明快地展現大自然壯大的影像。完美地拍攝出將天地一分為二，長版寬幅的地平線畫面。

我們首先尋找地球上最平坦的地方。我們從所有喜歡地理相關資訊和旅行的朋友，以及協助規劃外景拍攝的人員處收集資料。在收集到的一張照片中，一間小白屋獨自兀立在雪白的廣大平原上，從照片無法想像背景遼闊的程度，

阿根廷和玻利維亞的國境。到處都是仙人掌，陽光透明強烈。

安地斯山區海拔四千公尺以上。氧氣稀薄，一跑就氣喘吁吁。

鹽原的表面浮現出有如哈蜜瓜表皮花紋般的鹽結晶。
左上為挖掘出的鹽塊。
這個地區當然會有人挖掘鹽塊。
左下為用車子拖拉四公尺高的支架。

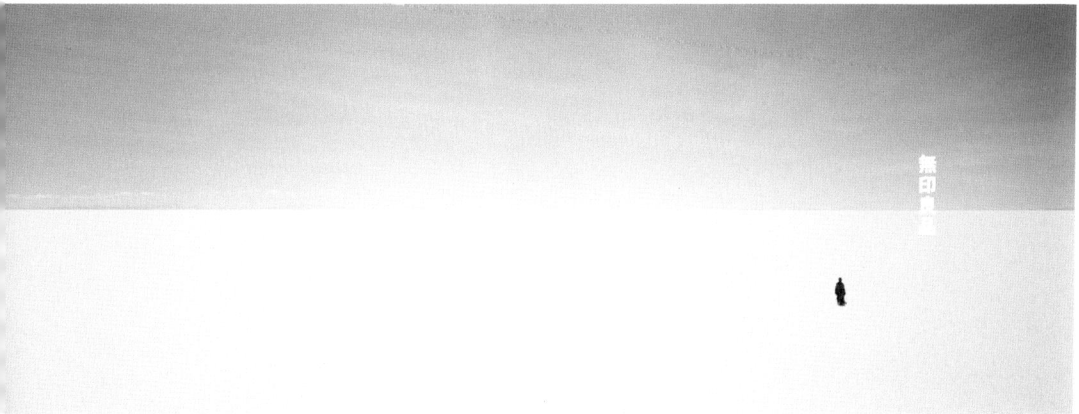

但確實給人深刻的印象。經過調查後，發現那是位於南美玻利維亞山區一個名為Salar de Uyuni的鹽原，大小約有日本四國的一半，地形十分平坦。

我們找上阿根廷的外景公司，麻煩他們到當地試拍三百六十度的景觀，結果讓我們非常滿意。攝影隊於是準備前往Salar de Uyuni鹽湖。

我們先飛到布宜諾斯艾利斯和阿根廷的拍攝小組會合，之後再飛往位於玻利維亞邊境的Jujuy。由於位於安地斯山區，Salar de Uyuni鹽湖的海拔很高，我們選擇高度上升幅度較緩的路線，中途停留兩夜，過程中還出現輕微的高山症，讓人有點頭痛，吃了同行的醫生開的控制眼壓的藥，情況才好轉。進入玻利維亞後，道路的情況完全不同，山上的景色幾乎就是我們從飛機俯瞰安地斯山的角度。我抓著車頂的把手，小心不讓頭撞到車頂。

離開日本的第四天，我們抵達此處海拔三千六百公尺的Uyuni後，隨即前往鹽湖。那是一片比我想像還要潔白平坦的世界，因為沿途沒有路標，我們只能依靠沿地平線隱約可見的地面起伏前

才走沒多久，外景隊已經變成小點。走著走著，自己變得好孤獨。左下為映照在水中形成的雙滿月，回頭一看發現西邊有兩個夕陽。

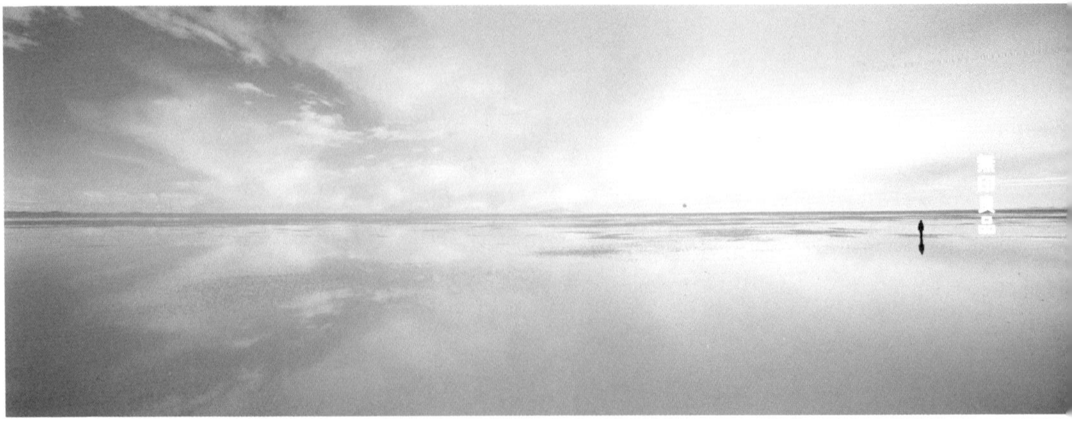

裝備相當於前往寒帶，天亮之前特別冷，但仍不能錯過早晚拍照的黃金時段。

行，GPS也是必需品。與其說眼前出現的是十分罕見的奇觀，倒不如說彷彿置身另一個星球，甚至覺得自己能呼吸是非常不可思議的事。

除了我一開始所提到的乾燥區域，雖然有些地區有水源流過，但因此處地面平坦，穿上雨鞋就可以到處走。也許是因為水中鹽分濃度極高，緊密地貼著地表完全沒有波浪，水面有如鏡子般映照著天空，形成兩個天空。在拍攝的過程中出現滿月，太陽在西，滿月在東，互相遙望，這樣的景色映照在地表，出現日日月月浮游的景象。

拍攝的工作十分順利，停留當地的五天中，我們幾乎每天都從日出拍到日落，不斷捕捉各類景象。其中因為看起來如夢一般、太超現實，後來無法使用的照片也不在少數。

有一天我想在這裡拍電影。要是讓一百個人在此列隊前進，一定很夢幻吧！

如果合作對象是優秀的攝影師，這時就不需要太過仔細的美術指導。如果美術指導也一同前往外景地，就是非常失禮的事。雖然我這麼說，但我也跟著一起去了。我是為了在攝影師身後感受拍攝的成果，並用拍立得來確認畫面。或許可以這麼說，我拍攝了真實的過程，也共同創造了拍攝的過程。

只要在廣大的鹽湖上走上十分鐘，人就會變得像跳蚤一樣渺小。獨自佇立在廣闊的雲海中彷彿置身天堂，天堂卻出人意料地孤獨。只有風的聲音。我一邊聽著隨身攜帶的歌劇男高音 Slava 的歌曲，感覺好像是老天在召喚我。

地平線／蒙古 Maruha 平原

在蒙古的拍攝工作，真的是在追逐地平線。路途中大多是高低起伏的大地，沒有找到完全平坦的平原，就無法拍攝到完整的地平線。在找到想要的風景前，我們只能不斷移動。

外景小組在離開 Uyuni 之後，回程只花掉去程一半的時間，我們在來時投宿的旅館住了一夜，之後就回到布宜諾斯艾利斯。返回都市後我們鬆了一口氣，在飯店的酒吧享受馬丁尼。但旅途還有一半，接下來要到蒙古。

我們從布宜諾斯艾利斯跨越赤道和大西洋前往巴黎，之後一路往北京飛去，接著馬不停蹄地前往烏蘭巴托。我們先在當地與蒙古的行程規劃人員會合，第一天晚上受邀到領隊家會餐討論行程。Uyuni 在拍攝之前，就已確認是一片

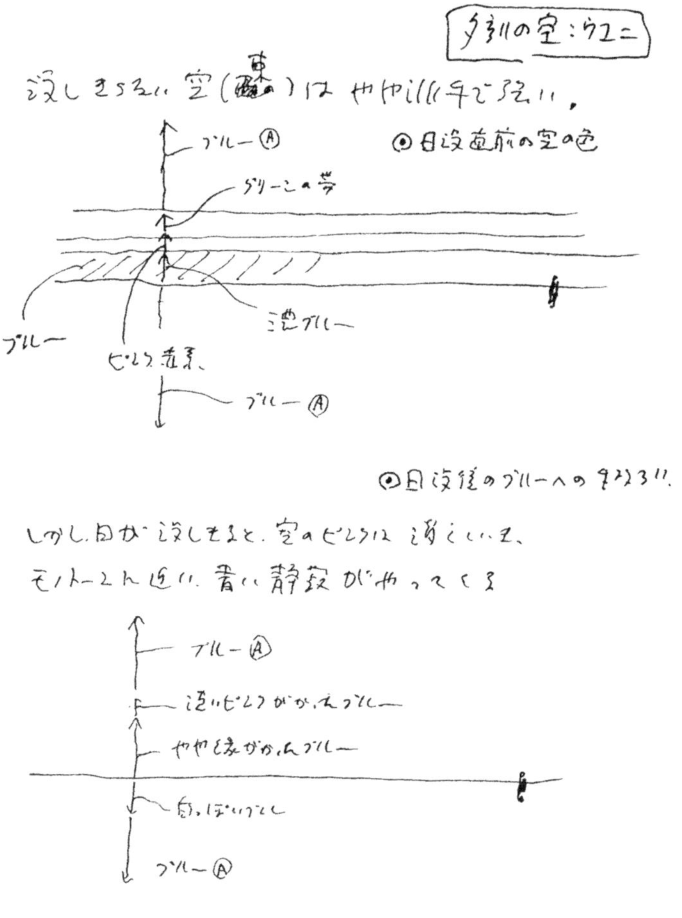

夕陽顏色變化的素描。以語言來想像顏色，腦海中就浮現出當時的情景。

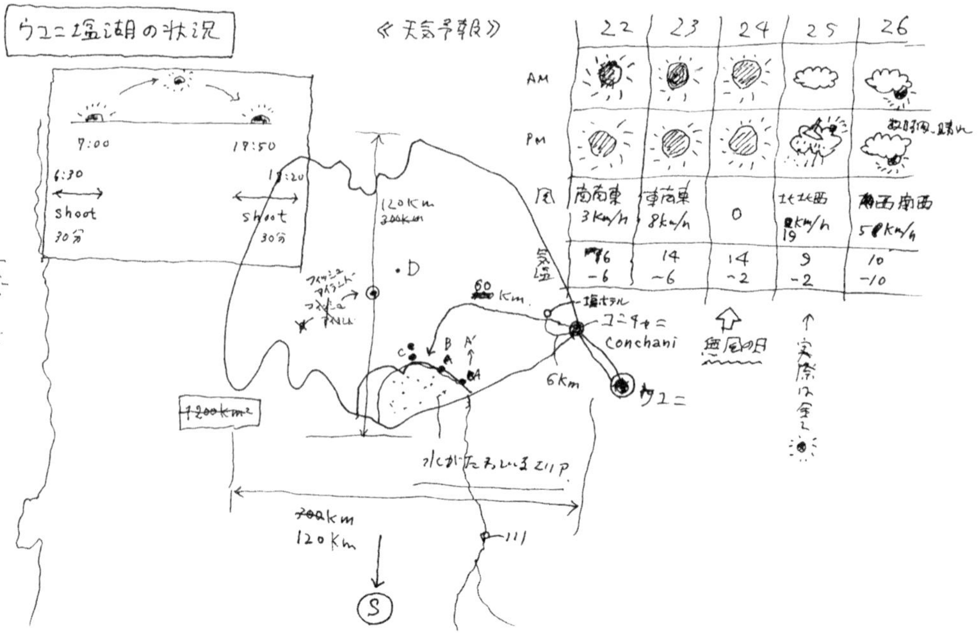

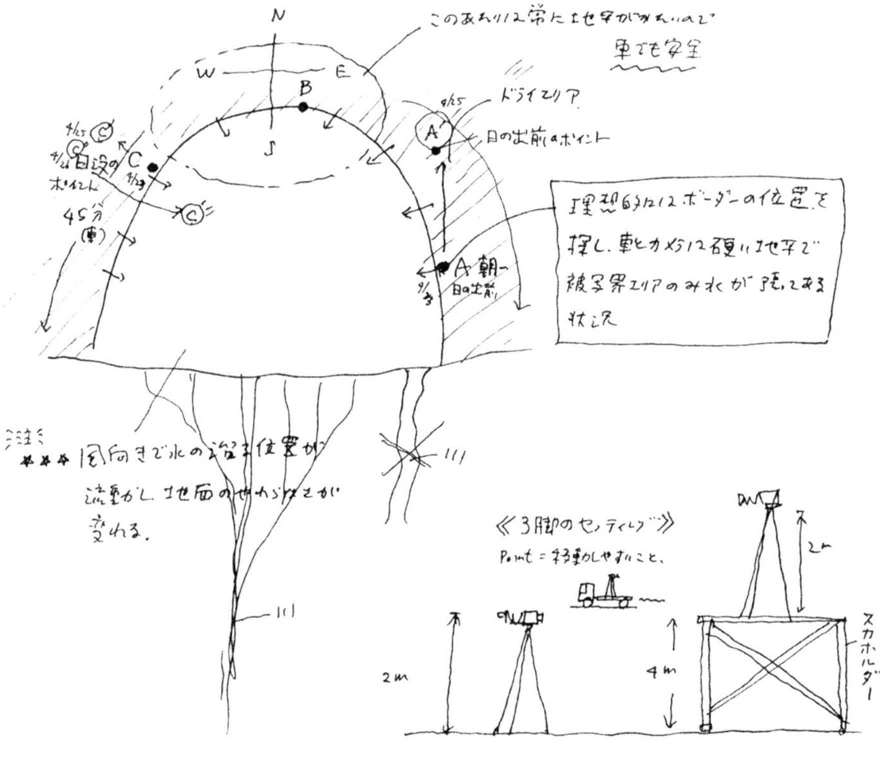

Salar de Uyuni的外景地、Wet Zone、太陽的位置、地面的狀況和天氣預報等的筆記。

平坦的土地，但蒙古卻到現在都還沒有影像可以確認，所以必須從探勘拍攝地點開始。我們雖然很擔心，但因當地的工作人員老神在在地要我們放心，說把事情交給他們就行了。這回擔任外景的導遊二人組，一個是夢想將來拍攝成吉思汗電影的領隊米亞古馬魯，以及在蒙古形同日本高倉健般的知名演員那拉。

拍攝小組在烏蘭巴托的飯店充分休息一夜後，第二天分成兩隊外出尋找適合的拍攝地點。我第一天對烏蘭巴托附近的印象是起伏平緩的大平原，覆蓋著一片美麗的草地，但和這次的拍攝主題「完整的地平線」根本搭不上邊。所以拍攝小組決定分成兩隊，讓其中一隊花將近一天的時間，前往距離約二百公里外的「Maruha」，一個聽說完全沒有高低起伏的地區看看。

結果我們在烏蘭巴托近郊找不到適合的地點，在聽取很晚才返回飯店的另一組成員的報告後，我們決定在「Maruha」展開拍攝工作。他們帶回來的拍立得照片確實拍出了地平線。

隔日我們花了一整天時間準備住宿用

當地導遊的蒙古包屋頂。
下圖為蒙古茶，在沸騰的山羊奶中加入紅茶。

搭建蒙古包，搭一頂約需費時一個半小時。
睡在蒙古包中可從縫隙看見地平線。

的蒙古包，確認不同車的通訊對講機、睡袋和購買糧食，因為原本沒有打算住在平原中央，所以需要相關的裝備。

隔天早上我們在三點半起床，四點半出發，不久後當地的導遊竟然打算回頭去準備一些好吃的東西。我於是抗議：「我們不是來吃好吃的東西的。」藤井先生安慰我說：「我們還是按照他們的步調前進，別生氣了。」我真是太幼稚。

不久後我們抵達Maruha，那裡無論是地平線的線條，或是覆蓋大地的草地顏色都非常美，零星出現的白點是蒙古

日出日落總洋溢著神祕的氣氛。
日出前，在呈現魚肚白的天空下盯著相機的藤井保。

突然起霧，籠罩白色的帳篷。下圖為住在蒙古包的當地家族。

包。我們也搭起三頂蒙古包，並在四周搭起幾頂帳棚作為基地。

身處平坦的草原彷彿置身異境，在遇上大雷雨和打雷時，感覺生命隨時會被吞沒。闃黑的黑夜中，驀然身邊出現無數光點，原來那是一群經過駐紮地旁的羊群的眼睛。次日清晨我們在三點起床，前往前一天確認過的地點，摸黑設置攝影器材。攝影機靜靜地紀錄這片被藤井先生評為「如安德魯・魏斯（Andrew Wyeth）的畫一般」的日出風景，以及散布在平原上閃爍著白光的動物屍骸。

家／喀麥隆北部

二〇〇四年無印良品的廣告宣傳以「家」為主題，前往喀麥隆北部和摩洛哥進行拍攝。這次之所以以「家」為主題是有原因的，在無印良品剛成立時，大約只有四十種商品，都具備了素雅風格而深具魅力，經過二十年後產品數量超過五千件，在產品生產過程簡略化後，他們開始想著如何對現代人的生活有所貢獻。他們認為必須讓這五千件商品共同形成「生活的形式」，也就是「居家」。

另一方面，戰後嬰兒潮的孩子也都已成年，即將脫離單身或租屋生活，開始建立自己的「家庭」，無印良品應該可以提供有用的建議。

繼地平線廣告的想法後，認為如果要將「家」這個概念作為企業廣告的訴求，必須從全世界的角度大範圍地呈現這個題目。

東大生產研究所的藤井明教授告訴我們，非洲有個很有意思的部落。該研究室從前任的原廣司所長開始，便大量研究世界各地的部落。藤井教授非常大方回答我們的問題。我們最後決定前往充滿綠意、溼潤的喀麥隆，和與之形成對比的沙漠之國摩洛哥取景。

刊登在此文中的素描和試作海報，是尚未決定聚焦非洲時的作品。當時我希望能夠拍攝出「微笑的家」。家是你愈努力營造，就愈能夠展現居住者真實的生活情形。讓家流露無法言喻的「笑」，

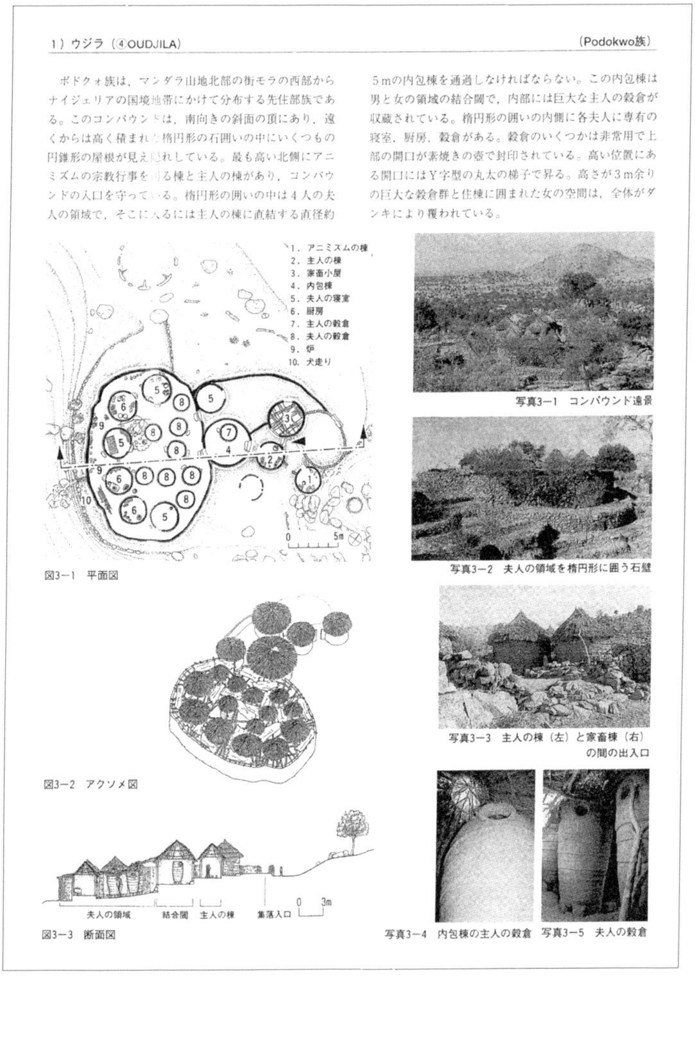
1）ウジラ（④OUDJILA） （Podokwo族）

ポドクォ族は，マンダラ山地北部の街モラの西部からナイジェリアの国境地帯にかけて分布する先住部族である。このコンパウンドは，南向きの斜面の頂にあり，遠くからは高く積まれた楕円形の石囲いの中にいくつもの円錐形の屋根が見え隠れしている。最も高い北側にアニミズムの宗教行事を司る棟と主人の棟があり，コンパウンドの入口を守っている。楕円形の囲いの中は４人の夫人の領域で，そこに入るには主人の棟に直結する直径約５mの内包棟を通過しなければならない。この内包棟は男と女の領域の結合閾で，内部には巨大な主人の穀倉が収蔵されている。楕円形の囲いの内側に各夫人に専有の寝室，厨房，穀倉がある。穀倉のいくつかは非常用で上部の開口が素焼きの壺で封印されている。高い位置にある開口にはＹ字型の丸太の梯子で昇る。高さが３m余りの巨大な穀倉群と住棟に囲まれた女の空間は，全体がダンキにより覆われている。

1．アニミズムの棟
2．主人の棟
3．家畜小屋
4．内包棟
5．夫人の寝室
6．厨房
7．主人の穀倉
8．夫人の穀倉
9．炉
10．犬走り
0 5m
夫人の領域
結合閾
主人の棟
集落入口
0 3m

図3−1 平面図

写真3−1 コンパウンド遠景

写真3−2 夫人の領域を楕円形に囲う石壁

図3−2 アクソメ図

写真3−3 主人の棟（左）と家畜棟（右）の間の出入口

図3−3 断面図

写真3−4 内包棟の主人の穀倉 写真3−5 夫人の穀倉

部落研究員藤井明教授給的資料，詳細記載著喀麥隆北部部落的資訊。

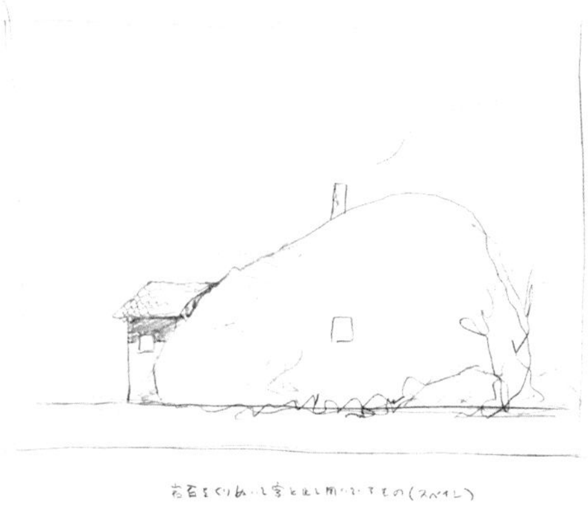

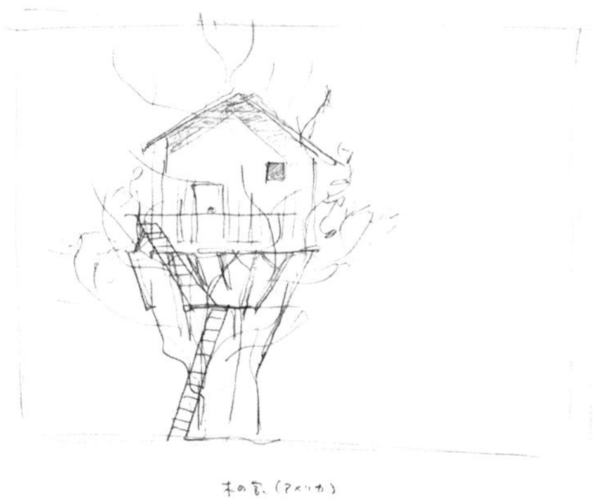

上、中圖為攝影前製作的海報草圖。
下圖為構思企劃時畫的素描。以利用樹屋和自然岩石作為居住用的房子為拍攝對象。

或許可說是包含人生酸甜苦辣的開朗笑容。我想用照片來呈現這樣的情景，並經由其中看出生活的基礎。

外景隊經由法國來到喀麥隆的大門杜阿拉（Douala）。喀麥隆南部雖然是熱帶雨林，但往北部走就是一片綠意盎然的肥沃土地。我們在杜阿拉過了一夜就搭機北上，之後利用吉普車行進，開始尋找我們要的「家」。

以防萬一，同行者還有武裝士兵和護理人員。因為非洲的治安非常不穩定。

找房子靠的是感覺。東大教授告訴

上圖為位於杜阿拉當地的傳統住屋。
下圖為前往外景地途中路過的民房。

要前往奇岩聳立的山谷只能徒步。
風一吹草原就像波浪起伏。

我們的只有一個大概，參考的資料也是二十年前的。由於當地的房子結構，是採用無法持久的泥土牆和稻草屋頂，在而東大完成研究調查後，應該已經改建過好幾次了。

我們看到可能是部落的地區就下車確認，只要沒找到中意的就繼續前進，一而再再而三不斷重複同樣的過程。

這一帶的房子，都是用泥土建成圓桶形牆壁，之後再以茅草類植物的莖捆成一束覆蓋屋頂。構造雖然一樣，但隨著地區的不同，造型也跟著改變，非常有

趣。如同橡樹果實有各種形狀，房子的形狀有粗短的，也有屋頂尖銳細長的，十分多變。

最後我們看上的村子是連吉普車都進不去，位於谷底的「德里」。法國作家紀德（Andre Gide）曾經稱讚這個地區是「全世界最美的村落」。

喀麥隆北部的住屋。
如藤井教授資料所示，目前仍保留了傳統住屋。
尖銳的屋頂符合當地的審美觀。
左下圖為改建中的尖屋頂。

在有堪稱奇岩的巨大岩石聳立的德里，只有五戶人家。零星的房子四周種有穀物，村子中央有一條小河流經。當地當然沒有電、自來水、廁所和澡堂，當家裡開始升火做飯時，白色炊煙就會從屋頂冉冉上升。

我們租用了其中一戶人家，睡在有著鳥兒亂飛的土屋裡。當夜晚降臨時，外面滿天星斗。

來參觀拍攝的當地女人。
正在拍攝炊煙裊裊的住屋的藤井保。

家／摩洛哥

在喀麥隆消耗不少體力的外景隊，在巴黎停留一夜後又飛往摩洛哥。以巴黎為據點進出非洲，是最方便且有效率的方法。

我們從南部靠近撒哈拉沙漠的近郊，開始尋找摩洛哥適合拍攝的地點。沙漠地區的房子是「防禦的家」，為防禦外來的敵人，表面是平坦封閉式的牆壁，內部則有庭院採光。每個房間主要從面向中庭的窗戶採光，牆壁則是以黏土磚砌成，幾乎和四周的砂石顏色融為一體。由於房子四週的自然條件太過嚴苛，給人很難找出「微笑」的印象。但無論我們到什麼地方，當地人對於正在進行拍攝工作的我們都十分友善，他們的銀盆裡裝的甜茶更是我們的救星。

摩洛哥南部的乾燥地帶。
矗立在山谷間的城鎮。

採光用的窗戶面對中庭。
適時鞭打騾子前進的少女。

我們從撒哈拉沙漠沿著Kasbah大街，經過了幾個綠洲繼續往前走，後來漸漸不分要勘景或是正式拍攝。一路上只要發現理想的部落或房子，我們就卸下器材開始拍照。

在不斷重複這樣的過程，時間愈來愈少的情況下，我們在馬拉喀什

（Marrakesh）郊外發現一個美麗部落。這個位於乾燥大地上的低窪處，各個建築物互相依偎的部落，給人彷彿礦物結晶般的感覺。撒哈拉沙漠的沙子凝固結晶化形成的東西，被稱為「撒哈拉玫瑰」，這個部落正具有這樣的風情。

次日日出前，外景隊就前往可以俯瞰這個部落的山丘待命。在日出前後，整個世界被染成奇幻色彩那幾分鐘，這個部落看起來真的如玫瑰花般神奇。

我們最後拍攝的是一間位於陡峭懸崖上的房子，也是一間與嚴酷大地對抗的屋子，一間我們這次外景拍攝最後發現的英勇房子。

「微笑」的感覺消失，我只能傻傻地，看著攝影師和他的助手，沉默且冷靜地將這樣的景致完整地收入鏡頭中。

看著我們拍到最後的觀眾，大多是小孩或年輕人。攝影助手動作俐落地工作著。

沙漠民族巴伯族（Berber）的黑帳篷。下圖為馬拉喀什飯店游泳池畔的花。

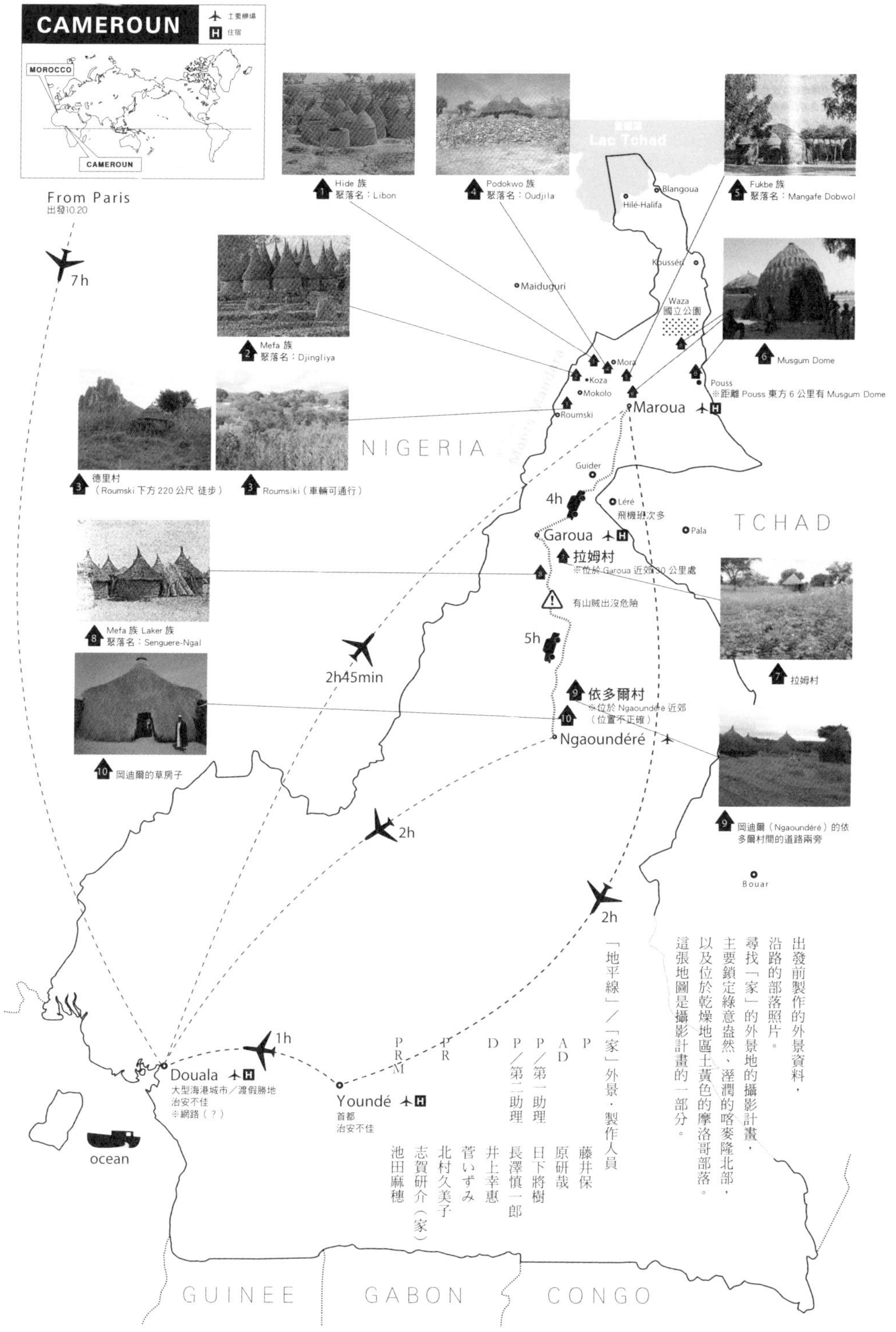
CAMEROUN
主要機場
住宿
MOROCCO
CAMEROUN
From Paris
出發10.20
7h
1 Hide 族
聚落名：Libon
4 Podokwo 族
聚落名：Oudjila
Lac Tchad
Blangoua
Hilé-Halifa
5 Fukbe 族
聚落名：Mangafe Dobwol
2 Mefa 族
聚落名：Djingliya
Maiduguri
Kousséri
Waza
國立公園
6 Musgum Dome
Mora
Koza
Mokolo
Roumski
Pouss
※距離 Pouss 東方 6 公里有 Musgum Dome
Maroua
NIGERIA
3 德里村
（Roumski 下方 220 公尺 徒步）
3 Roumsiki（車輛可通行）
Guider
4h
Léré
飛機班次多
Pala
TCHAD
Garoua
7 拉姆村
※位於 Garoua 近郊 30 公里處
有山賊出沒危險
8 Mefa 族 Laker 族
聚落名：Senguere-Ngal
5h
2h45min
7 拉姆村
9 依多爾村
※位於 Ngaoundéré 近郊
（位置不正確）
10 岡迪爾的草房子
Ngaoundéré
9 岡迪爾（Ngaoundéré）的依多爾村間的道路兩旁
2h
Bouar
2h
1h
Douala
大型海港城市／渡假勝地
治安不佳
※網路（？）
Youndé
首都
治安不佳
ocean
GUINEE
GABON
CONGO

出發前製作的外景資料，
沿路的部落照片。
尋找「家」的外景地的攝影計畫，
主要鎖定綠意盎然、溼潤的喀麥隆北部，
以及位於乾燥地區土黃色的摩洛哥部落。
這張地圖是攝影計畫的一部分。

「地平線」／「家」外景・製作人員

P 藤井保
AD 原研哉
P／第一助理 日下將樹
P／第二助理 長澤慎一郎
D 井上幸惠
PR 菅いずみ
北村久美子
志賀研介（家）
PRM 池田麻穗

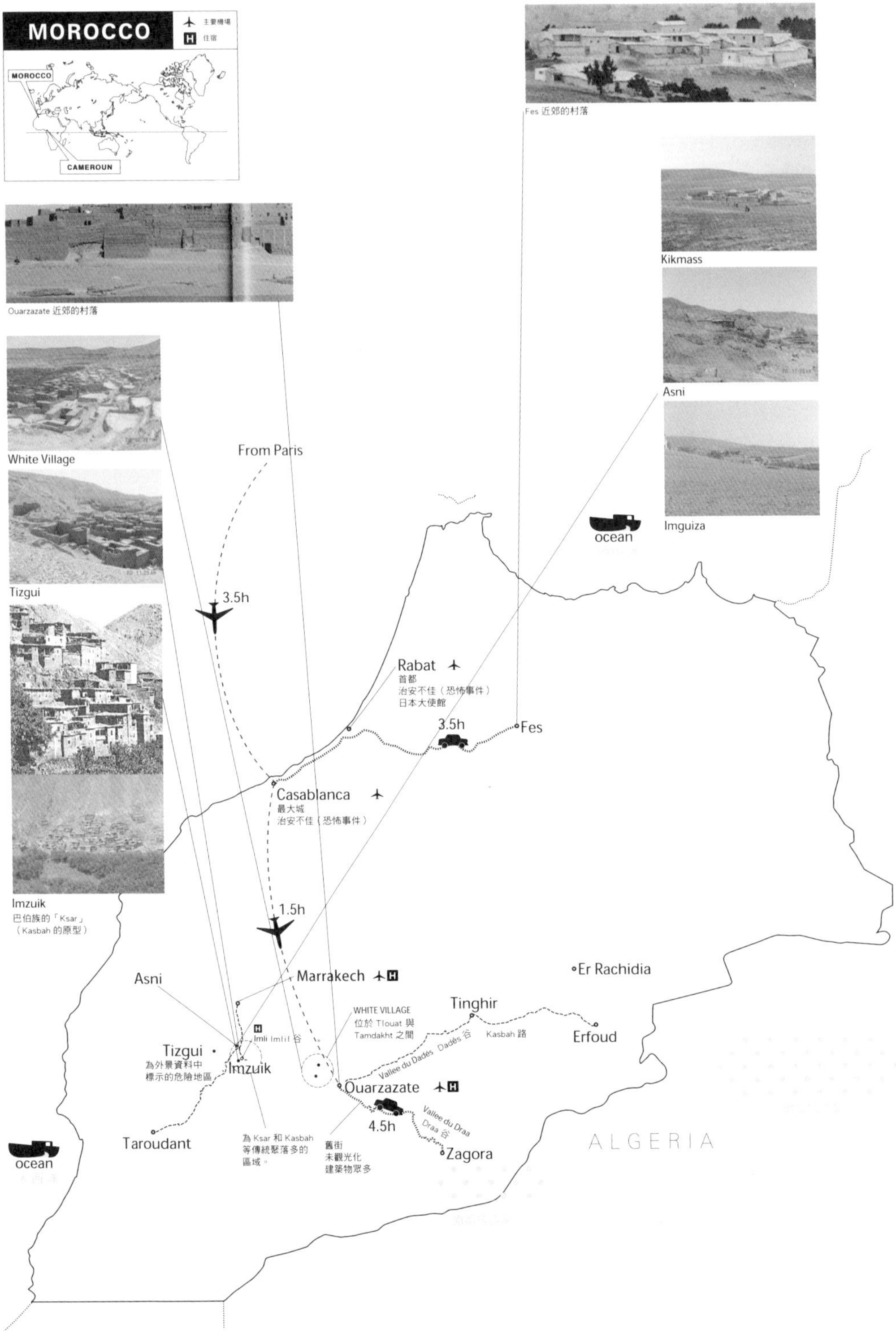
MOROCCO
主要機場
住宿
MOROCCO
CAMEROUN
Fes 近郊的村落
Kikmass
Asni
Imguiza
Ouarzazate 近郊的村落
White Village
Tizgui
Imzuik
巴伯族的「Ksar」
（Kasbah 的原型）
From Paris
3.5h
ocean
Rabat
首都
治安不佳（恐怖事件）
日本大使館
3.5h
Fes
Casablanca
最大城
治安不佳（恐怖事件）
1.5h
Marrakech
Asni
Er Rachidia
WHITE VILLAGE
位於 Tlouat 與
Tamdakht 之間
Tinghir
Imli Imlil 谷
Tizgui
為外景資料中
標示的危險地區
Imzuik
Vallee du Dadès Dadès 谷
Kasbah 路
Erfoud
Ouarzazate
Vallee du Draa
Draa 谷
4.5h
Taroudant
為 Ksar 和 Kasbah
等傳統聚落多的
區域。
舊街
未觀光化
建築物眾多
Zagora
ALGERIA
ocean

平野敬子

設計的態度與具體實踐

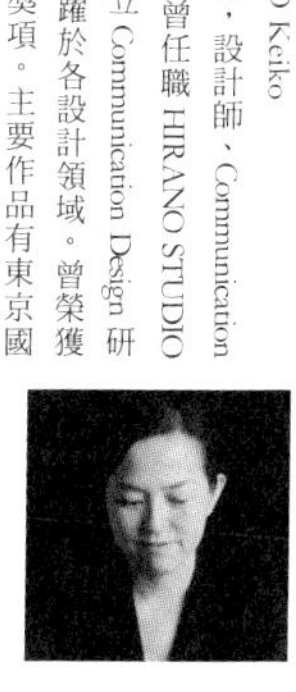

平野敬子　HIRANO Keiko
［簡歷］1959年生，設計師、Communication Design研究所所長。曾任職HIRANO STUDIO，後與工藤青石成立Communication Design研究所（CDL），活躍於各設計領域。曾榮獲每日設計獎等諸多獎項。主要作品有東京國立近代美術館的標誌與視覺辨識系統整體規劃、行動電話「F702iD Shosa」、資生堂「qiora」品牌設計、「時代的Icon」展企劃、統籌、設計、書籍編寫，以及小澤健二的CD設計等。

我常透過工作自問自答。在「設計品」還沒上市前，其實是社會上不存在的物體，甚至是思想，出現後卻對社會造成某種程度的影響。因此我認為針對這樣的影響力，必須經常檢視責任所在以及工作動機，並且審慎地處理。

我在反省自己的工作態度時，都會從設計具有社會性和公共性的觀點和標準，來檢視自己的每份工作，是否確實達到所需的功能性，並維持自己的品德，無損環境的美觀。接下來我就具體列舉幾個最近幾年接的案子為例，來闡述我對設計的態度、思考的過程以及具體的成果。

設計行動
——F702iD所作

我和工作夥伴工藤青石一起為NTT DoCoMo設計於二〇〇六年二月推出的行動電話「F702iD所作」。這次的設計案除了行動電話的設計外，我們也全權負責文案、平面廣告、電視廣告和使用手冊等相關宣傳製作物，以及「所作」這個品牌在各類媒體上的表現方式和語言。「所作」這個暱稱和廣告詞「與手合而為一，使你的舉止更為優雅的工具」，清楚地傳達出設計的理念及重要的訊息，「所作」的創意發想核心來自於日本人的日式美學。

當我接到行動電話設計開發的工作時，因為它是現代工業製品中最受矚目的商品之一，老實說我覺得非常高興且榮幸。另一方面，我對於平常透過行動電話所衍生的一些事情存疑，例如手機雖然方便，卻因使用者的行為造成旁人困擾或成為犯罪的溫床等，事實上已成為社會之惡的一部分，以及上市後立刻成為毫無價值的零元手機的促銷系統，然而儘管如此，我仍從中學習到許多只有由提供商品者才可能學到的事，並成為我畢生難忘的經驗。

我在做設計時，最重視設計必須「和

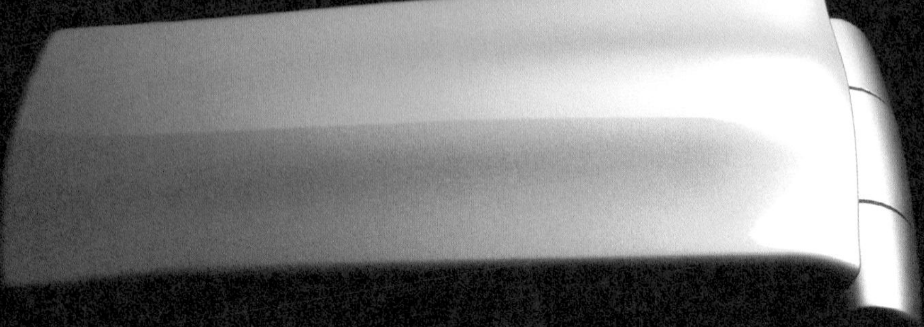

所作

ふるまい。身のこなし。

手と一体となり、
美しい立ちふるまいを促す道具

四周環境和諧共存」、「無損環境的美觀」。之後我再在這樣的理想中放入「想像符合公共場所，知所節制的成人禮儀情景」的概念，如此讓使用行動電話的狀態更為美觀。我以設計為媒介、推動充滿美感的行為，以作為商品設計的一種理想。因為我認為像這樣體貼他人的習慣，是日本人自古以來就有的美德，即使是現代社會也應該重視。

這樣的理想並不能只透過商品的造型設計來完成，考量到「和四周環境和諧共存」的重要因素，我將重點放在來電鈴聲，最後決定設計成「溫和」和「自然」兩種。如字面所示，「溫和的來電鈴聲」就是聲音輕柔的鈴聲。根據自己的經驗，我覺得行動電話的來電鈴聲會給人壓力，因此降低標準鈴聲音壓，設計出舒適輕柔的鈴聲。另外，「自然的來電鈴聲」則設定以「水」、「石」、「竹」、「風」、「木」、「鈴」等聲音為主題，以「水流聲」、「風聲」、「鳥鳴」等自然界的聲音為基礎合成電子鈴聲。NTT DoCoMo和富士通的相關負責人告訴我們，即使有人的手機鈴聲響，辦公室的氣氛也不再像以前一樣充滿緊張的氣氛，變得比較舒服。我認為這就是考量到「和四周環境和諧共存」所獲致的設計成果。

沒有外顯示螢幕也是「所作」這款手機的特徵之一。這是因為日常生活中使用手機的頻率愈來愈高，在集中注意力愈來愈難的現在，我藉此表達不想受到手機束縛的意思。當然這也是因為外顯示螢幕會破壞「所作」的有機掀蓋造型，減損了原有的設計美感，所以才決定拿掉外顯示螢幕。最近雖然有愈來愈多沒有外顯示螢幕的機種，但在開發「所作」時，幾乎所有機種都有外顯示螢幕，廠商對於我提出拿掉外顯示螢幕的提案當然會覺得為難，於是我製作了設計實體模型，讓他們看到具體實物，最後終於取得他們的同意。

從中我再次學到有時候與其用語言說明或用理論包裝，反而不如具體實物來得有說服力，更能夠發揮效果，正所謂「百聞不如一見」。

「所作」雖然是70X系列的普通機種，卻搭載原本只有90X系列才搭載的「Suica」（日本可加值的IC卡形式乘車票證）、「電子錢包」、「指紋辨識器」等最尖端的技術。自從得知「所作」是首部搭載「Suica」功能，可使用行動電話搭乘電車的功能機款後，其未來發展的方向便似乎已確立下來。我認為「Suica」這個先進的基礎建設和行動，正揭示了行動電話的未來，同時也符合了「和手合而為一的有機形式」的設計理想，更是發想的起點。在「所作」這個系列，「Suica」被定位為象徵未來行動電話的規格。

無論是從「和手合而為一的有機形式」、溫和的來電鈴聲、方便操作的按鍵形狀、介面設計、3DCG動畫呈

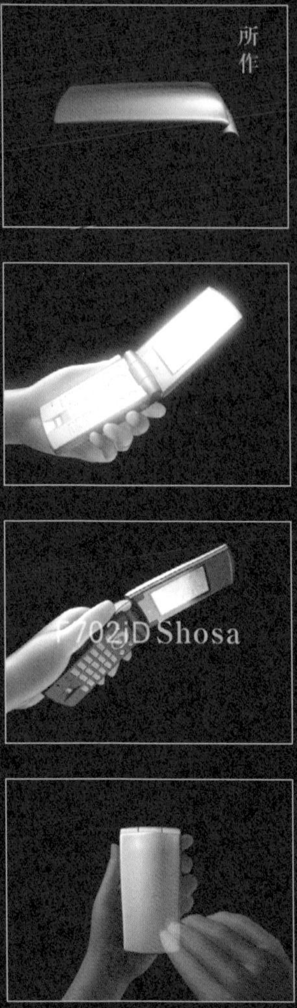
所作
F702iD Shosa

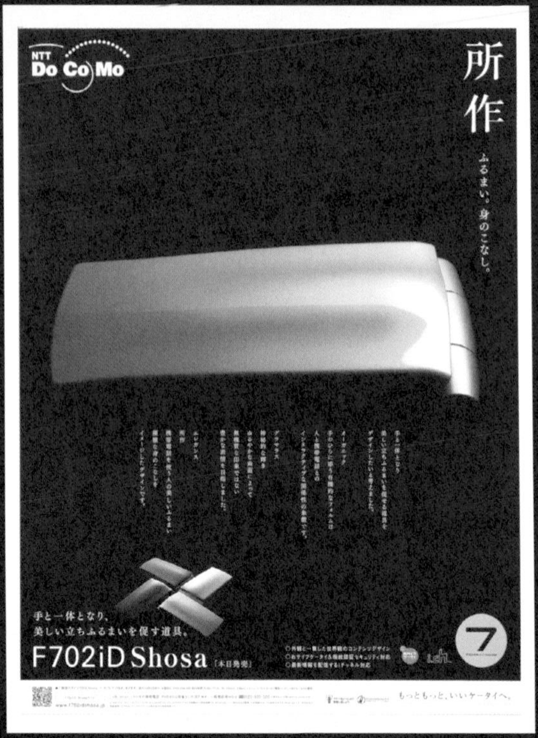
NTT DoCoMo
所作
ふるまい。身のこなし。
手と一体となり、
美しい立ちふるまいを促す道具。
F702iD Shosa
もっともっと、いいケータイへ。

1. 報紙廣告

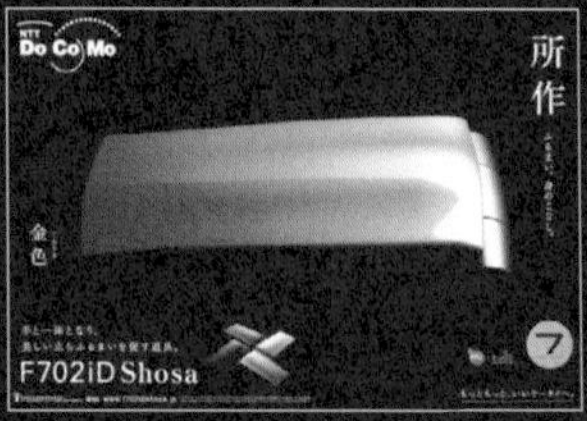
DoCoMo
所作
F702iD Shosa

4. TVCF

3. TVCF

2. 車內廣告

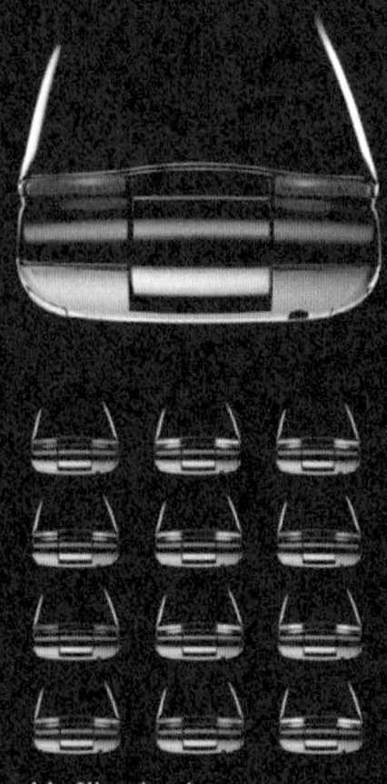

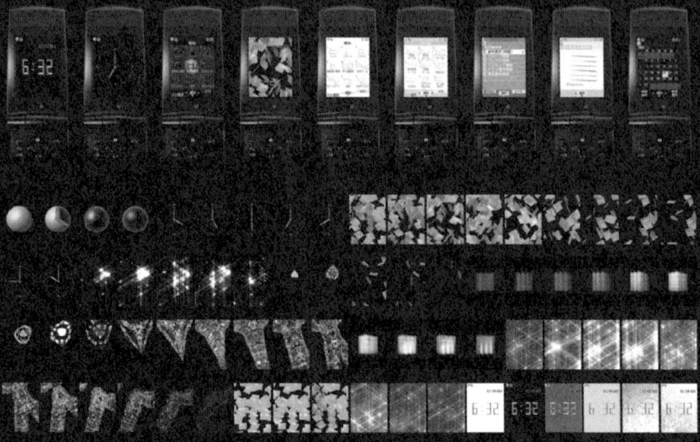
6:32

6. Double Illumination

5. 手機內容設計

現等構成要素來看，或者是以不斷開發新功能為目標，考量到使用方便性的態度，都可說是為了幫助生活在這個充滿壓力的現代社會的使用者減少壓力，

關於「所作」的顏色，我提出了「金色」、「艷黑」、「花紅」、「真白」等四個提案。為了構築「所作」的世界觀，必須使用日文的顏色名稱，而這些顏色名稱表現了物理性的特徵。例如「真白」是使用行動電話中白色度中最高的白，「艷黑」則是讓掀蓋的部份呈現如漆黑般妖艷的黑色，這種光澤感是讓它成為發光物體存在的重要元素，擁有這種妖艷光澤表面的特色，如同照片的質感般表現出光的特徵。

四種顏色中最特別的「金色」和「花紅」，是我們和廠商在產品上市之初，為了提出產品設計界中不存在的顏色而開發出來的顏色。我雖然覺得金色有風險，但它卻是作為品牌象徵必要的顏色；而「花紅」這類的紫紅色系在當時並非主流，但目前紫紅色系已成為紅色系中的標準色。上色的規則是統一按鍵等內側的顏色，乍看之下似乎很普通，但這需要相當高度的技術，我深刻感覺到像這種簡單的表現方式才是一種奢侈行為，但我還是要說由於技術人員的努力，才終於創造出這樣理想的結果。

我認為面對工作時最重要的態度，不是尋找已被大家肯定、有具體成就，或是已流通在市面上的設計，而是建構全新概念的提案。無論提案的規模大小，甚至包括人們的資產，我們都被賦予了極大的責任。我覺得只有提出創新的想法，才是誠實面對自己的職責，負責任的方法，也是設計師的驕傲。

在電視廣告中，以全電腦繪圖呈現行動電話緩慢移動的動畫，並搭配抽象電子訊號的音效，穿插在喧鬧的電視節目和廣告之間，是我希望能夠讓觀眾體驗安靜舒適的感覺，同時也明瞭「所作」的概念。

至於產品設計，只要看蘋果公司的iPod，就可以知道已經有人提出完美的四角形的設計。相對於此，開發團隊的目標則是要找出日式產品設計的理想，提出和四角形相對的有機造型。

在思考何謂日式或日本人的美學時，我常在走到終點線的過程中思考有沒有矛盾，以及眼睛看不見的腦中意識，是否有半點虛假，而這不正是日本人才會有的態度嗎？這個企劃案所有的努力，都是為了透過產品的設計，來提升使用工具時的美感，並讓尖端技術創造出更美好的遠景。

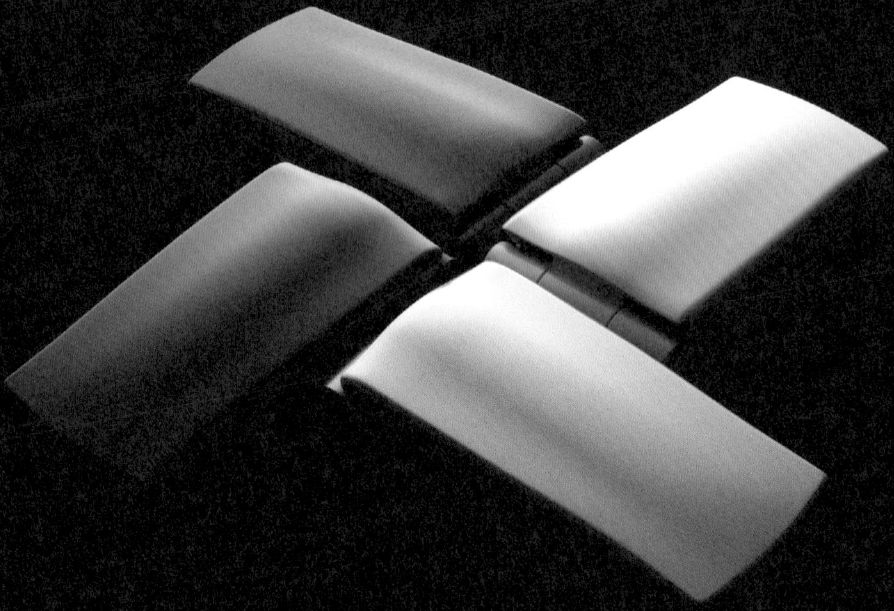

真白　金色　艷黑　花紅

Luminescence

以展現極致的「白」為目標
——Luminescence 的開發

要開發「白紙」和「白」這種普遍又極為抽象的物質，是非常困難的工作。而對我來說，這是一次很難得的經驗，就彷如將我畢生研究的「白」為主題，來大量生產開發產品。

「Luminescence」的概念來自於專業造紙公司竹尾株式會社的社長竹尾稠。他提出「我想製造真正的紙，真正的白，白得極致的紙」的想法，然後由設計師提出具體方向，再活用造紙廠的生產技術，共同開發完成。為了研發這前所未有，以全新概念設計的紙，其中歷經了怎樣的過程，接下來我就來細說分明。

首先要說的是本質的部分。

「Luminescence」是現存高級印刷用紙中的白色度最高，也就是最白的紙。雖然沒有比這更容易了解的商品特徵，但在達到這個目標前，為了讓開發工作的相關人員能夠具體了解「理想的白」和「白的定義」，我嘗試以視覺和語言來幫助他們了解。「白」，在定義上，就有帶紅色的白、帶藍色的白和帶黃色的白等各種差異性，色調的範圍無限大。為了創造出這次所需要的白，我準備了予人各種印象的白的視覺作品作為範例，再輔佐上語言的描述來加以說明。例如「Martin Margiela 設計的愛瑪仕（Hermès）——時尚界最創新的結構形式、色彩與肌膚合而為一的白」、「透光閃耀的布和閃耀的白」、「讓人平靜的白」、「象徵婚禮幸福的白」、「禮法的符號形式。傳統的美。傳統的白」、「建築師設計的商店、有如霧面玻璃般的材質。乳白色的空間」、「人工的白。冷酷的白」，透過語言和視覺上的整理並列，讓我再度發現白的無限可能。同時透過了解白色的色調對精神產生的效果和效能等各類形式，找出理想的白色形象。用詩和視覺這種乍看之下感性的方法，來解讀顏色如何應用的微妙差異和特性，來感動人心、影響人的精神。在經過反覆使用這個方法數次後，我終於找到「Luminescence」想要的「白」。

之所以能夠具體實現這個理想，多虧了「特種製紙株式會社」。這是因為特種製紙的公司名中使用了「種」這個字。他們將「製造商品時，特別講究原料」的理想放入公司名稱之中，而且擁有從世界各地調度適合這次企劃使用的材料，以及將它落實成商品的高超技術。

「Luminescence」是非塗佈紙。一般印刷再現能力較好的的紙，是表面經過處理的塗佈紙，相較之下非塗佈紙的印刷再現能力較差。而「Luminescence」除了充分發揮非塗佈紙原有的紙張特色外，還利用開發出的新技術來提高印刷再現能力，可說是具體實現了「真正的紙」的理想。

那麼，「Luminescence」這個名字又是怎麼來的呢？在開發白色的紙時，因

為正好和研發行動電話的時間重疊，當時我已連看好幾天完全陌生的行動電話資料，因此得知「有機電子發光體」（Organic Elecetro Luminescence）這個名稱。有機電子發光體具備自己發光的元件，不像液晶螢幕需要背光照明，視野角度也無限制，特徵是反應快、消耗電力小、亮度高。我直覺認為命名應該朝這個方向思考，以製造出發光的白紙為目標，同時是尖端科技的成品，這兩點和有機電子發光體予人的印象一致。

「Luminescence」有「Maximum White」和「Neutral White」兩種顏色。「Maximum White」是直接表示在物理性上的顏色名稱，「Luminescence Maximum White」則顯示最高數值的白色色度，可說是目前市面上特殊紙中最白的一種。所以這個名稱確實能表現出「紙如其名」，真切地令人感受到惟有這支紙才能夠取這個名字。「Neutral White」也是相當白的紙，「Neutral White」和「Maximum White」的色彩範圍和其他紙製品的色調變化範圍相比，色相範圍較窄，也正是「Luminescence」的特徵之一。

針對「極致的白紙」這個課題，我的答案就是白色度最高的紙，並將紙的顏色鎖定成兩種，彼此顏色相近，白色的範圍較小，用如此較深層的想法來思考。一般的紙會清楚區分顏色差異，讓人可一眼看出彼此的不同。雖然目前市面上多的是優質紙製品，但只要能夠了解構成這支紙的細緻過程，就會成為這種紙的使用者。我想「Luminescence」的愛用者應該能夠了解上述的意思。

設計師清楚且具體的視覺效果設定和理想，在製作商品時會成為大家的向心力，凝聚結合不同的專業技術和能力。優秀的設計人員會設定具體目標，目標愈高就會愈專注地執行，而這就是我認為的日本人製作商品的奧妙之處。

最後是我在Luminescence的產品目錄上所寫的一段話。

白代表光。
獲得最大限度白的紙，
既是物質也是近似發光體的存在。
顏色隨著光傳達到我們的眼前。
這張紙和墨水互相融合，
成為具有深度的色彩，
展現豐富的表情。
不是人工的蒼白，
也不是黃色調懷舊的白，
只有白的極致的白，
才會接近自然光的印象。
現代的高科技，
使超越人工、接近自然成為可能。
時代在追求這樣的白。
時代在追求光。
對我而言，白就代表光。
「Luminescence-Maximum White」
光的極限、極限的光。
這個名稱也包含了白紙的概念。

二○○四年　平野敬子

1. 形狀對稱

2. 構成要素——包含發音

3. 顏色設計——透明的存在

4.VI 計畫——Grid System

公家機關的標誌
——東京國立近代美術館的標誌與VI視覺辨識系統計畫

東京國立近代美術館是由建築師谷口吉郎所設計，位於皇居對面，建於日本的中心，是日本第一座近代美術館。二〇〇二年一月正值開館五十年，趁著重新開館之際，首度設計具有象徵性的標誌與VI。在接下這份工作之後，我前往正在重新裝潢的美術館，站在美術館裡的當下，我腦中突然浮現「位於所有事物的中心」的感覺。這種感覺成為我設計的重點，這次的經驗讓我明瞭設計應朝哪個方向發展。

東京國立近代美術館的標誌由以下四個要素構成。

1. 針對建築議題提出「保存與再生」的作法，讓我深受感動，因此決定採用這個命題來設計美術館的標誌。我將「保存」與「再生」兩個概念並立所衍生出

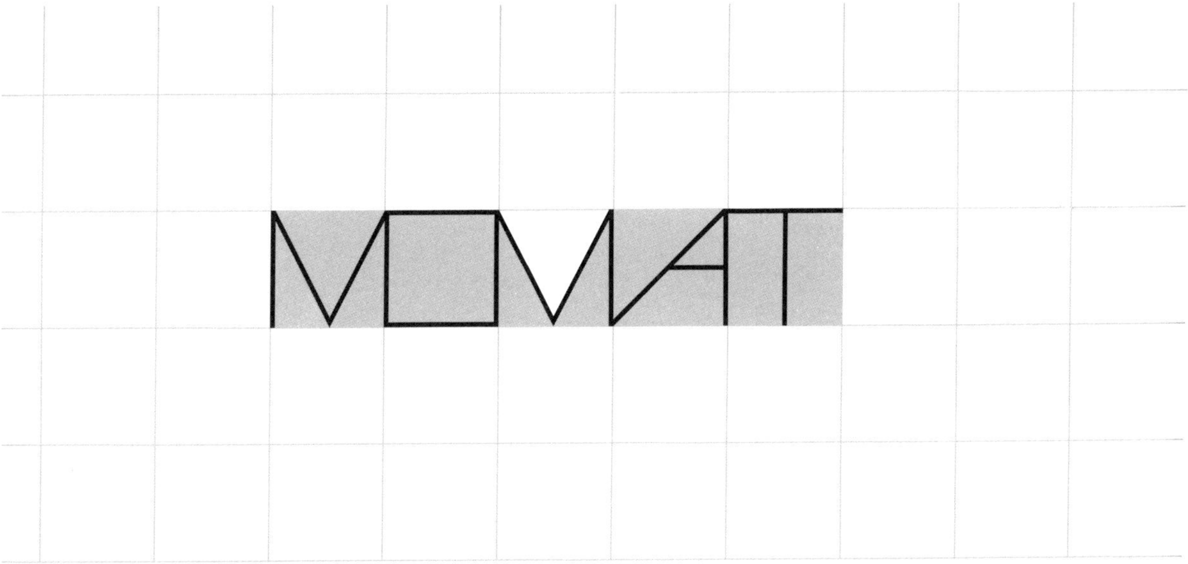

1. 東京國立近代美術館標誌＆VI計畫

的元素作為造型的重點：平衡、因反彈的能量產生出的無限運動／永恆的特性、將過去和未來接軌的現在和由中心形成的對稱形式。

2. 除日本人外，東京國立近代美術館也是來自世界各國的人士接觸現代日本美術的主要場所。於是我將「Museum of Modern Art, Tokyo」的簡稱「MOMAT」，作為構成美術館標誌的要素。加上由於標誌本身帶有「MOMAT」這個發音，我認為如果拿來作為標誌的視覺構成和對美術館的簡稱，可提高一般人對美術館的熟悉度。

3. 我希望美術館的標誌和符號不是單獨的存在，在提高熟悉度的同時也盡可能不過於突出；在存在的同時，也不可過度突顯其特色。因此需要找出讓這兩種背道而馳的目的同時存在的方法。我決定以單色調（灰色）作為此次色彩計畫的基調，因為我認為灰色具有包容力，能夠不過度突顯自己的存在，這是考量到美術館充斥了各種顏色的特性後得到的答案。

4. 美術館的標誌以能量集中的方式將館名及相關資訊濃縮集合，而VI計畫則是利用擴散集中的能量來加深印象。東京國立近代美術館的標誌和VI計畫的架構，被建構成一個內含集中與擴散兩種能量的系統。我認為一個普遍性的系統能夠超越媒體，在保有秩序的情況下發展出各種不同的可能性，建構、推廣與標誌一致的世界觀。

以上就是我為東京國立近代美術館設計標誌和VI計畫的過程。總結來說，我認為公共空間的標誌，除了須具備辨識度，還必須與「環境調和」、「無損環境的美觀」。直到目前為止，我仍繼續負責管理相關細節，因為我認為管理和維護的態度及看法，是讓標誌促成美術館成為高次元活動體，順利發生作用的重要設計要素。

The National Museum of Modern Art, Tokyo
MOMAT

The National Museum of Modern Art, Tokyo
MOMAT

小倉遊亀
2002年8月20日
Yuki Ogura : A
August 20 (Tues
近代的な表現で昭和
その豊かな作品世界
主催：東京国立近代美術館
MOMAT

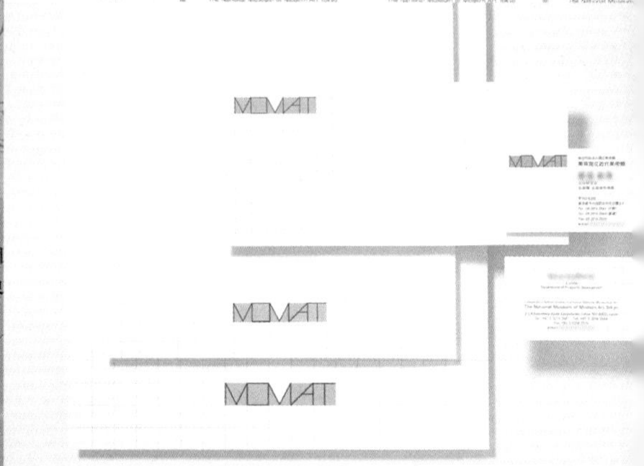
MOMAT

竹橋
Takebashi
The National Museum of Modern Art, Tokyo
MOMAT
当駅1b出口より
東京国立近代美術館

東京国立近代美術館
観覧券 高・大学生130円
東京国立近代美術館
共通券（非売品）
東京国立近代美術館
招待券（非売品）
MOMAT
MOMAT
MOMAT

東京国立近代美術館
観覧券 高・大学生130円
東京国立近代美術館
共通券（非売品）
東京国立近代美術館
招待券（非売品）
MOMAT
MOMAT
MOMAT

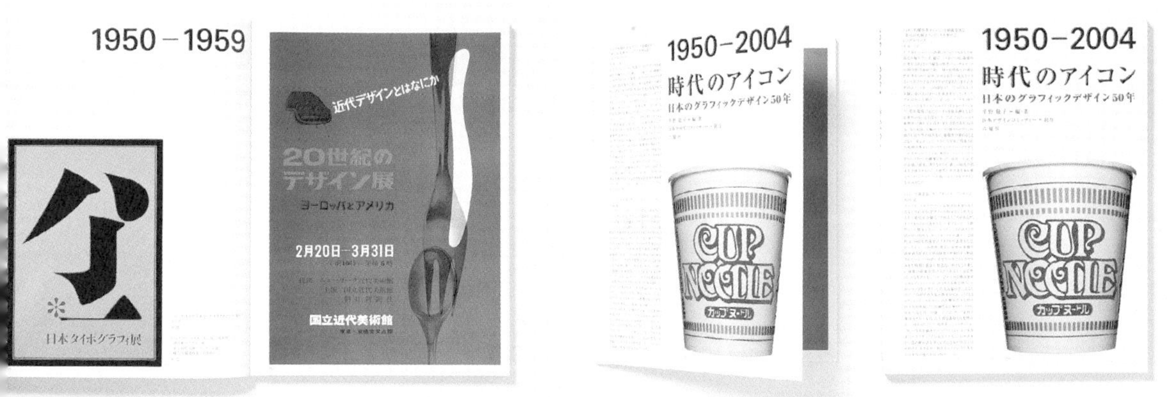

俯瞰設計的歷史
——「時代的Icon」展

二〇〇四年，日本設計委員會（日本デザインコミッティー，Japan Design Committee）舉辦了一場俯瞰日本美術設計史的展覽，展覽的目的是以立體的方式，組合集結橫跨包括概念建構、標題設計、展示作品選定、作品解說寫作、會場布置構成、目錄編纂、美術指導、設計等領域，針對「俯瞰橫跨五十年的美術設計史」這個主題，提供一個具體的答案。

展覽主概念以「Icon」這個字彙為題，這是目前常見的電腦用語，在宗教上是指基督像或聖母像等聖人畫像。因為十分常見，為了讓大家不至於誤解展覽主題中的「Icon」的意思，並能夠了解此次企劃的主旨，我在此補充說明。「時代的Icon」中的「Icon」並不是用來解釋「符號」或「符號的作用」等符號論

1. 展場空間設計（攝影：Nkasa & Partners）

2. 展覽目錄（攝影：佐治康生）（P127／P129／P131／P132／P137 攝影：佐治康生）

產生的美術設計，也與Icon的直譯「圖像」和設計的日文直譯「意匠」、「圖案」、「設計圖」沒有直接的關係。Icon的語源是Imagine，我認為過去時代的記憶，不就是影響當代設計的印象累積嗎？這不就是解讀美術設計本質的關鍵嗎？這就是使用「時代的Icon」這個標題的動機。

這次展覽有個很重要的特徵，那就是網羅了海報、包裝、CF等各種類型的作品。作品的選定，主要是具普及性的設計、象徵時代的設計、預知未來的作品、標示未來方向的作品。我相信透過美術設計的概念，可以改善人類的生活，並經由設計開發更好的事物，但目前關於美術設計的狀況，即使只是資訊也十分混亂。為了達到展覽的目的之一，讓大家了解設計的意義，必須嚴格制定選擇的標準。

美術設計的功能之一是在團體間傳達彼此的意思，也可將它視為將肉眼看不

1970－1979

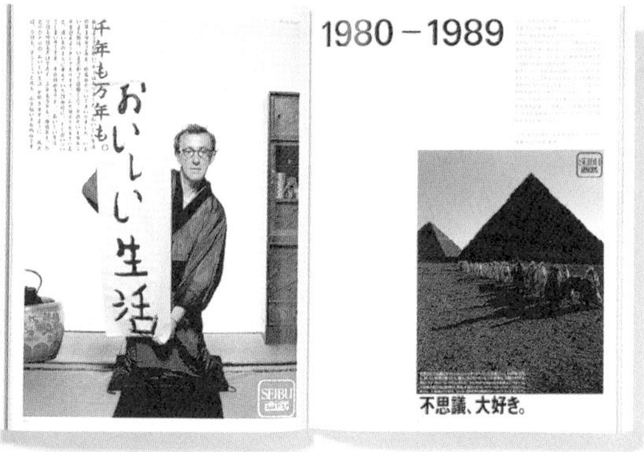
1980－1989
千年も万年も。
おいしい生活
不思議、大好き。

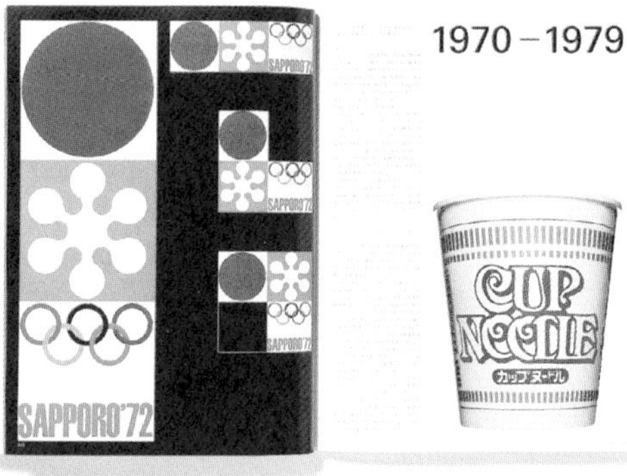
1970－1979
SAPPORO'72
CUP NOODLE
カップヌードル

見的意思視覺化，使團體中的成員產生共識。解讀美術設計之所以困難，是因為設計在不同的時空具有不同的功能。因此，如果不以設計所產生時代的角度來體會了解，便無法了解設計原本的意思和價值。此次展覽空間上的安排，讓前來參觀的民眾能夠體會時代氛圍的片段，希望大家能夠以當時的角度，來思考使用設計的意義。展覽以固定且連續的時間流程呈現，而且因為希望能夠將這樣的時間特性反映在空間的設計上，所以沒有採用展示室的隔間方式，而是將空間設計成連續通道來展示作品。從入口到出口完全沒有間斷，有如一條通道的展示空間，包含了橫跨五十年設計史的延革變遷，從一九五〇年代的深灰色牆壁到二〇〇〇年代的白色牆壁，牆壁的顏色每十年就改變，利用不同的灰色色階，從深到淺變化。因為參觀的民眾來自各個不同的年齡層，為了讓不是生在那個時代的人也能夠感受到設計作

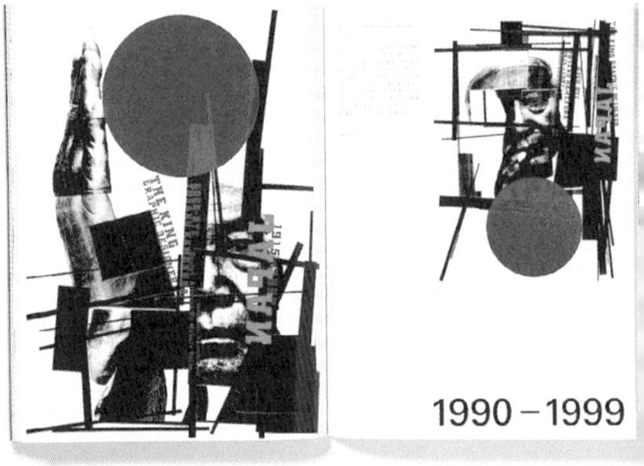

品所產生的當代氛圍，在《每日新聞》的協助下，我讓部分的牆面隆起並張貼報紙的照片，設計出一個可感受時代氣氛的空間。

作品的解說也是解讀設計的重要構成因素之一。我根據設計對社會的影響，與企業的關係和作者風格等角度撰寫解說文字。我雖然不是評論家，卻書寫作品的解說，是因為希望藉由清楚說明作品挑選的源起，來傳達我作為策展人的責任與態度。

上述的所有細節要素都是為了讓彼此協調，創造出一個理想的結果而存在，這就是我的設計方法，也是設計的態度。

水野學 good design company

以利用設計「把事情做好」為目標

水野學 MIZUNO Manabu
【簡歷】1972生於東京，在茅崎市長大。1996年畢業於多摩美術大學美術學部設計科後，進入PABLO PRODUCTION工作。後來曾任職DRAFT，於1999年成立good design company。
主要的作品有NTT DoCoMo「iD」、「adidas」、ONWARD樫山「23區」、農林水產省「世界田徑2007」、ANA「travel smap」、KIRIN Beverage「KIRIN 903」等。

good design company自一九九九年成立以來，在水野學的領導下創下不少佳績，目前約有十五名員工，經營方針為「把事情做好」。如同簡單的公司名稱，陸續創造出眾多「好的設計」。

good design company的觸角極廣，除以廣告為中心從事商品包裝、裝幀、編輯、圖案和CI設計外，也從事家具、雜貨設計和室內裝潢指導。另外，與事務所同時設立的藝廊，還舉辦展覽引薦前衛的創意工作者。

水野先生跨足這麼多領域，卻沒有給人鼯鼠五技的印象，是因為他有非常清晰的遠見，他將設計相關的各個領域細分後，再重新建構整合，以大範圍的思考重新檢視設計。他認為這樣才能產生符合新時代的新價值。

水野先生認為美術指導和設計師分別扮演不同的角色，前者負責建構概念，思考這個概念對一個企業甚至是社會具有什麼樣的意義。

「以樹木為例，概念就是樹幹，具體的設計就是枝葉。大家對設計師的需求，就是設計師能夠表現造型到怎樣的程度。而判斷設計師的創意和技術，則是美術指導的工作。」

概念的基本是「能夠用一句話來表現的東西」，因為不這樣的話，就會模糊應該傳達的訊息。正因為有明快清楚的概念，good design company的作品才會給人深刻的印象。

good design company在開始一個企劃案時，公司內部會提出一百到三百個創意，如同棒球社的選手要揮棒一百次，這時設計師就好像是在念體育系一樣，要大量地提出創意。目前good design company約有十位設計師，只要每個人想出十個創意，十個人就可以有一百個創意。

「我們是採人海戰術（笑）。只要提出創意就對了，這樣不但效率高，變化也比較大。只要創意多就會有新發現，

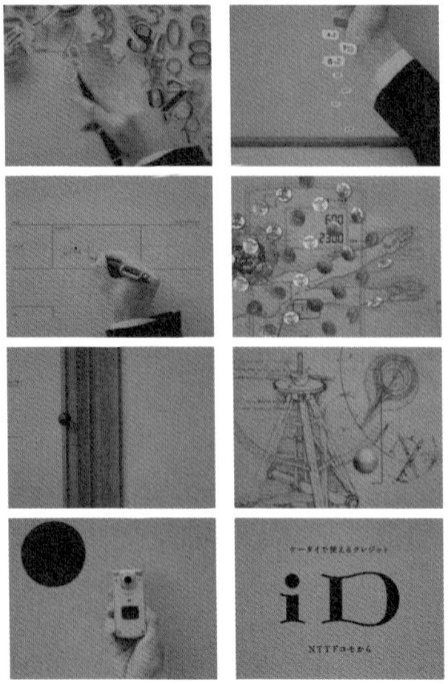

NTT DoCoMo／iD TVCM（2006）
在完成 NTT DoCoMo 的識別標誌「iD」之前，創作了眾多版本的設計。

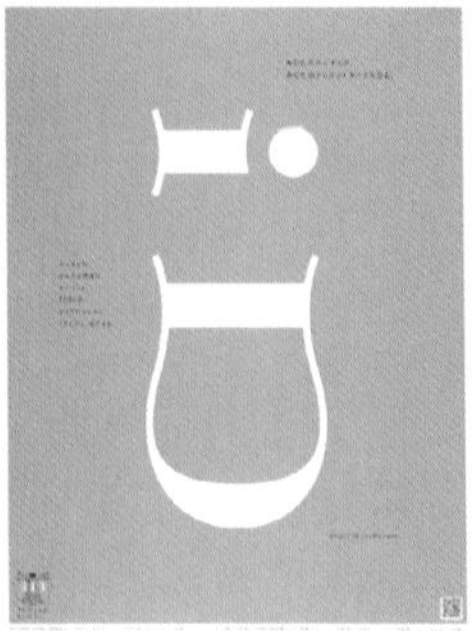

NTT DoCoMo／iD（2006）

DCMX 標誌（2007）

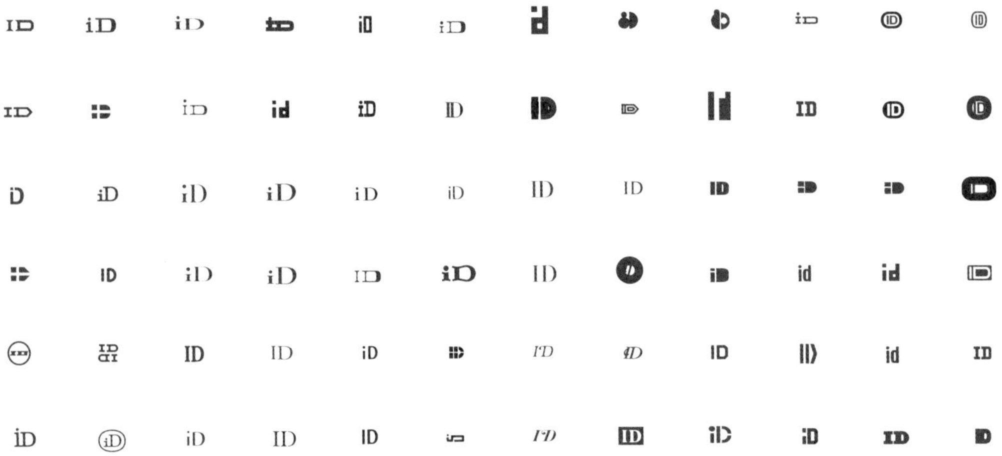

驚人的 39 種介紹水野學的雜誌

當本書編輯要求 good design company 的水野學先生提供資料時，他給了我們龐大的作品記錄集。

讓人意外的是，內容幾乎都是雜誌的訪談或對話。除了書中出現的《廣告批評》、《NIKKEI DESIGN》、《Brain》（ブレーン）之外，還有下列雜誌。

《設計的現場》（デザインの現場）、《Commercial Photo》（コマーシャル・フォト）、《新建築》、《Design Note》、《Real Design》（デザインノート）、《MAC POWER》、《DTPWORLD》、《設計師的作品》（デザイナーの仕事）、《DESIGN WORK》、《DESIGN OFFICE》、《Design Living》、《人間會議》、《Colorful》、《VIVOCOLOR》、《設計的抽屜》（デザインのひきだし）、《DO SOMETHING》、《photographical》、《MdN》、《PARTNER》、《廣告月報》、《東京月曆》（東京カレンダー）、《metro min》、《Sevenseas》、《ojo》、《尋找咖哩》（カレーを探せ！）、《BRUTUS》、《Esquire》、《GQ JAPAN》、《straight》、《meuble》、《Casa BRUTUS》、《UOMO》、《STYLE MAX》、《Pen》、《+81 PLUS EIGHTY ONE》。

此外還有國外的雜誌和書籍，如《台灣 VOGUE》、《香港 Design21》、《東京視覺設計 in》，以及日本國內的書籍。

作品的品質也會比較好，不過這只是為了在公司內部收集材料，向客戶提案時基本上只有一個。」

如前所述，負責選擇創意是美術指導的工作，但要從幾百個選項中找到適合的，並不是件容易的事。

「所以樹幹很重要，這必須回歸到概念的本質。例如要表現『信賴感』這個概念時，就應該使用明朝體，我當下就可以做出這樣的判斷。」

隨著IT環境的快速發展，設計的環境也有極大的變化。也許在不久的將來，既有的「宣傳廣告」概念可能會漸漸失效。將來構成廣告的方法，會有快速且相當大的改變。

NTT DoCoMo集團推出具備手機信用卡功能的「DCMX」廣告，就是象徵了某種轉變。「DCMX」於二〇〇六年四月推出，同時對應之前提供的手機信用「iD」服務（DoCoMo推出的電子錢包），這種使用者不需簽名或支付現金即可購買商品的功能。iD和DCMX的品牌設計就是由good design company所負責。

iD這個名稱是由「行動電話＝與自己存在的證明（Identity）有著密切的關係」而來。

「DCMX的由來也很簡單，『DCM』是DoCoMo的縮寫，後面再加上代表未知數的『X』，意思是說NTT DoCoMo開發新的領域，並提供給消費者未知的世界。DCMX蘊含著這樣的意思。」

水野先生打出「信賴感」的概念，以消除消費者對新服務的不安。那麼，要如何以視覺來呈現呢？

「簡單說，就是如果NTT DoCoMo和瑞士銀行、賓士汽車結合，會產生什麼樣的圖像呢？這就是我的想法，其實就是參考歐洲自古以來傳統的圖像。」

最後，iD的海報以黃金色為主調，DCMX的標誌則像個徽章。值得注意的是，有別於以往的商品和企業廣告，這一次是為了營造符合未知服務的形象所設計。

「有點像是整頓基礎建設（笑）。因為事實上，的確多虧了手機讓我們的生活更便利。」

現在手機信用卡爆紅，更成為年輕人的生活型態中不可或缺的物品。而能將這種「過度期」的混亂狀況，轉化成為完整的廣告呈現，只有像水野先生這種新生代的美術設計師才辦得到。

成立十年，到目前為止good design company曾製作過許多商品和廣告，處理過各式各樣的表現方式和媒體，彼此的共通之處就是具備品牌設計的概念。

讓水野先生一躍成名的作品是RAHMENS的公演海報。他每次都以平面設計的方式來表現RAHMENS的突發奇想，也讓每回RAHMENS的公演，都要提高表現難度以作為回應。其中《ALICE》的海報，就是從童話《愛

麗絲夢遊仙境》得到靈感，水野先生把所有文字左右顛倒，就像照鏡子一樣。

「我認為品牌設計最重要的是，要知道向誰傳遞什麼樣的訊息。RAHMENS的對象絕不是一般大眾，而是在和『RAHMENS粉絲』的小眾溝通。這個時候必須和以往的搞笑形象加以區隔，創造出『RAHMENS很酷』的形象，這就是我採用的方法。」

這樣的想法經常如低音和絃般在他的腦海中迴響。最近幾年水野先生將美術設計的工作延伸為顧問，隨著時代的變遷，突破美術設計框架的工作逐漸增加。他有感而發地說：

TWINKLE Corporation／RAHMENS第十五次公演《ALICE》（2005）

「原本只是要討論標誌，不知不覺間竟然變成和經營團隊思考長期策略，感覺自己好像不是美術設計而是美術顧問（笑）。這種時候我會把自己當作『經營者的右腦』（感性的部分）。」

水野先生將設計的領域從「物」推廣到「事」。如果設計的本質是「整理和配置」，如同編排顏色、形狀、文字和照片，那麼調整人才、預算、策略和環境也是設計的工作。

同時現在也是「會設計是理所當然的事」的時代。這是因為繪圖軟體取代了許多過去的工作，水野先生相信設計師除了必須具備表現的技術，也必須要有「想法」。

「設計的前輩們為我們開拓出眾多的設計語言，身為後輩的我們，在諸多方面受惠的同時，也必須要有所回報，要以他們留下的遺產為基礎，不斷嘗試新的挑戰。而設計的未來就在其中，這就是我的想法。」

〔採訪撰文・大城讓司〕

good design company 或許和一般人對廣告公司的印象不太一樣，因為企業主會突然打電話來說：「我想改變一下我們的品牌，請你們幫忙想想銷售策略和開店的問題。」就算剛開始時是討論公司的標誌，不知不覺中卻變成開店的計畫或決定新商品的價格，甚至經常和客戶討論五年或十年後的經營策略。設計畢竟只是產品之一，我主要採取「從根本考量建立品牌形象的所有細節，之後再向客戶提案」的形式，也許和顧問的作法有點接近。

我平常工作的方式，經常是扮演經營者的「右腦」。因為一般公司的經營者都很聰明，大多平均使用左右腦，但我希望公司的經營者能夠集中使用左腦，由我負責扮演主掌感覺和藝術的右腦，這麼一來就可以充分使用整個大腦來為公司做事。因此，設計是最後的最後才產生的作品。對我來說美術設計不是「表現」而是「想法」，所以我們公司的設計師剛進公司時，主要負責「表現」的部分，之後才慢慢開始負責「想法」的部分。應該說我們不是只做設計嗎？總之就是不是所謂的美術設計公司。

就是因為這樣，有時客戶上門來談製作廣告的時候，我還會跟他們說「不！現在不是廣告的問題，你應該把錢花在每一家店面，不是打廣告的時候。」

雖然這麼做會讓我沒生意（笑），但我認為重要的不是做什麼樣的海報或電視廣告。在這之前，應該要先考慮的是這家公司當下需要的是什麼。

在公司時，我則是和設計師們一起

首都高事故減少計畫「TOKYO SMART DRIVER」（2007）

腦力激盪，判斷大家提出的創意可不可行。我們當然也做一般的電視廣告、報紙和海報的提案，但只要覺得客戶需要，我們也會做點不太一樣的工作，例如店面設計、商品開發、員工的制服、選擇店面使用的用品等。我想，這是因為我們將我們認為對這家公司什麼才是重要的「想法」，當作設計的起點。

目前我們手上正在進行的「東京Smart Driver」，是小山薰堂先生介紹的工作。這個案子我們首先想到的是，要怎麼做才能讓首都高速公路變得更好，高速公路原本的作用就是「安全、舒適、盡可能快速抵達目的地」，這也是它的基本功能。但要怎麼樣才辦得到呢？要達到這個目的最重要的是減少塞車，而減少塞車最快的方法就是減少交通事故。一旦能夠減少交通事故的發生，就可以保護自己，同時因而降低塞車時的廢氣排放量，也有助於環保。

交通事故發生的原因，有不少是因為超速或是沒有讓道，而這些原本都是理應遵守的基本規則。大家都太過性急，想要早點抵達目的地，反而因此出事。如果說黑白兩色的賽車信號旗可以讓車手加速抵達終點，那麼可不可以借用黑白方格紋的力量護送大家平安回家呢？或許可以在方格紋信號旗上使用不同的顏色，作為廣告宣傳的標誌。最後我們決定使用粉紅色的賽車信號旗，作為廣告宣傳的主題。

為什麼是粉紅色呢？因為聽說美國某監獄將囚服換成粉紅色後，犯人再犯率就降低了。也有學說認為粉紅色具有穩定人心的作用，還有心動的意思，於是我們選粉紅色作為賽車信號旗的顏色。

接著在考量駕駛人接觸最頻繁的媒體為何時，發現應該是收音機。事實上利用首都高速公路的駕駛人，有不少人習慣聽廣播，於是我們決定以廣播展開主要的宣傳工作。只要在廣播節目中聽到「粉紅色的賽車信號旗」，應該有

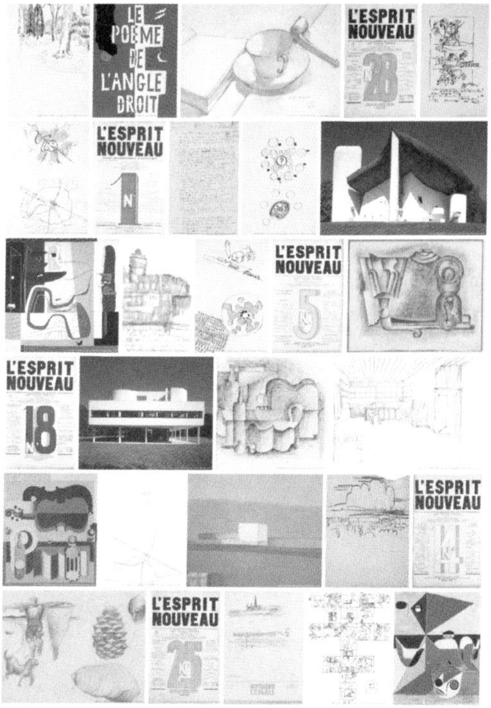

森美術館「LE CORBUSIER 科比意展 宣傳海報」（2007）
CD+AD：水野學／D：相澤千晶
「二十世紀最偉大的建築師科比意的大型展覽。科比意的建築作品讓人印象最深刻的是白色的外觀、內部豐富的色彩，讓人有著繪畫般的想像。這張海報在半透明的紙張（表層：白色／裡層：C・M・Y三色）上進行絹印，可以經由表面看見裡面的顏色。以立體的方式呈現平面海報，是在表達對於憧憬繪畫這種二次元表現方式的科比意的一種敬意。」（good design company 相澤千晶）［轉載自《Brain》雜誌二〇〇七年八月號］

不少人立刻會想起這個活動吧！就像如果聽到「熊的圖案」的話，就會聯想到小熊維尼、傑克・尼克勞斯（Jack Nicklaus，高爾夫球名將，外號「金熊」），還有木雕熊（笑）。

第三個理由，不光是用符號標記，而是以「符號的圖樣」（pattern）來發想。我們在設計時是這麼想的，使用各種形式，無論是貼在車子上的貼紙、工作人員的臂章或道路上懸掛的布條，讓「粉紅色的賽車信號旗」到處都看得見。說得誇張些，就像用圓圈圈起來，要讓高速公路所有地方都被「粉紅色的賽車信號旗」所包圍。

這個活動在去年夏天展開，車禍件數比前一年減少了五百六十件。只要駕駛人在看到「粉紅色的賽車信號旗」時，會想到放慢速度就好了。

而關於森美術館的「科比意展」和「東京—柏林／柏林—東京展」的平面設計，由於展覽會在一定的時間內結束，

森美術館
「東京－柏林／柏林－東京展」（2006）

那要怎樣才能建立一個品牌？首先必須設計出優秀的海報，呈現出科比意和柏林繪畫的風格，以讓大家產生參觀慾望的設計為目標。同時也將重點放在森美術館的定位，以強化美術館本身的品牌形象來進行海報製作。科比意展本身就非常吸引人，參觀人數超過五十九萬，這也是森美術館除了開幕展外，參觀人數最多的一場展覽。

設計海報時非常講究細節，不論是用紙或是印刷加工。如以廣告文案裡的「廣告主文」（Body Copy）的概念來想的話。除了有標題主文和廣告主文，設計也有標題視覺和「主體視覺」（Body Visual，雖然沒有這樣的用詞）。若是仔細觀察主體視覺的話，會發現其中是非常講究細節的。大家常說品牌是藏在細節裡的，所以我認為任何一個細節都不能馬虎！

海報多得氾濫嗎？不！絕對沒有這回事。從我們公司接案的比例來看，海報

Twinkle Corporation
《RAHMENS PRESENTS "GOLDEN BALLS LIVE"》（2005）
CD+AD：水野學／D：good design company ／P：山本光男
I：山根 Yuriko 茂樹／P：good design company

RAHMENS所製作的短劇《GOLDEN BALLS LIVE》（演出和導演），海報採用能讓人聯想公演標題的華麗設計。海報將 RAHMENS 二人組和其他演員都畫得比本人強壯，並將一不小心就會顯得下流的「重要器官」，以「天井棧敷」風格般的搞笑方式呈現。［轉載自《廣告批評》二〇〇五年十月號］

Twinkle Corporation／RAHMENS 第十一次公演
《CHERRY BLOSSOM FRONT 345》（2002）

的工作算是少的了。因為海報容易引人注意，或許大家會有海報很多的感覺。但以整體工作量來看，其實是很少的。而且我不認為海報一定有效，但在控制品牌宣傳上算是重要的媒介。總之就是好好運用剩餘的體力，在上完電視廣告和網路作完自我介紹後，如果還有預算就製作海報，其他就看客戶鎖定的目標而定。

這是因為很多人不看電視，也不看報紙或雜誌，就算在電車上也是看手機或打電動。我跟辦公室裡的年輕夥伴說：「七龍珠的那個……」結果他的反應是，「七龍珠是什麼？」我說：「真搞不清楚你長這麼大，怎麼會不知道七龍珠（笑）。」在這個隨時可以取得資訊的時代，反而會產生偏食的現象。因為個人的好惡分明，即使資訊的質量都獲得提升，但人們願意無條件接收的資訊量卻變少了。以往大家都是看電視轉播巨人隊或大鵬幸喜（日本相撲第四十八

小林賢太郎製作公演
《TAKEOFF ～ Light 三兄弟》（2006）

每次看到 RAHMENS 的海報，本欄作者的天野祐吉都會大叫「這是頂級的品牌廣告」，於是就會暫停這個月的「本月的廣告時評」專欄，改為採訪 RAHMENS 的小林賢太郎和負責設計工作的 good design company 水野學先生，聽說兩人為大學同學。

小林　「home」是從一九九九年開始的，所以已經是第七年。
水野　當時賢太郎就說不想借用電視的力量，我心想「這傢伙不知道在說什麼！」（笑）。不過當時我們就談到一定需要商品和品牌的力量。
小林　是啊！
水野　結果現在已經變成售票的大明星了。
［轉載自《廣告批評》二〇〇六年八月號］

代橫綱）的比賽，現在透過衛星（CS）就可以看美式足球甚至是賽車。

雖然大家說現在是「無國界的時代」，但我覺得並不是沒有國界，而是國界變模糊，看起來好像消失不見了。資訊來源的管道媒介變多了。當遇到大眾不看電視也不閱讀報章雜誌時，由於大家還是會搭電車或巴士，那麼交通工具上的廣告就會發揮媒體的功能。「有些人以為很難得地看到了某張海報，其實那海報早已貼得到處都是」，只要增加接觸的機會，就可以提高大眾的信賴感。啊！不過RAHMENS的海報不一樣，那是為了吸引粉絲所製作的道具，目的不在於張貼而是在販售。

我從以前就一直是先考量事情的根本，之後再訂定策略。我還記得當初在找工作時，我在履歷表上的特殊技術一欄中寫了「企劃」，既不是設計也不是美術。好友曾經跟我說：「你很會設計舞台。」朋友說我擅長協調周遭環境的氣氛，不管在哪個場所，都能讓大家有好心情說著「『看起來』很有趣」（笑）。

我本來就喜歡這樣子，這應該是個性吧！從高中就一直這樣。大家常說我都是在做製作人的工作，但我認為這才是美術指導真正的工作。

或許有不少人認為，去了解設計師設計的方向，才是美術指導的工作，我卻不這麼認為，我認為美術指導必須和企業的經營者一樣思考問題。我在進行「iD」的設計工作時，必須和NTT DoCoMo的經營團隊共同思考；在接手「travel smap」時也必須加入全日空的經營團隊；在為RAHMENS設計海報時，我當自己是第三個成員。如果不做到這種程度，工作起來就沒什麼樂趣。就是因為我總是這麼認真，在工作室裡我非常嚴肅，其實我希望能夠保持微笑，但有時候就是不得不生氣（笑）。

我能肯定地說：「我們公司雖然很嚴格，卻能給你其他公司不能給你的東西。」因為我知道必須教育員工，所以常被同事說「真的！水野先生生氣起來很可怕」（笑）。總之就是必須要專業，因為我是靠美術指導賺錢，從這個角度來看和鈴木一朗沒什麼兩樣，他是棒球專家，而我是設計專家，所以我的工作是全方位的。一直到睡覺前我都在想工作的事，早上一起床想的也是工作。

我們公司的年輕人常說「會設計是理所當然的事」。因為會設計的人多的是，重要的是如何將你的設計和「想法」結合。會設計是最基本的條件，但要如何幫它加分呢？如何利用設計這項武器？要在什麼情況使用什麼武器？這個武器可以有效攻擊敵人嗎？我認為能夠考量如此周詳的就是美術指導。不知道我和同輩的美術指導有和不同？可以的話，我還希望你告訴我呢（笑）！因為我不知道我和別人有什麼不一樣，但我希望能夠一直繼續精進自己的作法。

［轉載自マドラ出版《廣告批評》二〇〇八年二月號］

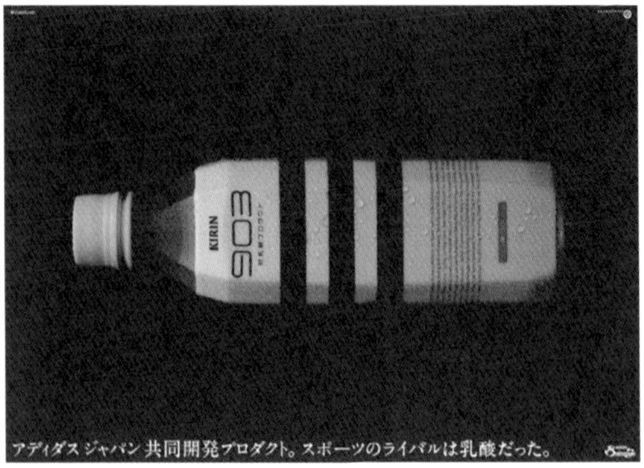

文字的力量　二〇〇四

以三條線和903獲得勝利

象徵「召喚勝利」的三條線橫切白色瓶身，纖細的「903」三個數字就在其上。這個簡潔有力的設計在便利超商的貨架上大放異彩，由Adidas Japan和Kirin Beverage共同開發的運動飲料「對乳酸（対乳酸）產品 Kirin 903（以後稱903）」的包裝廣受矚目。

從商品概念的提案到包裝設計、廣告都由水野學先生全權負責，他就好像產品的父母。水野先生回憶說「一開始企劃這個產品時，我們就決定採用三條線的設計」。日後決定的產品名稱為903，也是因為考量到和三條線設計的組合，數字上下兩端的線條平直，也是為了要和三條線平行。

903這個商品名稱，是為了要製造如同汽車產品型號般的印象。另一方面，由於是食用的飲料產品，標誌必須給人親切的感覺。為了滿足這些條件，水野先生表示他們大概試做了近五百種標誌，最後才完成了現在這個細長、俐落但沒有角度的圓潤903標誌，字體主要以Bank Gothic為基礎來修改而成。

如果說903這個標誌和三條線的設計極具魅力的話，應該歸功於他的父母——設計者所使用的「魔法」。

［轉載自日經BP社出版的《NIKKEI DESIGN》二〇〇四年五月］

上圖：「對乳酸產品 KIRIN903」的海報。並排在如 Adidas 運動鞋常見的三條線下方的是奧運各運動項目的英文名稱。
CD+C：東秀起／CD+AD：水野學
D：good design company／C：森田奈津實／Pr：西澤惠子／Ph：蓑田圭介

SCHOOL OF DESIGN

「School Of Design」
古平正義、平林奈緒美、水野學、山田英二合著
2006年／誠文堂新光社出版／A5開本／335頁

與教育書籍的形象相差十萬八千里的基礎教育書籍。在這本由目前線上的設計師所寫的書籍中，看不到帶有解說色彩的內容。書中使用的圖片，除了與相關的工作或文章有關的插圖外，大範圍地網羅許多可成為創意工作者養分的作品。與其說用來閱讀，倒不如說更適合用來欣賞。

以下，選刊幾篇水野學的圖片和文章。

右↓左↓右↓左

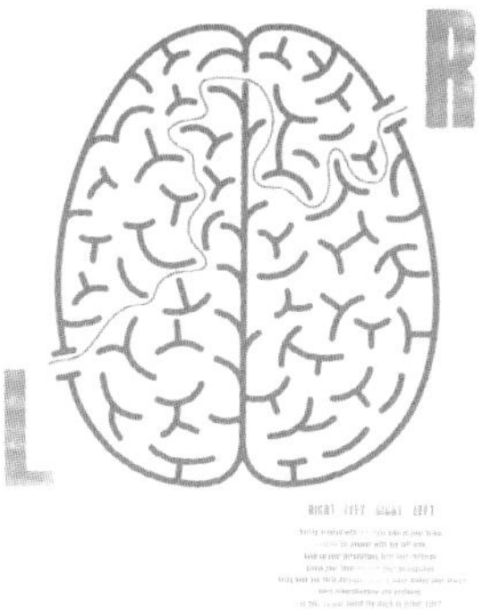

用右腦產生的想法，
一定要用左腦檢查一次。
由感覺產生的東西，
要用理論再次的確認。
由理論建構出的東西，
要用感覺重新描繪一次。
透過雙方的一來一往，
可以創造更寬廣、更有深度的作品。
你是不是傾向使用某一側的大腦呢？

保持中立

有時候，贏取上班族的贊同。
有時候，成為高中女生談論的焦點。
你的身分是依據工作來改變。
時時刻刻保持中立。
這樣子，不論更換何種位置，
你都可以輕鬆勝任。
別因個人的好惡而煩惱，
為自己預備好各種餘裕，
作為扮演不同角色的準備。

設計2・0

瞬間完成複雜的計算。
精簡保存大量的資料。
就連搜尋資料也超簡單。
這就是電腦啊！
真不得了！然而電腦——
沒有「製造」的能力。
隨著ＩＴ社會的進步，
更需要創意的能力。
今後的社會一定會愈來愈需要設計。

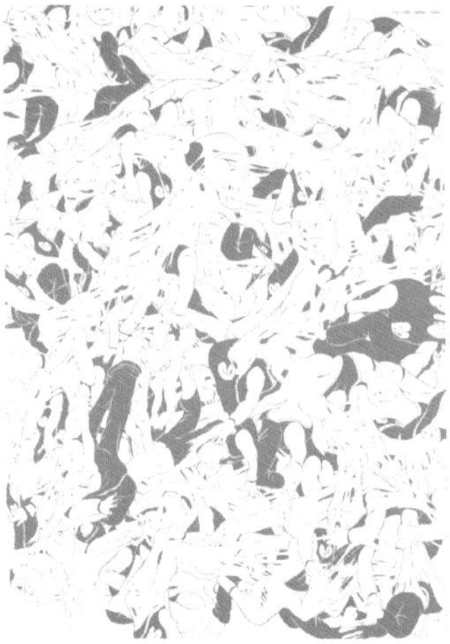

給「改變中」的你

「你的想法跟別人都不同」
這聽起來讓你高興吧！
你不喜歡一般人喜歡的事物。
你喜歡其他人不喜歡的，
因為這會讓你顯得獨特。
但是看看你的四周，
你是否已經被埋沒，
在一群自以為獨特的人們當中。

努力放輕鬆

忍耐的姿態是很美的。
然而，人類進步的原動力，
是「想要輕鬆」的強烈慾望。
與其在討厭的時候，
還要告訴自己「我喜歡」，
還不如認為我真的很討厭。
「討厭」、「希望可以早點結束」
就是因為這樣的想法會讓自己成長。

我想利用高品質的設計
創造更多的「喜悅」

good design company 自平成十一年一月一日成立以來，透過「設計」曾接下廣告設計、影像產品、店面開發、空間設計、商品企劃、品牌建立和企業諮詢等各領域的工作。

無論工作的領域為何，我們的目的只有一個。

那就是「把事情做好」。

設計經常被誤會成是為了突顯一樣事物，或完美修飾事物的表面。

然而在字典中，設計這個字的說明是「素描、圖案和意匠計畫（將意念加工的計畫）」。

但是我們認為設計的力量不只如此。

彌補欠缺的部分。

去除不必要的部分。

發揮最大的魅力。

然後，把眼光放在十年、二十年後對品牌本身最好的方式，之後「讓它變得更好」。

根據某個學說，在取得水和食物等「生活必需品」與接觸「優良的設計」時，會在大腦中幾乎同樣的部位產生「喜悅」的反應。

如果是這樣的話，我希望能夠以優質的設計創造更多的「喜悅」。

這就是 good design company 所認為的「設計」。

近幾年，我得到許多意料之外的工作機會。

能如此延伸拓展「設計」的領域，對我是最大的鼓勵。

以「設計」讓「事情變得更好」就是我們的目標。今後 good design company 仍將致力於每項工作。

水野學（good design company 負責人）

LUMINE
EC Site「iLUMINE」（2008）

黑貓堂
椎名林檎「第一屆林檎班大會」（2005）

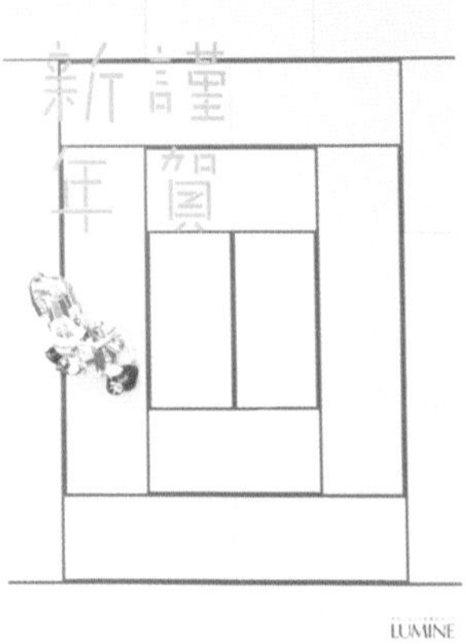

LUMINE
新年海報（2008）

J-WAVE
Holy December（2007）

adidas「Sapporo Concept Shop
Renewal Open」海報（2002）

.jp
Cosmed Brand「MAMEW」（2007）

水晶源／杏露酒 TVCM（2005）

ADVAX／東京 CURRY LAB（2007）

good design company／office

佐野研二郎

柔軟的發想力和旺盛的好奇心

佐野研二郎　SANO Kenjiro

［簡歷］1972年出於東京，自多摩美術大學美術設計科畢業後進入博報堂工作。主要從事美術指導和設計，作品有LISMO！、豐島園游泳池、Tブー！S、ニャンまげ、Kirin豐潤、Laforet Grand Bazar、Ginza Salone、franc franc PIGMUG、日清ラ王等。曾榮獲紐約ADC賞、東京ADC賞、JAGDA新人賞等眾多獎項，為東京ADC會員。2008年1月成立「MR_DESIGN INC.」。

佐野研二郎於二〇〇八年一月成立創意工作室「MR_DESIGN INC.」，從長期任職的博報堂功成身退，開始他事業的第二春。

「博報堂的經驗對我來說是非常重要的財產，但我想做的事已經超過『廣告』這個領域，我想在更大範圍內探索『設計』的可能性，也認為我應該這麼做。」

這一切確實有脈絡可循。二〇〇六年底他出版了集過去作品之大成的大開本作品集《佐野研二郎的WORKSHOP》（誠文堂新光社出版），二〇〇七年舉辦「ボツ（試作失敗的作品）展」（Guardian Garden）和「Ginza Salone」（Ginza Graphic Gallery）兩場展覽。

無論是作品集或展覽，佐野都充分發揮他柔軟的發想力和旺盛的好奇心。所有的企劃都讓人對美術設計的形象產生新的印象。而「Mr. Design」這個公司名稱，就如快速球般簡潔大膽，就像佐野的作風，也充分表現出他的工作態度。

「以往我參與了許多以廣告為主的企劃案，美術指導雖然需要以視覺效果傳達企業或商品的魅力，但在累積眾多經驗後，我發現為企業或商品塑造『人格』是最有效的辦法。」

設定讓末端使用者的腦海中，殘留印象最深刻的商品形象（Icon），這就是

MIZKAN
黃金顆粒「とろっ豆」
CD+AD：佐野研二郎
D：小杉幸一

佐野創意作品的特徵。就如幽默感十足的Mizkan「金顆粒　超軟納豆とろっ豆」包裝設計，也只有佐野才能設計出這樣的作品。

「因為商品的特徵是『彷彿即將融化般的柔軟口感』，所以我就照本宣科地設計（笑）。我的作法還挺直接的。」

利用簡單的視覺效果傳達企業想要傳達的訊息，就能夠創造出對消費者而言簡單易懂的作品。「とろっ豆」的設計，是藉由巧妙安排象徵大豆的橢圓形和「とろっ豆」這幾個字的版面配置，成功地讓商品有著表情的形象，也同時完成具有店頭效果的嶄新包裝設計。

「社會上需要設計的地方還很多，快樂的設計可以創造出快樂的溝通，豐富人類的生活。我是這樣想的。」

佐野甚至還關心一般人認為與設計無關的垃圾和教育環境等問題。而獨立創業後的佐野，接下來的發展將十分令人期待。

［採訪撰文・大城讓司］

豐島園「Toshimaen 游泳池」 CD：笠原伸介／AD：佐野研二郎／D：杉山ユキ／C：菱谷信浩／P：瀧本幹也／ST：高橋百合子

攝影師　瀧本幹也

◎二〇〇〇年夏天，我第一次和佐野研二郎合作製作「豐島園游泳池消防隊員」。◎當時我只知道「ニャンまげ」（日光江戶村的吉祥物）是他的作品。◎他手繪的草圖很粗糙但很有意思。◎開會討論時，他的表達簡單明瞭，讓人很清楚他想要傳達的氣氛和資訊。我有預感工作會進行得很順利。◎兩天一夜的沖繩外景拍攝，工作時間實在太短了。◎第一天以白色牆壁為背景拍攝消防隊員的站姿，結果非常糟。◎在凝重的氣氛下，以天空為背景拍攝雜誌用的照片，效果極佳！◎海報也以天空為背景！◎晚上臨時在空曠的廣場上拍外景。◎次日，汗流浹背地在臨時搭建的布景前拍照。◎在布景旁的佐野研二郎對著演員呼喊。◎表情憤怒一點！加油！◎不知道為什麼效果愈來愈好。◎我將洗好的照片拿到博報堂，這回他又高興的大叫。◎我心想這人真妙！◎炎炎夏日，當我在車站看到這張海報時，還真想到游泳池去。◎我的工作還真是幸福。

「馬上就是星期六」

豐島園宣傳海報

我去了豐島園好幾次，為了去觀察客人。我想以這裡是個「好公園」來為他們製作廣告。當我正覺得想要好好地了解園內的遊樂設施，需要有人帶領時，卻在廁所裡發現了左上角的插圖，於是設計出有史以來第一幅「來自於廁所的形象廣告」（笑）。那就是豐島雄和豐島子。輕鬆的設計讓人即使身在擁擠的大江戶線電車車廂內，也能感受園內的愉快心情，並期待下個假期的到來。（佐野）

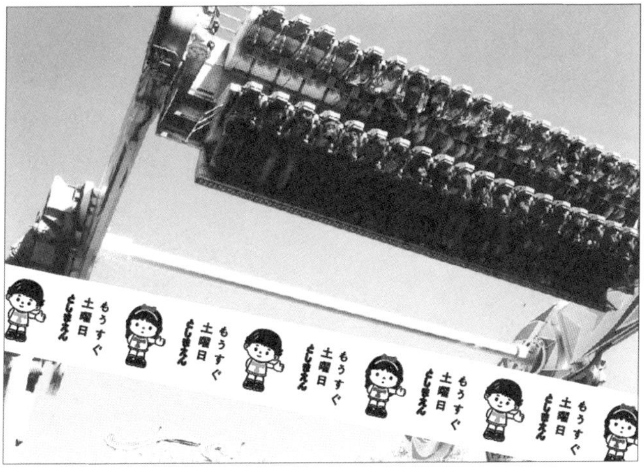

豐島園 2004～2005 年間廣告宣傳（海報）ADV：豐島園／CD+AD：佐野研二郎
C：菱谷信浩／D：岡本和樹＋長嶋りかこ＋小杉幸一／A&P：博報堂

「豐島園游泳池」消防隊員（159頁）

宣傳海報

這是我擔任美術指導以來，第一次打從心裡覺得有趣的工作。當時我還是一個菜鳥AD和同樣是菜鳥的攝影師瀧本先生，到沖繩拍攝美軍基地的人員。當時沒什麼自信的我，面對模特兒認真問我「這個廣告是什麼意思？」時，我還真是手足無措（笑）。那時我拼命地呼喊帶動氣氛，當時和現在一樣冷靜的瀧本先生則一邊進行拍攝工作。試拍的時候拍了約五十張拍立得，我至今仍清楚記得照片顯現出來時，兩人高興大笑的模樣。因為我們兩人都很緊張（因為輸贏就看這一次了），看到完美的成品時感動得不得了。這就是我既嚴苛又歡樂的AD之路的第一步。（佐野）

＊佐野研二郎的本文和合作創作者的主要解說，轉載自二〇〇六年由誠文堂新光社出版、佐野研二郎編著的《佐野研二郎的WORKSHOP》。

「来てちょんまげ」日光江戸村

海報、形象商品設計

我在下小雨的日子來到江戶村，那時看到走在外頭被雨淋溼的水戶黃門，讓人覺得有些落寞。於是在開會討論創意時，提出可設計如其他主題公園都有的形象角色。我想帶有日本風味的會較適合，於是以附近蕎麥麵店門口的招財貓為參考畫了草圖。結果米村先生和藤井先生一看，覺得這就是他們想要的，便拿去提案。眉毛是參考老家養的狗瑪麗，有了眉毛，貓也跟著有了表情，還還充滿愛心地拿慕斯順毛、修剪雜毛。

沒畫上眉毛前，其實是有些恐怖的。正式拍攝時，我們

「ニャンまげ」

我們把ニャンまげ放在跑車上載去箱根；在老家附近的醫院拍照；跟Subway的人說我們會買很多潛艇堡，請他們把地方借給我們拍照；還用傳真跟NASA借影像！我覺得自己是個衝過頭，老做白工的設計師，但奇妙的是大家都對我很好。這種莫明的衝勁也許就是我創作的原點。當時我在博報堂，因為沒有能幫忙的商品設計師，加上受到大貫卓也設計「ペプシマン」（百事人，日本百事可樂的代言角色）時所說的「我全部都要做，就是要做！」的影響，結果我包辦了一切，每天都熬夜做到次日早上。我還設計CD，還在淘兒音樂城舉辦過簽名會促銷。我在會場後面一直看著，為自己的作品加油，我應該是個會寵壞孩子的父親吧！（佐野）

日光江戶村「ニャンまげ」
CD：米村浩＋藤井久／AD+D：佐野研二郎／C：齊藤賢司／D：上野慎二／P：渡會審二

Wieden + Kennedy Tokyo 米村浩

就像迪士尼樂園有米老鼠一樣，日光江戶村的園區人員也希望有屬於自己的形象商品。記得有一次，當時年輕的佐野對著一位看上ニャンまげ手機吊飾的NTT DoCoMo的小姐搭訕說：「這可是我設計的。」兩個人還開心地聊了一下。不過這當然是在他遇上佐野太太之前的事（應該吧！）。

TBS「Tブ－S！」

形象廣告設計、海報和周邊商品

「TBS豬」是以「TBS節目宣傳代言」的角色所誕生的。我覺得它非常符合TBS的風格，因為看到打在畫面上的TBS字樣，B看起來很像豬鼻子，提案時就順便提出了「Tブ－S！」的廣告詞。為了讓它能夠成為隨著電視台節目改變（成長）的形象角色，我採取了黑白的簡單設計。目前TBS豬已成為TBS電視台的吉祥物，身為創作者覺得與有榮焉。我將TBS豬設定成生活在電視中的TBS社長飼養的寵物。因為在家看電視時老是會看到它，我經常不自覺地叫出聲來。這個作品讓我獲得夢寐以求的東京ADC賞，我到現在都還覺得意外。（佐野）

TBS「Tブ－S！」
CD+AD+FD：佐野研二郎
D：杉山ユキ／C：中村恭子
PR：前島操／PM：久田芙美代
ANIM：田村香織
TBS「チャンネル・ロック」
CD+AD：佐野研二郎
D：杉山ユキ／FD：松原弘志
PR：草間順一郎
ANIM：石田兵衛＋熊田勇
TBS「TBS之變」
CD：岡康道／AD：佐野研二郎
C：道面宣久／D：杉山ユキ＋小杉幸一
FD+PL：麻生哲郎
TBS「28℃之歌」
CD+AD：佐野研二郎
FD：松原弘志
D：杉山ユキ／C: 渡邊潤平
NA+M：つじあやの
ANIM：石田兵衛
PR：草間順一郎

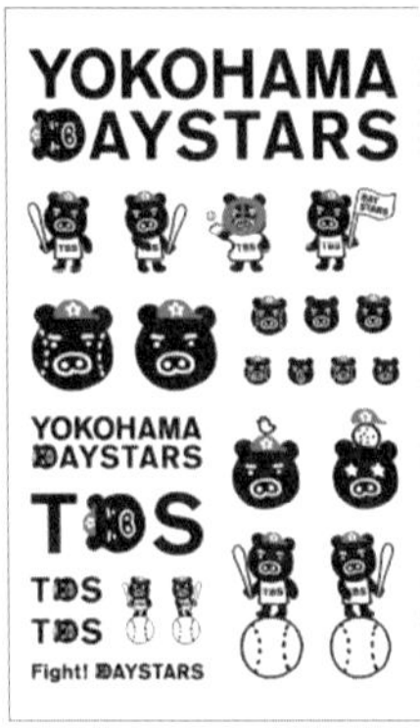

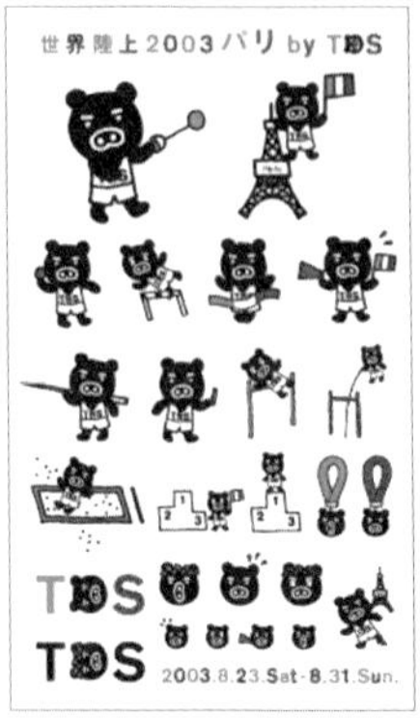

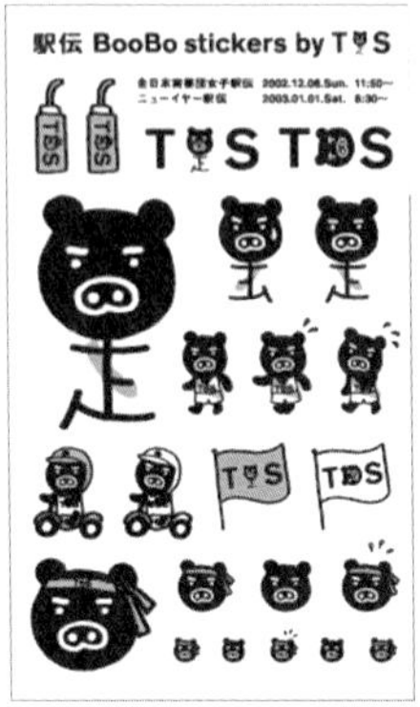

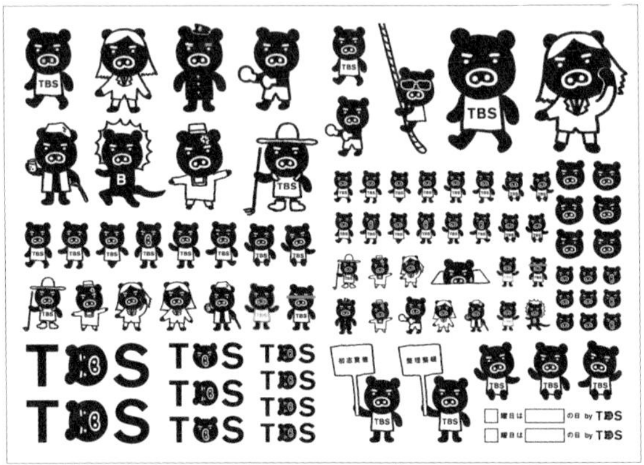

為每個節目設計專屬的貼紙和個性商品，並依照奧運的競賽項目繪製插圖。因為採用黑白為基本色，可依不同的主題變換顏色，連我都覺得自己設計得不錯。（佐野）

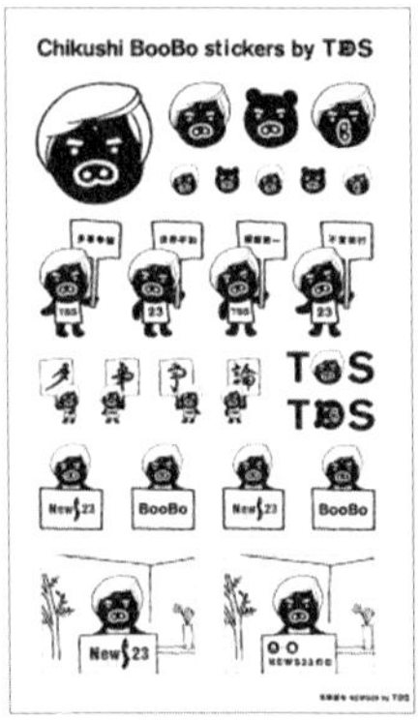

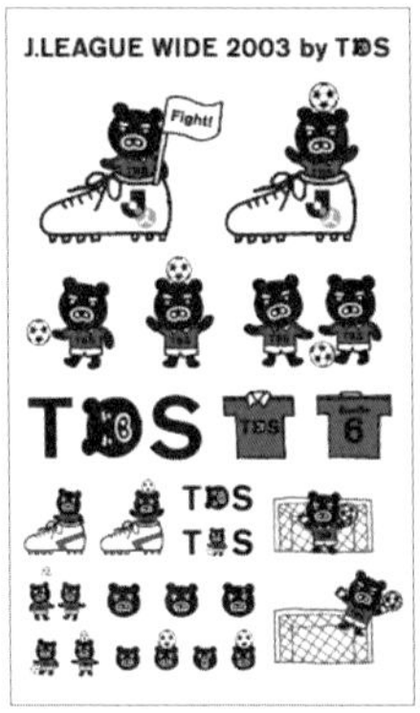

還設計了手機吊飾和垃圾袋等眾多周邊商品，垃圾袋還取得東京都的使用許可。衛生紙上則是印有每個節目的插圖。在 TBS 的網頁上可下載電腦桌布。（佐野）

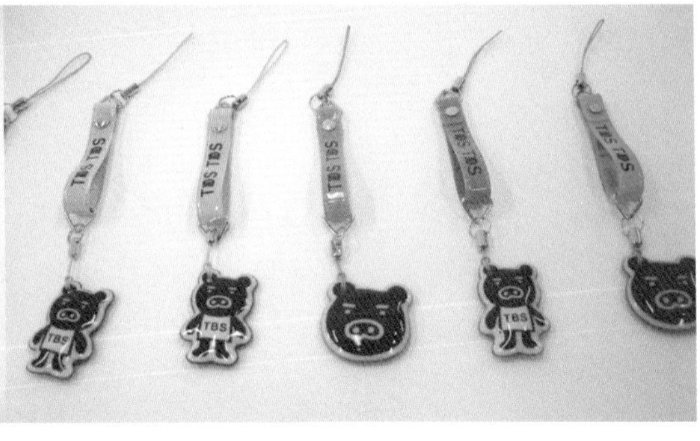

Kirin「豐潤」

包裝設計和海報

這是我和負責文案的曾原先生，花了很長時間開發的第一個商品，那就是堪稱人間美味的冰鎮啤酒「豐潤」。我們自信滿滿大咧咧地把Kirin的聖獸放在標籤上。上市當天，我們和工作人員在博報堂前的Lawson乾杯，那滋味比以往喝的任何一種啤酒都好，真是件讓人興奮的事。在那之後，我還跑到住家附近的幾家便利商店，將瓶身的標籤正面轉向朝外。（佐野）

KIRIN BEER「豐潤」
CD+AD：佐野研二郎／C+命名：曾原剛／D：岡本和樹＋長嶋りかこ／P：兒島孝弘／FD：小島淳二／PR：大平崇雄／PM：小林伸次

博報堂 川又昌弘

這個商品花了兩年的時間才上市，我們每天協助KIRIN BEER的商品企劃人員，百折不撓地不斷嘗試錯誤。包裝也和最初設計的愈來愈不一樣，這就是佐野厲害的地方。他將所有人的意見轉化成正面的能量，不斷讓自己的設計加強進化。最後終於完成大膽使用KIRIN聖獸作為標籤的「豐潤」包裝設計。透過這次的合作讓我深刻了解到這就是佐野式設計的精髓。

文案 曾原剛

這次的企劃案不只是一般的廣告宣傳，還包括商品企劃、商品命名和包裝設計。而且難得地能夠和KIRIN BEER的夥伴們慢工來磨出細活。我到現在還經常會想起，那時一群人在半夜喝著啤酒，彼此討論著說：「這麼好喝到想要讓人一飲而盡的啤酒，即使再貴一點也沒關係。」那種大家充滿自信的心情。

Laforet Grand Bazar

二〇〇四年夏天「花火」

圓柱橫幕掛布、海報

我在川崎的倉庫爬上高達二十二公尺的吊車，由上往下拍攝我請藝術大學學生排列的六千件T恤。之後的電視廣告也是在這用單格動畫拍攝。工作結束後和同學們一起去吃的烤肉，回想起來簡直是人間美味！整個過程就好像園遊會，創作的樂趣，總是伴隨著過程中緊張的氣氛最後到來。每次只要結果超過我的預期，都會讓我興奮不已。（佐野）

博報堂 宮坂隆行

原宿 Laforet 百貨每年都會為了收集創意，找來多位創意工作者提案比稿。他們在業界是出了名的重視創意，過去也曾有多位著名的創意工作者在此留下大作。雖然廣告公司在製作廣告上具有各種功能，但企業主需要的是製作能力和藝術創造力。因此業務在考量下，當然會希望採用強而有力的創意工作者。這時創作者必須提出品質和風格兼具的企劃案，以符合企業主希望廣告能在媒體上大量曝光，但提供的經費卻十分有限的條件。為了預算，業務成了企業主和創意工作者間的夾心餅。如果出現虧損，以後的生意就不用談了。面對如此嚴苛的條件，沒有幾個設計師有辦法屢戰屢勝，而佐野研二郎則是結合業務和作品，能以科學的方法解決問題的稀有設計師。

Laforet Grand Bazar
二〇〇四夏季「花火」
CD+AD：佐野研二郎
D：岡本和樹＋長嶋りかこ＋鈴木亞希子
P：山本光男／FD：田中秀幸／PR：保坂曉

franc franc「UMO PROJECT」

PIGMUG 馬克杯和便條紙

有一天我在搭計程車的時候，突然很想舉辦個展，於是打電話給位於表參道上，之前我已注意很久的 Gallery ROCKET。我將展覽方式設定成像是 Franc franc UMO 的展示櫥窗，但想要再增加一些趣味，於是就把家具和商品的擺設方式，弄成看起來像是旋轉了九十度的房間。工作出乎我意料的繁複，我們一直忙到半夜，完成後因為太高興了，竟然當場就和岡本還有小杉喝起為明天開幕準備的啤酒，結果到了第二天正式的開幕酒會時，我們幾個人都嚴重宿醉……。這場展覽除了 2D 的平面設計外，也非常重視空間感的表現。這個企劃案後來延伸成「GINZA SALONE」的展覽。（佐野）

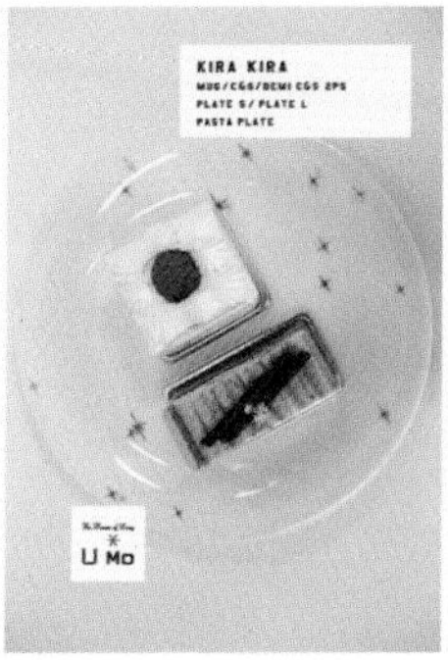

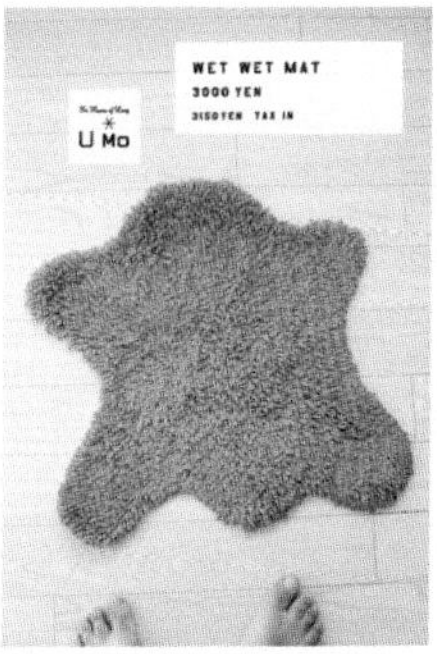

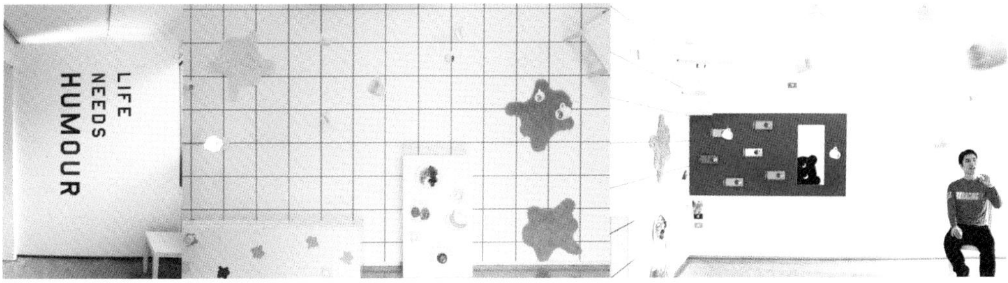

Gallery ROCKET「SHOW ROOM：U×MO PROJECT BY KENJIRO SANO」
AD：佐野研二郎／D：岡本和樹＋小杉幸一／協力：木寺力

設計師　岡本和樹

這次的展覽充滿佐野簡潔流行的魅力。整個藝廊彷彿就像一幅畫作，不枉花了那麼大的力氣，以反重力的方式布置這些作品。到了半夜結束所有的工作後，我、佐野先生和設計師小杉，原本只是想喝一杯慰勞一下，不一會兒卻發現身邊的啤酒罐堆得像小山一樣高。開幕的前一晚，佐野先生是在博報堂的廁所度過的。

「世界柔道二〇〇三」日本柔道聯盟
只提了一個標誌的設計案就入選

他們一開始找我討論的時候，那時還沒有標誌，我回到辦公室後馬上就著手設計，才花了不到十分鐘就完成，而且確信就是這個設計。雖然只有一款設計，但公司內部和柔道聯盟立刻通過。後來我才知道即使沒有比稿，只要設計夠優秀還是會獲得客戶的青睞。當我親眼看到標誌變成金牌掛在谷亮子選手的脖子上時，感動得渾身起雞皮疙瘩。順帶一提，即使只是練習，谷小姐也比其他人認真，一流的選手果然還是得靠努力。（佐野）

日本柔道聯盟
「世界柔道 2003」
CD：千葉篤
AD+D：佐野研二郎
C：齊藤賢司
D：武田利一
P：川內倫子

au by KDDI
直到完成「LISMO!」的設計

要如何以設計來表現線上音樂這種新形態的服務呢？此時佐野獨特的方法論「將企業、商品和服務內容都角色形象化（icon化）」變得非常清楚。

從結合「LISTEN（聽）」和「松鼠（日語發音接近LISTEN）」半開玩笑似的命名開始，他將廣告、網路和各種媒介等所有服務加以統整。在二〇〇八年初春的宣傳活動中，實現了「LISMO!與EXILE」共同演出的可能，並造成相當的話題。

［採訪撰文：大城讓司］

KDDI「LISMO! au LISTEN MOBILE SERVICE」
CD+AD+I：佐野研二郎
C+命名：嵐田光
D：榮良太+服部公太郎
KDDI「LISMO」
CD+AD：佐野研二郎
D：榮良太+服部公太郎

KDDI「LISMO!」
從角色的設計到電視廣告、網路、各類廣告和商品

我們每個星期都針對KDDI的音樂服務進行腦力激盪。而「LISTEN!松鼠」的設計獲選，讓我們負責的部分更擴大到「LISMO」的命名、角色設計和服務，這對我而言是一份非常重要的工作。除了電視廣告和網路之外，我還負責設計MUSIC PORT/PLAYER等LISMO服務的介面和標誌。

宣傳部和內容事業部門對我的信賴成為積極的壓力，讓我能完成包括商品在內，以及整體服務內容的美術設計，我非常慶幸自己從事設計工作。（佐野）

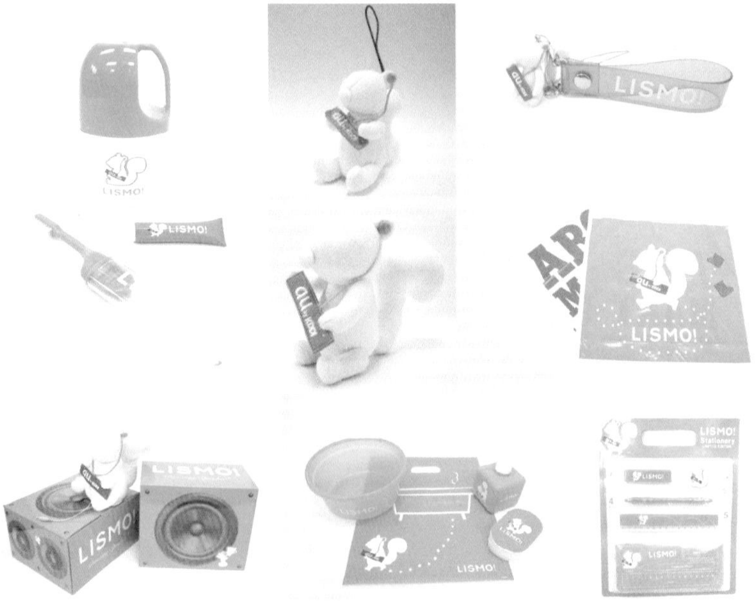

KDDI「LISMO」
CD+AD：佐野研二郎
D：榮良太＋服部公太郎

我幾乎每天都要交 LISMO 周邊商品的設計稿，或是要去進行商品的校色。LISMO 在全國各處都有專門店，每次聽到生產的數量都會讓我大吃一驚。當在街上看到有人使用相關手機吊飾或扇子時，我當然還是很高興。每回出去拍外景，無論是北海道、沖繩或四國，只要知道當地有 LISMO，我都會很開心。與其說它是形象商品，我其實是把它設計成具有人格特質，所以希望它慢慢地成長，不會被大家厭倦。（佐野）

KDDI 株式會社　行銷本部宣傳部長　村山直樹

我希望能夠創造「以手機聽音樂」的新世界觀。為了實現這個想法，「LISMO」這個案子是本公司首度嘗試在商品企劃的階段，就邀請廣告的創意工作者參與。在接觸了佐野先生以往的作品和認識他之後，我們很確信一定要他來執行這個案子，也很榮幸得到他的應允，這正是今天「LISMO」成功的原因。在現今這個資訊情報量極大的時代，平面媒體簡潔的呈現方式，反而具有極佳的廣告效果，並能夠在瞬間建構出 LISMO 的世界！我要對長時間致力於平面設計的優秀創意工作者們表示感謝！

廣告文案　嵐田光

在尚未決定 au LISTEM MOBILE SERVICE 這個名字，也不知道要不要製作廣告時。某次 KDDI 的負責人正為我們說明新的音樂軟體，只見佐野先生開始在記事本上不知道寫些什麼，我好奇地看了一眼，發現他畫了隻很可愛的松鼠。這個人為什麼在說明會時塗鴉畫松鼠呢？結果他在旁邊寫了 LISTEN。哦！原來是 LISTEN 的松鼠！原來如此！他已經完成企劃案了！這隻誕生於說明會中的松鼠，日後在大家的小心培育下，搖身一變成為有模有樣的 LISMO。我這個文案只負責在松鼠（日文發音為「LISU」）的後面加上「MO」。

GINZA GRAPHIC GALLERY
第二五五屆企劃展
「佐野研二郎 GINZA SALONE」
GALLERY TALK
佐藤可士和 × 佐野研二郎

強而有力的交流

佐野 雖然會期是一個月，但與其說是一個月結束，我希望能夠從此衍生出企劃，創造一個新的開始。我把「GINZA SALONE」當作商品的展示場，並請franc franc（生活雜貨品牌）的人來參觀，希望將它商品化。這次「GINZA SALONE」企劃的目標是希望能夠在「Milano Salone」或MOMA舉行展覽。難得有這個機會，想請教一下佐藤可士和的意見。

佐藤 請教（笑）？真是太了不起了！我去年也在這裡舉辦過個展，聽說你也要辦，我心想你難得開個展一定很精采。不過也覺得你還真是自找麻煩呀（笑）！一定很辛苦吧！

佐野 過程很長，很辛苦。就像我想要長得像蛋糕般（在紙張的側面印刷）的三角形便條紙，但幾乎所有的業者都不願意做。大概日本所有的印刷公司都沒人做過吧！因為實在沒辦法，我只好拜託中國人開的印刷公司，只有他們馬上說「沒問題！」（笑）。

佐藤 不過，我從最早聽說這個企劃展，到現在實際看到展覽，才比較清楚你到底想做什麼。你在博報堂平常應該就很忙，為什麼還要做這些沒人要你做的事呢（笑）？這就是你厲害的地方。這就是你！喜歡多做一些額外的事！

佐野 從好的方面來說啦！

佐藤 當然是從好的方面來說（笑）。最具代表性的例子就是「合格人」，這個應該要說明一下（笑）。

佐野 當我考上多摩美術大學時，當然是有人恭喜我啦！可是我希望能夠再熱鬧一點。所以就和目前在吉卜力工作室裡一個名叫田村的人扮「合格人」，他扮「合先生」，我扮「格先生」，在帽子上寫「ＯＫ」。在放榜前一天熬夜割紙，將「合先生」和「格先生」貼在一起，然後用拍立得拍照（笑）。

佐藤 是全身穿著白色緊身衣對吧！

佐野 是全身穿著白色緊身衣沒錯（笑）！結果半路上我們還恭喜了落榜的人（笑）。「合先生」和「格先生」還吵架！整個風評還算不錯！

佐藤 真叫人不敢相信，所以我才會覺得震撼。因為我完全沒有這種「興趣」

一樓〈佐野研二郎展 GINZA SALONE〉展示作品。桌子上擺放的是在中國進行側面印刷的便紙條 SHORTCAKE、KAKUZAI、BUILDING 等。（攝影：藤塚光政）

（笑）。

佐野 差不多在那個時候我也被你嚇了一跳。當時我對朝日廣告賞和每日廣告賞非常著迷，一年大概交出二十個作品參賽吧！結果全部落選（笑）。那時我跟你說：「我做了這些事。」你說：「你是笨蛋嗎？你到底入圍幾個。」我說：「一個也沒有。」你還說：「你到底在想什麼！」

佐藤 應該說你是稀有動物嗎？如果還是學生就算了，都已經進了博報堂，應該有一堆廣告要忙，都已經忙不過來了，還做這些？這種人真的很少見。我在博報堂待了十一年，大概只有你幹這種事吧！與其說你是在做一些沒人要你做的事，我反倒是佩服你精力旺盛。很辛苦吧！

佐野 是很辛苦啊！

佐藤 而且沒人要你做。

佐野 就是呀！因為我希望自己的作品有意義，有一回在馬克杯上畫了豬鼻子

地下一樓的展示作品。從任職博報堂時設計的「とろっ豆」和KIRIN「豐潤」的標籤設計，
到「LISMO」、「ニャンまげ」、「Judo」等眾多種類作品。（攝影：藤塚光政）

拿到 franc franc 去，結果他們把它做成商品來賣了。

佐藤　努力得到回報了。

佐野　是呀！第一次。所以我很慶幸自己持續創作。

佐藤　想想我們已經認識十一年了，雖然知道你設計的角色以及對設計的品味，有你個人獨特的風格，但這回參觀過你的個展，我才真的覺得你這種就算沒人拜託，還是在不斷地發想創意、創作實物的方式，才是你的風格，所以才會這麼有意思。哪一種比較好我不知道，不過我沒有你那種體力。你真是精力旺盛。無論是ADC或TDC，你都不斷拿出作品參賽，我才會覺得「這傢伙！究竟在搞什麼？」（笑），心想如果有時間做這些事，還不如好好做點正經事。

佐野　週末我經常到公司去，有時還會拿著肉塊用各種不同的方式去掃描看效果（笑），也許是因為太閒吧！

佐藤　不！不是因為太閒吧。換作是我也不會想去做那些。我想也許你只想創作，並不想做平常所做的廣告工作……。

佐野　不！我不是要逃避那些。只是想嘗試一些不同的作法。因為日常的工作有各種的限制，而我喜歡一邊修正一邊創作。在無法找藉口的情況下創作，才可以徹底發揮自己的實力。

佐藤　沒錯！

佐野　這麼說實在讓人不好意思，兩種都做感覺會變得比較厲害，我是屬於運動型的，就是那種熱血青年。

佐藤　以後呢？以後也還是這樣嗎？你以後想做什麼呢（笑）？

佐野　這個嘛……

佐藤　這個很重要。

佐野　雖然話題變得很嚴肅，不過我希望能夠創造明快的溝通。雖然這是理所當然的事，不過就算不是廣告，像這種小型的平面設計展或是別的創作形式也都可以。我希望我的創作不是轉眼即逝，而是能夠長久保留的。

有功能的廣告

佐藤　那麼，廣告呢？廣告在一定的時間就會消失，你又是怎麼看呢？

佐野　那就想辦法讓它的壽命延長，可以創造一個大的架構。以前我嘗試美化報紙廣告的排版，但與其如此，不如去思考根本的問題，比如說如何讓車子看起來更有魅力。如果不這樣做的話，就無法達到溝通的意義。以前你常跟我說「佐野的沒有功能」，功能、功能講久了，晚上我都會認真思考「什麼功能」的問題。

佐藤　這是在什麼時候？是做「豐島園」那時候嗎？

佐野　我以為「豐島園」會讓我贏得大家的讚美，結果並沒有，害我窩在只有六個榻榻米大的宿舍裡喝悶酒……

佐藤　嘴裡還罵「可惡」嗎？

佐野　可惡！天亮之後，我開始發現許多問題，腦海中響起你的話「功能！功能！」（笑）。開始思考要如何才能更加引人注目，與其使用微妙的中間色不如用黑白兩色，或要怎麼做才能讓人印象深刻之類的。所以設計ＳＭＡＰ廣告使用三原色的方式（佐藤可士和所設計的ＳＭＡＰ廣告）讓我非常驚訝。

佐藤　那時做到最後的時候，你有去印刷廠看最後的校正嗎？

佐野　當時我嚇了一跳。整面塗得不是大紅色就是黃色，字體也很普通，卻明顯地和傳統的作品不同，實在太棒了。這讓我受到相當的震撼，也讓同為美術指導的我大開眼界。

二〇〇七年九月十三日

森本千繪

感覺像是為了生存而創作

森本千繪　MORIMOTO Chie

［簡歷］1976生於東京，1999年自武藏野美術大學畢業後進入博報堂，2002年以Mr. Children的電車車廂廣告榮獲東京ADC賞；2003年上市的「8月的Kirin」發泡酒是她的首件包裝設計作品。2007年5月自博報堂離職，成立「goen°」。近期的作品有日產「NOTE」、大日本油墨化學工業等。另外，她也擔任Mr. Children、Salyu、坂本美雨等歌手的平面設計，以及為CONDORS拍攝PV。

獨立的理由三部曲

——您在今年（二〇〇七）年五月成立「goen°」，因為距今未滿半年（採訪時），我想請您談談獨立創業的經過。

森本　我獨立創業的決心，是在今年一月一日搭機前往夏威夷拍攝外景時，在飛機起飛的瞬間決定的。在那之前，自去年的十月後正好陸續發生了幾件事，而那些事正是讓我產生這個想法的原因。主要的理由，可以三部曲來說。

——三部曲？

森本　那就是我的車有一天變成了森林，還有祖母過世，以及我為Mr. Children設計的「HOME」專輯。

——您可以依序跟我們談談嗎？首先是您的車變成森林這件事。

森本　那是在去年十月的某一天，我到立體停車場準備開車時，發現駕駛座變成綠色，原來是發霉了。

——我想也是（笑）。

森本　這輛車我開了十年，從學生時代一直到去年，我幾乎每天開，是我的愛車。在最早我以進入博報堂為目標的時候，就常在車子裡思考創意，也喜歡在車子裡和大家談心。我非常喜歡接送朋友，我想如果我沒做設計，也許會去開計程車。

——您這麼喜歡車？

森本　我喜歡車子裡的空間。對我來說，那是個非常重要的地方。

——結果重要的地方變成森林了……

森本　我知道原因。因為我的車是輛敞篷車，大概在兩星期前，因為想在雨中奔馳，明明下大雨我還把車篷打開，車子才會因為溼氣而發霉。雖然了解發霉的原因，但當我看到車子變成森林的那一瞬間，我覺得它死了。

「Mr. Children」Mr. Children
沖繩的防波堤，在當地居民的協助下完成的作品。外景行程十分緊湊，僅有一天放晴可供拍照。

「IT'S A WONDERFUL WORLD」Mr. Children
為二〇〇二年五月上市的專輯製作的宣傳廣告。
電車車廂用的吊掛廣告，設計使用充滿涼爽感的透明蕾絲花樣，引起不小的話題。

那時候停車場寂靜無聲，像是個徵兆，讓我覺得好像有什麼事情要發生了。

——您的祖母也是在那時候過世的嗎？

森本　是啊！如果依照時間的先後來說的話，首部曲是我的車變成森林，二部曲是祖母過世，三部曲就是Mr. Children的「HOME」找上門來。

——您的祖母是個什麼樣的人？

森本　她是個非常自然而且感情豐富的人。她是插花老師，年輕的時候和祖父

經營洋裁店，我就是從布料來學習分辨顏色的。我非常喜歡她，我們感情很好，並且非常尊敬身為女人的她。她從來不對我說「不可以」，比方說她為了讓我學習不包尿布（笑），和祖父準備了如彩虹般各式顏色的內褲，讓我自然想穿它們。她從來不會用斥罵來教導我。

——真是個了不起的祖母。您覺得您有遺傳到她什麼嗎？

森本　這個嘛……，如果有就好了。

——可惜她已經離開人世了。

森本　答案好像一個個地打開了。其實，我一直很認真地深思這些事情之間的關係。在那同時，我也正在進行Mr. Children「HOME」專輯的設計工作。

——家、家族、所愛的事物。給人一種隱喻的感覺。

森本　櫻井和壽（Mr. Children的主唱）在提到「HOME」專輯中所收錄的〈彩色〉這首歌時曾說：「以往我們一直想將重要的訊息傳到遠方，但在這次的「HOME」中，我們希望能夠在平凡無奇的生活中，將重要的訊息傳遞給眼前重要的人。」櫻井先生的話讓我心有所感。雖然在祖母過世的時候這麼說或許有些不妥，但人終究要面對生老病死，我希望能夠具體呈現自己在這種情況下活著的事實，所以才會想出「HOME」的家譜圖概念。

——這個設計和「HOME」這個字的關係，是非常具有象徵性的視覺效果。

森本　我們決定在夏威夷茂伊島拍攝這支音樂錄影帶，出發日是一月一日。

連接故事的設計

——您之前和Mr. Children合作過？

森本　最初我是擔任他們二〇〇一年精選輯的廣告美術指導，那次的經驗也很有趣。一開始是一位熟識的上司讓我看了一張防波堤的照片，上頭畫了許多色彩繽紛的圖，雖然這是我第一次看到這張照片，感覺卻很熟悉，我直覺認為就是它了。那是張沖繩防波堤的照片，上頭的圖是附近一對姐妹所畫，我一聽說她們是為對面看得見防波堤的醫院所畫，就決定一定要去趟沖繩，一定要找到她們。

——不是她們不行嗎？

森本　不行！因為照片是一切的開端。

——您找到這

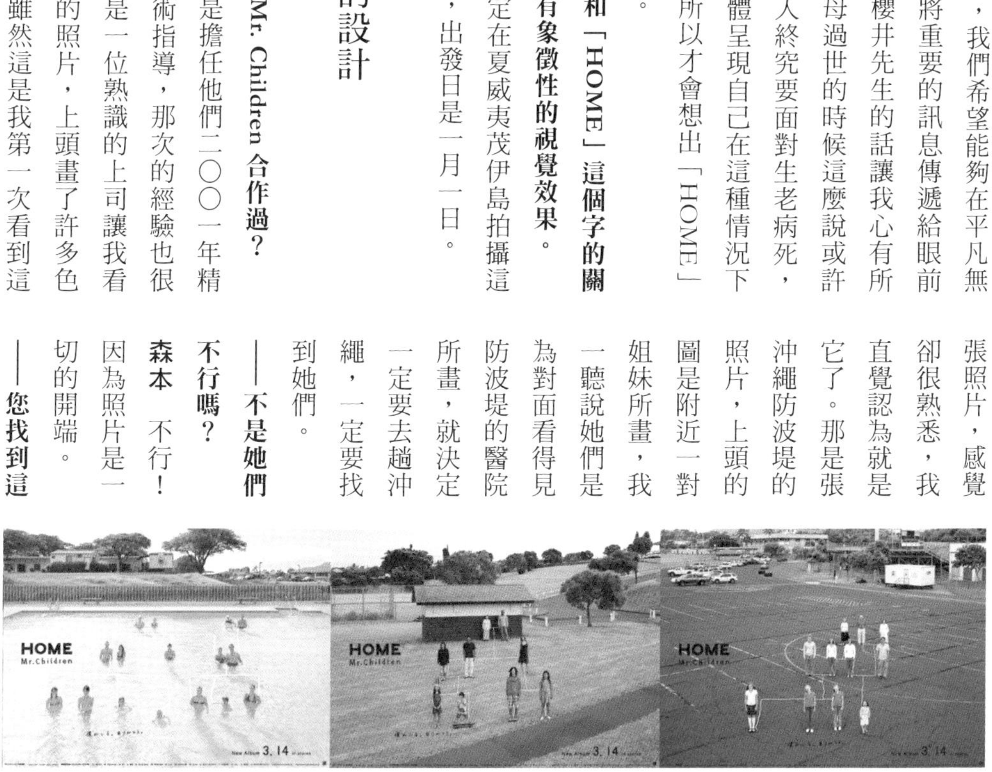

「HOME」Mr. Children

對姐妹了嗎？

森本　找到了！她們雖然比當初畫防波堤時長大不少，但我請她們重現當時的情景。她們用手指沾顏料作畫。因為之前是這樣畫的，所以這次也這麼做。到了晚上當地居民幫我們噴上防水漆，還幫忙撐了一晚上的傘來保護這幅畫。

——這個廣告背後的故事還真豐富。

森本　「IT'S A WONDERFUL WORLD」的電車車廂廣告也是很重要的作品。當時正好發生911恐怖攻擊事件，大家的心情都很低落。我想如果能讓每個人振作一點，放鬆心情的話就好了。所以才想運用蕾絲的設計，將大多數人常會使用的電車空間呈現出通風良好的感覺。

——男人應該不會想到用蕾絲吧！

森本　我用電話簿找人幫我做蕾絲。我翻開電話簿，然後打電話給看到的第一個蕾絲師傅。

——還真是冒險（笑）。

森本　結果找到一位姓德田的師傅。我去找他，他一見面就給我一本很厚的蕾絲史書說：「可以先讀一下這個嗎？」

——他還真了解情況（笑）。

森本　他因病休息了一陣子，打算把我的工作當作重回職場的第一步。他認同我的主題，幫我做了非常精緻的蕾絲。

——這幫您拓展了人際關係，該說是一種無法預料的邂逅嗎？

森本　我那時候才發現，把這樣的故事活用在設計中是非常重要的事。在那之前我只想趕快成為美術指導，趕快得獎。但當我了解只要連結日常生活中一些瑣碎的事物，就能夠完成讓許多人覺得舒服的設計，我因此輕鬆許多。

——這說不定也拉近了彼此的關係的。

森本　不可思議的是愈自然的作品，獲得的評價愈高，還真是有趣。

事情的連結成為助力

——聽您這麼說，讓人覺得您是個非常能夠坦然接受，或者該說是對事情的發展很敏感的人。

森本　關於如何去面對事情的發展，母親的話對我幫助很大。無論是車子的事，或是祖母過逝心情低落的時候，母親都告訴我要「順其自然」。「結束的事自然有它要傳遞的訊息，一味地挽回已經結束、不得不放下的事，就無法往前走」。被她這麼一說，我整個人才放鬆下來。心想如果沒有發生車子和祖母的事情，我自己或許無法作決定，背後的這股力量讓我趁

著這個機會獨立創業，這需要很大的勇氣，讓我想踏實地嘗試看看。

——無論是您的祖母或母親，你們森本家的家風還真是了不起。

森本　我到現在還是很喜歡博報堂這家公司，但我在稍早之前就一直問自己那是我的「HOME」嗎？我希望能夠放大圓規半徑畫出更大的圓，為眼前的人設計重要的東西。這樣的想法和不可思議的力量，一起湧現推動著我。

——您在重要的時刻都能得到親人的幫助，我認為這也是你們之間有著緊密連結的證明。您是屬於個性溫和的人嗎？

森本　我也不知道。一直到國中，我都很喜歡數學，或許該說是相信邏輯至上。我比較喜歡能夠套用公式馬上得到答案，覺得察言觀色很麻煩。但在我為了要報考美術大學，進了造形學校後開始有了改變。我受到那裡的學生很大的影響，他們都有自己的一套答案，怎麼想就怎麼回答。雖然只有十五、六歲，但和他們交談，會讓人覺得這個世界是可以改變的，當時的我非常快樂。

邂逅是發明

——訪談進行到這裡，終於能夠返回原點。您為什麼想要成為美術指導呢？

森本　因為我想要製作廣告。國三時，當我看到斑尼頓利用戰死士兵的制服製作的廣告，還有蘋果電腦「Think different」的廣告時，受到不小的刺激。應該說是他們的表現方法嗎？我被他們能將訊息傳遞給眾人的作品深深吸引。

——您對藝術創作沒有興趣嗎？

森本　我也喜歡藝術創作，但欣賞的人有限，必須到美術館去才行，這和我想要的東西有些不同。廣告是免費的，你可以在電視或看板上看到。我問父母要怎麼樣才能製作廣告，他們告訴我廣告是廣告代理商做的（笑）。

——結果您如願以償進入博報堂工作，雖然創作了不少作品，但對於製作廣告您最在乎的是什麼呢？

森本　因為商品不一樣，有各自要傳遞的訊息，所以並沒有通用的方法。但我每次都會想辦法提出自己能夠接受的作品，並設法從各個角度來加以確認。

——即使只是心血來潮，只要有把握，您就能夠彈性地採取行動，就好像無論如何要找出沖繩那對姐妹花。

森本　沒錯（笑）！根據我的經驗，這個有把握的部分就是你要傳達的訊息，廣告其實就是溝通的一環。因為人原本就是不自由的生物，隨時都在尋找溝通的管道。我想要找到並創造出兩者連繫時產生的喜悅，也希望廠商的商品能帶給人們愉悅的生活。

——連繫和喜悅是重要的關鍵字。

森本　我雖然說要創造喜悅，但那是需要相當的創意和努力，行動也非常重要。採取行動後所產生的摩擦會形成一種邂逅，這樣的邂逅就是一種發明。原

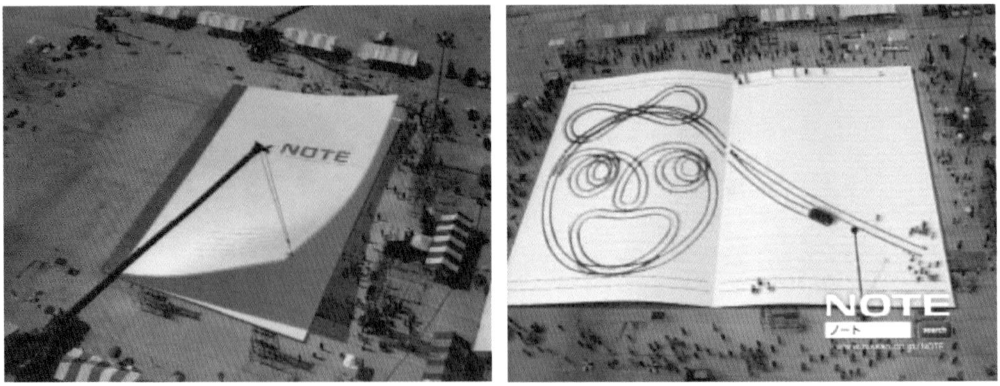

日產 NOTE「自由帳」編／日產自動車
讓真實的車輛在巨大的筆記本上行駛，以圖畫的方式呈現輪胎軌跡的夢幻廣告，是森本千繪少見的大型作品。

本在不同地方的東西，經過彼此連結後成為一種新形式，這件事本身就是發明。所以我最喜歡透過諸多邂逅，創造出前所未有的發明。

八月的 KIRIN／麒麟麥酒
二〇〇三年的夏季限定發泡酒，由大塚いちお負責插圖，我們倆合作包裝設計和宣傳商品。此外，因為使用了兩百二十張學生的手稿作為設計，在當時也成為話題，並榮獲二〇〇四年的 JAGDA 新人賞。

——因為不斷的發明，您最近也開始跨足美術指導以外的工作。行動電話的概念建構也是行動之一。

森本　除了產品設計外，我也針對 au 行動電話提出新的 UI（使用者介面）設計提案。產品設計的概念是當天天空的模樣。因為當人們開始攜帶手機後，仰望天空的機會就變少了，我希望手機上可以呈現天空的樣子。用設計讓人們真實感受到手上呈現的天空，和其他人手上的天空是相連結的。

——手中的天空。充滿了故事性。

森本　我現在最期待的是明年夏天即將舉行的橫濱環境會議。我和 Mr. Children 的製作人小林武史先生，希望能夠針對未來或環境問題，結合藝術和企業，讓兩者朝向相同的方向發展。因為要如何發展都還是未知數，非常值得期待。（以下省略）

［撰文．田村十七男／轉載自梱出版社出版的《Real Dsign》雜誌 二〇〇七年十二月］

那時那刻
長篇訪談　森本千繪

你懂嗎？你不懂嗎？不懂的孩子們

「不知道為什麼，我還曾經出現在澤田研二巡迴演唱的海報上……」

——您是在這附近（碑文谷）出生的嗎？

森本　我是在青森縣三澤市出生的。我的外祖父為三澤基地的美軍做制服，所以我才會出生在三澤。因為父親在演藝圈工作，經常不在家，母親有一段時間幫父親的忙，只好把我託給外祖父母照顧。上小學後，只要是放假我都會去找他們，所以一想起小時候的事，幾乎都和青森有關。連我初戀的對象，也是外祖父家隔壁的小武（笑）。

因為我的父親是澤田研二的經紀人，我小時候還擔任過他巡迴演唱會宣傳海報上的童星（笑）。當時的我不擅長和人交談，也很怕生，還被打扮得怪里怪氣，現在看到那時拍攝的照片，還會覺得自己不知道在幹什麼，真是丟臉。

我和外祖父的感情很好，教我唱歌和跳舞的人也是他。還記得我最早學會的一首歌是〈You are my sunshine〉。當時我經常會把抓到的瓢蟲或蝴蝶，偷偷放進外祖父喜歡的帽子裡，然後等著外祖父來罵人。我會在外祖父身邊看他做衣服，店裡的師傅還會幫我做暑假作業，也會陪和我玩。

——您會從事現在的工作，是不是因為受到外祖父的影響？

森本　我倒覺得是因為我是獨生女，父母非常寵愛我，因為沒有兄弟姐妹，經常自己一個人玩。我從小就畫畫，自己開發很多遊戲，父母看到時會稱讚我，愈被讚美我就愈得意，愈努力畫（笑）。比方說在學校戲劇社的時候，我會編寫男女角色對調的劇本或歌曲，還會想動作，但自己卻躲在幕後看。玩遊戲的時候，我也喜歡思考「如果這麼玩會更有趣」，一想到新點子就會告訴大家，自己卻不加入，待在單槓旁看。淨是做這些事！

澤田研二的巡迴演唱簡介。當時五歲的我脖子和腳被綁上繃帶，手上拿著拐杖當模特兒。

小學一年級的暑假作業，畫的是住在星星之國的兩姊妹的故事，我負責故事和圖畫，外公和其他人幫我做成繪本。

「我父母應該是世田谷區，豎起十根手指數來，前幾名過度保護女兒的可愛父母吧！」

——您從小就喜歡畫畫嗎？

森本　畫畫可以隨心所欲地將想像或妄想的世界表現在紙上，也是最適合一個人玩的遊戲。因為我喜歡胡思亂想，經常把自己當成主角，畫「與新奇生物的邂逅」或「為了拯救某人而勇敢出戰」的圖畫（笑）。我只要把圖畫加上故事拿給父母看，他們每次都會稱讚我。

我的父母大概是世田谷區，豎起十根手指數來，前幾名過度保護女兒的父母吧（笑）！直到現在，我父親還會隨身攜帶我的報導或展覽的剪貼，只要我設計的海報貼出來，他一定會去看，還會在海報前拍照留念。如果是電視廣告，他就會在電視前等著看，當然絕不會忘記錄影（笑）。

——有這樣的父母不會讓您覺得有負擔嗎（笑）？

森本　完全不會！我已經習慣了。因為他們會和我一起玩，我甚至覺得我母親是最好的女性朋友，他們只希望我能夠笑著過日子，不會特別給我壓力。

尤其父親是個熱情過頭的人，他和森田健作（日本的熱血演員，後來進入政壇，於二〇〇九年當選千葉縣知事）一樣，非常喜歡「夢想」或「青春」這些字眼。他常說：「你要做能帶給人們夢想的事。」所以我只要把想法畫出來，他就會說「千繪，你一定要把它實現，取悅更多的人」，或是「把它做成繪本出版吧！」之類的，他凡事都正面思考。

他還會到我工作的地方或公司，跟我的同事說「我女兒麻煩各位照顧了」。有不少客戶或編輯在認識我之前，已經和我父親共事過，大家都苦笑著跟我說「我們經常聽你父親提到你」，這時候我都會非常不好意思，哭笑不得地跟大家說「不好意思！請多指教！」（笑）。

我母親也是非常有趣的人。她其實是活在幻想的世界，和我父親正好相反。每天在家看兩、三部電影，是她固定的功課。她非常相信宇宙、前世或邂逅這些事，我只要跟她談到愛情或工作上的困擾，她都會從這些角度給我建議，但都是參考她看過的電影（笑）。

直到現在我只要一完成作品，都會先拿給他們看。甚至有時還只是在草稿或排版階段，他們提供的意見都非常自然而不做作，也非常值得參考。

「繪畫改變了我」

——請您談談讀小學時的情形。

森本　我從幼稚園到小學一年級，都是個「我行我素，腦子裡不知道在想什麼的孩子」，好像也沒有朋友。有時莫名奇妙一直哭，有時候又一直傻笑。在外頭幾乎不說話，在家卻喋喋不休，只要出了門就不說話。我並不是不想說話，而是說不出口。上小學後，我沒辦法在大家面前自我介紹，也無法適應知道答案就舉手的上課方式，只是發呆看著窗外……，無法理解一般小孩自然融入的社會體系，老師也常跟我母親說：「我搞不清這孩子是聽懂了？還是沒聽懂？」那樣的個性有時就會被欺負。

——這樣的情形持續到什麼時候？

森本　大概到小學三年級左右吧！因為我是基督徒，曾經在教會的主日學當過大姐姐，我在那裡學會許多事。當時很流行「筋肉人」（キン肉マン）這部漫畫，上主日學時一直聽其他小朋友說，所以我能夠背出所有出場角色的名字，甚至是以像連踢般的速度完全背完，讓其他男同學刮目相看（笑）。

此外，在我的數學筆記上，所有的算式都被我畫成圖畫，我不但素描老師上課時的模樣，還用樹木或蘋果來計算三位數的算式，畫得整本筆記本都是……。我雖然很奇怪，但老師在同學面前稱讚我，還送我他製作的獎牌，讓我非常高興。原本在班上像幽靈般行為詭異的我，開始給朋友看我的筆記本，還幫大家的照片製作相框，或在書桌上塗鴉。小時候就這樣很單純地和別人交朋友。更好笑的是，這讓我誤以為自己數學很好，還打算考理工科。但由於數學的答案只有一個，當我知道無論是誰的答案都一樣時，突然覺得這是件很無聊的事。這個時候，由數學老師那聽說有學畫的學校，這讓我十分意外。於是進了代代木造形學校，這所準備考美術大學的補習班上課。因為覺得很有趣，我從國二那年冬天就開始去上課。

——您身邊都是大哥哥、大姐姐吧！

森本　老師們也覺得很意外。自己明明只覺得好像是來上鋼琴或游泳課，但四周卻都是想要報考美術大學的人。開始上課後，因為大家都和我一樣，我突然多了好多朋友。結果，我在代代木造形學校總共上了五年。由於高一的時候就

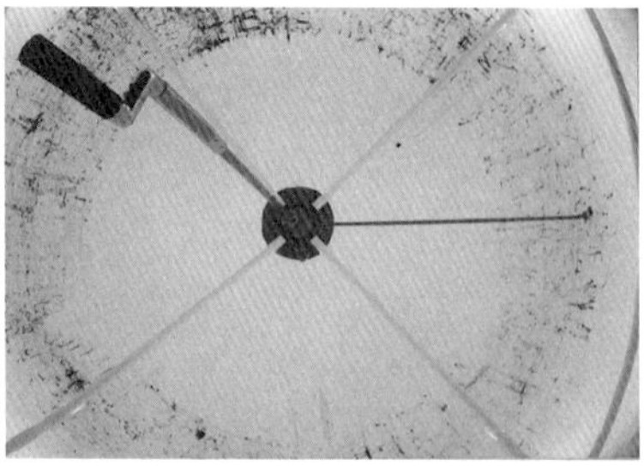

左：原本要用來買成人禮禮服的錢被用來製作畢業作品，這就是我成人禮當天拍的照片。不過託它的福讓我插班進了大學。
中：我站在大學四年級的畢業作品「Line Machine」前，那時已內定到廣告公司上班。不擅長在人前說話的我，面試當天還先喝了一杯酒壯膽。
右：「Line Machine」的內部。人在圓球的內部，毫無意識地畫線，不同的人被線連結在一起。我這個時候才發現和人合作的樂趣。

和重考生一起上課，到高三的時候還被當作已經重考了三次（笑）。

「候補第二十八名，考上武藏美術短期大學。」

——結果您應屆考上武藏美術大學了？

森本　我覺得我一定能夠應屆考上，畢竟在代代木造形學校玩了五年，不過我每一科都考不及格（笑）。其中只有武藏美術短期大學先考術科，我記得題目是「日圓升值」，因為我誤會日圓升值的意思，畫得亂七八糟，結果候補第二十八名。因為結果實在太誇張了，我覺得太丟臉，不敢回代代木上課，還報名其他補習班，有了重考的覺悟。結果在開學典禮前的一個星期，學校突然打電話來說「有一位同學不來註冊，時間上雖然有點趕，不知道你要不要來？」。這樣事出突然，讓我有點不太高興，母親卻強烈建議說：「真是好運氣，你要把握這個好運。一定會有好事發生。」因此我才決定去註冊。

開學後我非常樂在其中，不僅熬夜製作老師交待的作業，速度也和現在也沒什麼兩樣。短大畢業的時候，畢業作品是海報，因為花了太多錢，連成人禮的治裝費都貼上了，成人禮當天我只好把做好的海報帶到照相館，請攝影師比照拍攝盛裝打扮的成人禮紀念照，拍下我和海報的合照。而這張照片之後也成為我通過插班考試的契機（笑）。說起來，所有的機會最後都像這樣單純地到來。

上了三年級之後，由於恩師的安排，我只到為小學設計的工作坊實習，所以四年級的畢業作品，和廣告一點關係都沒有，而是做了一個直徑三公尺長，可以連接人與人的「Line Machine」圓球。從那個時候起，我就非常熱衷和別人共同製作事物。（以下省略）

[轉載自二〇〇五年玄光社出版的《Commercial Photo》二月號連載〈那時那刻 長篇訪談〉／http://www.genkosha.co.jp]

擁有人該有的慾望比較好

這回「TOKYO」的作品（185頁上），起初是我、造型師Sonia S. Park和博報堂的細川剛為了高島屋的「TOKYO in PROCESS」所製作的logo。我們以「生物」的概念來表現東京進化的過程，將東京地圖做成蒲公英飛舞的圖片。

「TOKYO in PROCESS」是高島屋百貨讓創意者展示「時尚」概念的定期企畫案。他們在新宿高島屋百貨，西服樓層的中央設置展示空間，每個月舉辦展示會，負責這個企畫案的是Sonia，我和細川剛則負責所有設計工作。

我獨立創業成立goen°迄今已經半年，能夠馬上完成的工作愈來愈少。這或許是因為我一直說我想做這種類型的工作（笑）。比起像「請馬上幫我做雜誌廣告」這樣的委託，找上我的愈來愈多是長期的企劃，例如花時間培養一位創意人，或從建築的概念來進行不動產的設計等。

這類的工作給人共同成長的感覺，讓人覺得非常快樂，也希望能夠如此慢慢地穩定下來。正因為我成立goen°，和大家結下許多「緣分」，我雖然常說「哪天我也來試試」，但其實是馬上就想做，現在的我具有旺盛的生產力。

我覺得長久以來，做了不少「生產」的工作。最近調整了工作的速度，工作環境也改善了許多。生活簡直是太令人滿意了（笑）。首先，太陽和我的生活作息恰當地連結，看起來就像是日出而作，日落而息（笑）。這些雖然是理所當然的事，但我之前並不是這樣。當然這些是我自己要面對的問題。而現在理所當然地呼吸、快樂、悲傷，思考每天的新聞，各類資訊進入腦中，自然產生情緒。讓我覺得像是個活生生的生物。

其次是我的個性不喜歡封閉。例如音樂和出版等行業，雖然不同的行業有不同的規矩，但如果能有廣告人加入一起工作，不是很有趣嗎？或是相對的，音樂或出版人的創意也可以運用在廣告上。對我來說，經由這樣的工作方式，就像在創造更舒適的工作環境，也可說是一種「整理」。與其說是減少多餘的東西，讓環境變乾淨，倒不如說是讓包括人際關係在內，身邊周遭的環境變得更為豐富。為自己製造隨時可以奔跑的道路，順利為自己鋪設軌道，或許也可說是一種「設計」。

小學三年級時，我第一次喜歡讀書

的感覺，就是因為學會做筆記的方法（笑）。因為找到適合的方法，所以可以樂在其中。我之所以想要做設計和廣告，也是因為我喜歡「解決問題」。

記得我在學生時代，看到大貫卓也設計的海報，大為讚嘆而深受震撼。其實，我一開始是自嘆不如人，但在仔細研究他的視覺設計後，發現「原來是這樣啊！」時，就覺得愈來愈有趣。就好像是計算數學般，或像廣告完成前的那段有趣過程。藝術創作是內在的單向思考，沒有什麼絕對的答案。我也沒想過要當作家，而製作廣告需要考量對方想法這件事，讓我覺得很有趣。我就是那

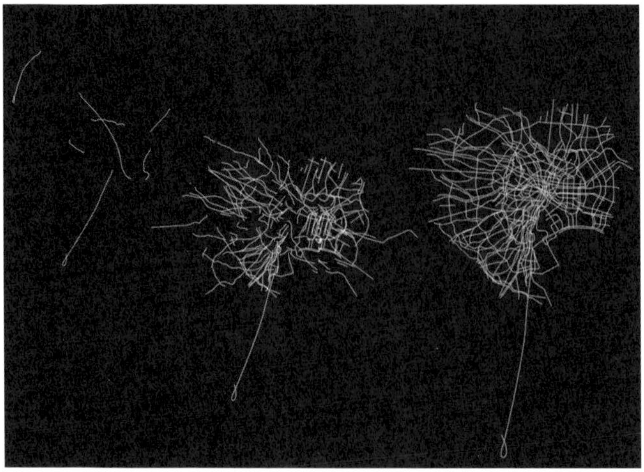

（上） 九名設計師製作的 TOKYO（石井原、菊地敦己、古平正義、佐野研二郎、手島領、戶田宏一郎、平林奈緒美、水野學、森本千繪）
以「TOKYO」為題創作，是關於「設計」和「廣告」製作的專題。森本千繪以棉絮飛揚的蒲公英來呈現東京進化的過程。

（下） 大日本 INK 化學工業（2007）

日產自動車 NOTE（2008）

種依照理論思考的人。

然而，出乎意料的是大家好像不這麼認為。有些人第一次見到我會嚇一跳，這或許是因為goen°的網站，或是「八月的KIRIN」、「kurkku」等溫馨的作品，讓大家有先入為主的想法，認為我應該是個說話像小鳥般輕柔的人（笑）。我處理事情很有彈性，雖然是理論派，但最後還是靠感覺。

最重要的是，我喜歡去追究最初的靈光乍現。思考「為什麼是這樣？」，找出產生這種直覺的理由。這些想法的源起一定是有理由的。在收集了各類情報，思考同伴的疑問，愈來愈有把握之後，就會漸漸和最初的「為什麼」連結起來。我雖然說靠的是「感覺」，但或許其實是靠知識和經驗背書。起初雖然理性地認為「應該要這樣」，但最後決定設計時，卻是靠當下的一鼓作氣。

有時我會猶豫不決，這種時候我會把所有的可能性都做出來。全部列印出來之後，再客觀檢視，決定「究竟能不能傳達該傳達的訊息」。在交出作品前，我不會因為徬徨失措而停手，如果猶豫就全部做，反正做就對了。只要動作就會產生想法，之後身體就會去滿足你的想法，那是個讓人愉快的時刻。

我和倉本美津留小姐合作，在某個節目中以環保為主題，企劃一個綜合性的節目。倉本小姐是「HEY！HEY！HEY！」和「Downtown DX」劇本創作者，也是「一人ごっつ」（松本人志的深夜節目）中大佛的配音員。目前我們倆正在進行腦力激盪，彼此對於以搞笑方式製作廣告的作法深有同感，討論起事情來非常愉快。

目前我正在幫日產汽車公司的「NOTE」系列規畫以「GOLDEN EGGS」（日本有名的搞怪動畫）製作的電視廣告。不過，這次我只做企劃的部分。我提出「以GOLDEN EGGS作為試乘的角色，來拍攝NOTE的電視廣告應該很有趣」的企劃案，並為GOLDEN EGGS和NOTE的工作人員牽線。大學時代的朋友現在正在製作「GOLDEN EGGS」的聲音部分，那真的很有趣，也帶給我不少刺激。能夠像這樣和大家一起工作，對我來說是非常美好的事。

此外，關於為大日本油墨化學工業拍攝的「イロニンゲン」（森本千繪創造的色彩小人兒）系列電視廣告。這個之前舉辦的活動，現在成為電視廣告，終於有讓大家看見的機會。雖然是之前的「イロニンゲン」活動所延伸成的廣告，但我和細野ひで晃（THE DIRECTORS GUILD）導演、林裕先生（廣告文案），還是使盡全力創造了一個新的世界。

還有一些工作，包括與後藤繁雄（編輯和創意指導）合作於表參道Hills舉辦的「蜷川實花寫真展」、三井不動產的案子，以及自出道我就為他們設計的「キマグレン」樂團，同時Gelatin

上：森大樓（表參道 Hills）「Luxurious Moment
～ Omotesando Hills Christmas 2007 ～」（2007）
左：森大樓（表參道 Hills）蜷川實花寫真展
「NINAGAWA WOMAN」（2007）

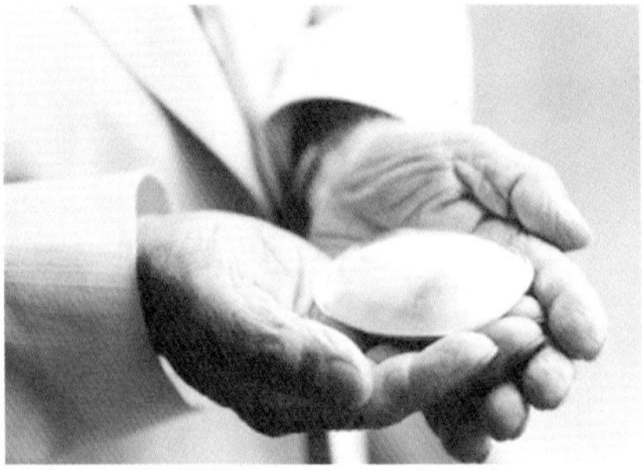

KDDI／au design project「sorato」（2007）

ap bank「ap bank fes '07 DVD」（2008）

artbeat publishers／若木信吾寫真集
《TIME AND PORTARITs》（2007）

Silver Session（以瀧本幹也、平間至、廣川泰士、藤井保四位攝影師為主，推廣底片攝影魅力的活動，同時也舉辦展覽）的工作也正在進行。

對了！最近有不少客戶都不事先告訴我工作內容，只說有事要找我商量，對此我覺得很有趣也很可怕。我想如果能成為一個值得別人信賴的媽媽桑，其實也還不錯……（笑）。

在上個月的《廣告批評》（二〇〇八年一月）雜誌中，我提過接下了《育育兒典》的裝幀工作，以及「ap bank fes '07」DVD的編輯設計工作。說到編輯，我目前正在準備為六十歲的澤田研二設計他首次推出的歌詞全集。雖然這是一本厚如寫真集般的冊子，卻是讓我非常愉快的工作。

接下各式不同的工作，讓我混亂得很有意思，每天都過得很有趣。我不知道這是不是就是「東京的生活」。不過，我最近常想推動一個「大家回老家活動」（笑）。因為現在不論在哪都可以工作，不一定非得待在東京不可，而且空間也不夠。讓所有深夜營業的店家都休息。大家都回到自己的老家，即使做各自的事，也可愉快地相互連繫，共同完成工作，這樣的環境相對來說不是很好嗎（笑）？愈將眼光放遠來看，這樣大家彼此愈會連繫在一起。

以我來說，我喜歡一直延續的事物。比方說日本一脈相承的文化和歷史，就是我特別喜愛的事物。goen°在新年四天的假期中會搗年糕，還會請上門的訪客寫毛筆字。我就是喜歡這樣的傳統（笑）。因為我從小在東京長大，從來沒有過什麼「要在東京闖出一番事業，成為多麼了不起的設計師」之類的野心，只是很自然地在街上發現有趣的人與事，並從中獲得靈感來創作，最後成為今天的我。

沖繩縣立藝術大學每年都會邀請我，到那裡和同學們一起創作，那真的很有趣。每次都有新的同學加入，與去年或前年的同學共同創作。和他們聊天時，我發現他們並沒有想到東京發展，而是想著在沖繩若有任何可以延伸擴展的事物，就要盡全力去做。

看著他們，我想若是大家都能夠好好運用自己生活的地方就好了。雖然東京讓人既安心又便利，但我認為無論在什麼地方，應該都可以發揮自己的能力，創作出有趣的作品。所以goen°反而想要搬到不同的地方，我還在想明年或後年能不能在京都另外成立一個工作室（笑）。

目前我打算和孩子們進行一個名為「小goen°」的實驗，第一次將在二月五日舉行。我現在還不知道要做什麼（笑），因為不知道來參加的會是什麼樣的孩子，所以打算見面之後再想。第一批報名的人非常多，正好可以讓我先試做看看。我從小就對想像這件事十分樂在其中。最近我問一些國中生「接下

來想做什麼？」，每個人都回答我「沒什麼特別想做的！」，似乎對什麼都沒有興趣。我認為現在的小孩自出生就被給予太多，太過滿足反而減少了他們思考的機會。其實人的魅力來自對慾望的追求，想像力就是由此形成的，我希望能與孩子們共同來做這件事。

我和仲畑貴志說話時，感受到他充滿能量，非常有魅力。正因為他經驗豐富、是個生活上盡全力「遊玩」的人，想出的文案才能那麼真實，讓人產生共鳴。

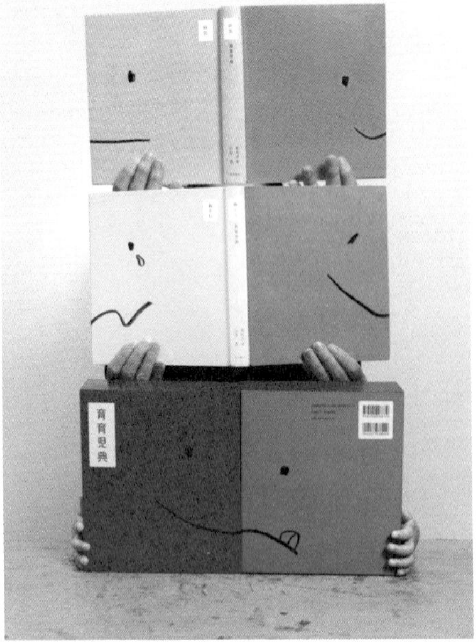

岩波書店《育育兒典》（2007）

我現在之所以能夠繼續在東京創作，是因為團塊世代的人們懷抱各種慾望，以「如果能夠這樣的話……」的想法建構了這個社會。現在能夠讓我們這樣自由地創作和發表，就代表了這些人的信仰是正確的。我很幸運，身邊就有幾位像這樣年紀比我稍長的人。在博報堂工作時，碰巧有幾位這個世代的前輩，教我如何在廣告這個領域中，如何轉化運用自己獨有的經驗，並將它盡可能地表現出來。

但對於利用網路就能夠取得一切資訊的孩子，他們甚至連喜好都沒有，這樣子的話，生活上一些沒有希望的想法就會迸發出來，也無法知道什麼是真切的感覺。明明只要畫一畫就可能產生一些想法，他們卻認為「沒有的東西就是沒有」，並害怕去感受這些感覺。我希望他們能夠更具體地用行動去體驗。這樣子就會因為想知道所以去做，或是因為喜歡上了所以去做……不要總是那麼整齊劃一，也不要單一化任何事物，要有一些多餘、一些人味和慾望，我想這樣才是自然，有這樣的能量才是好的。

以後等我到了六、七十歲，如果地球還在的話，我偶爾會想像「這些孩子長大後，他們所生活的東京會是什麼樣子？」。是不是可以運用設計的力量，現在就開始刺激這些孩子們的想像力。或像《育育兒典》，除了是大家教養小孩時的參考書外，是不是還能多做一點事情。我最近都想著這些事情。

［轉載自マドラ出版《廣告批評》二〇〇八年二月號］

谷口廣樹 お猿の仕事

二十歲時形成的思想成為貫徹一生的能量

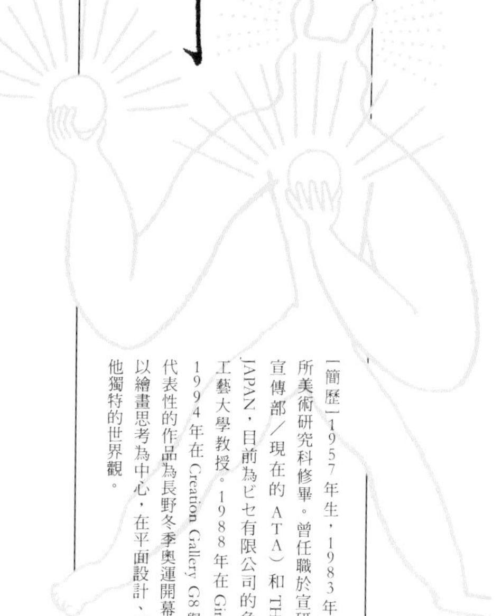

「簡歷」1957年生，1983年東京藝術大學研究所美術研究科修畢。曾任職於宣研廣告公司（高島屋宣傳部／現在的ATA）和THE STUDIO TOKYO JAPAN，目前為ビセ有限公司的負責人，同時為東京工藝大學教授。1988年在Ginza Graphic Gallery、1994年在Creation Gallery G8舉行眾多個展。最具代表性的作品為長野冬季奧運開幕及閉幕式的節目單。以繪畫思考為中心，在平面設計、插畫等眾多領域發揮他獨特的世界觀。

從猿猴的角度來思考

請把我做出的作品想成是一隻披著谷口廣樹外皮的猿猴所做的，而不是谷口廣樹這個人做的事。

在我讀研究所的時候，開始使用猿猴的想法來思考。當時的我還是學生，根本搞不清楚狀況，覺得自己實在稱不上是個「人」。所以才把自己想成是最接近人的猿猴，想讓自己的心情輕鬆些。

當時橫尾忠則發表了畫家宣言，開始以適合手繪的畫具，製作出如製圖或是繪畫般的作品。其中我最感興趣的作品，是一幅手裡拿著香蕉的黑猩猩版畫。在那同時，我正好為《西遊記》畫插圖，不知不覺身邊全是猿猴。

其實最初只是對猿猴的視覺畫面感興趣，之後開始隨著自己高興去解釋分析猿猴的想法，甚至把自己當成猿猴教的教祖。當時也畫了一些猴不猴，人不人的無臉人，甚至還幫這些莫名其妙的圖案，取名為homosapiens，以homosapiens發音並書寫作「猿」。這些homosapiens被選入玄光社所出版的插畫雜誌《The Choice》，還刊登在涉谷PARCO百貨公司的壁畫，算挺有出息的。當時我還是大學生，覺得自己因為有了猿猴這個關鍵字，人生好像開始動了起來。

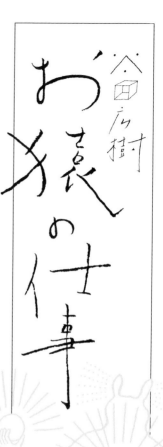

起初我將猿猴定位在人類之下，後來我漸漸認為，事實上猿猴似乎要比現在的人類優秀。

人類原本是屬於大自然的一份子，但現在這種想法卻愈離愈遙遠，反倒是

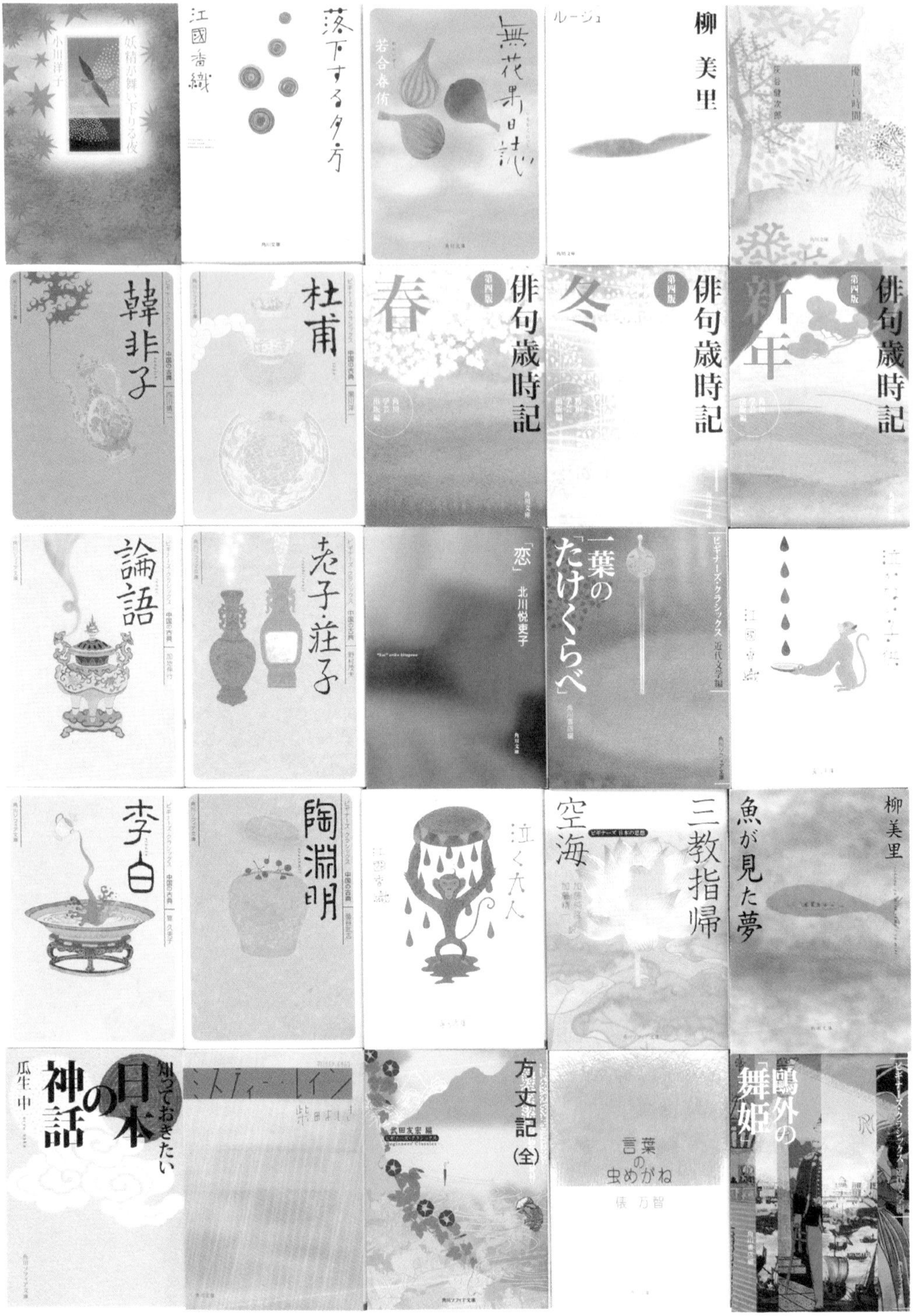
妖精が舞い下りる夜
小川洋子
江國香織
落下する夕方
若合春侑
無花果日誌
ルージュ
柳美里
優しい時間
韓非子
杜甫
第四版
春
俳句歳時記
第四版
冬
俳句歳時記
第四版
新年
俳句歳時記
論語
老子・荘子
「恋」
北川悦吏子
一葉の「たけくらべ」
ビギナーズ・クラシックス 近代文学編
李白
陶淵明
泣く大人
江國香織
空海「三教指帰」
魚が見た夢
柳美里
知っておきたい日本の神話
瓜生中
ミスティー・レイン
方丈記（全）
武田友宏 編
言葉の虫めがね
俵万智
鷗外の「舞姫」

文庫本的封面設計

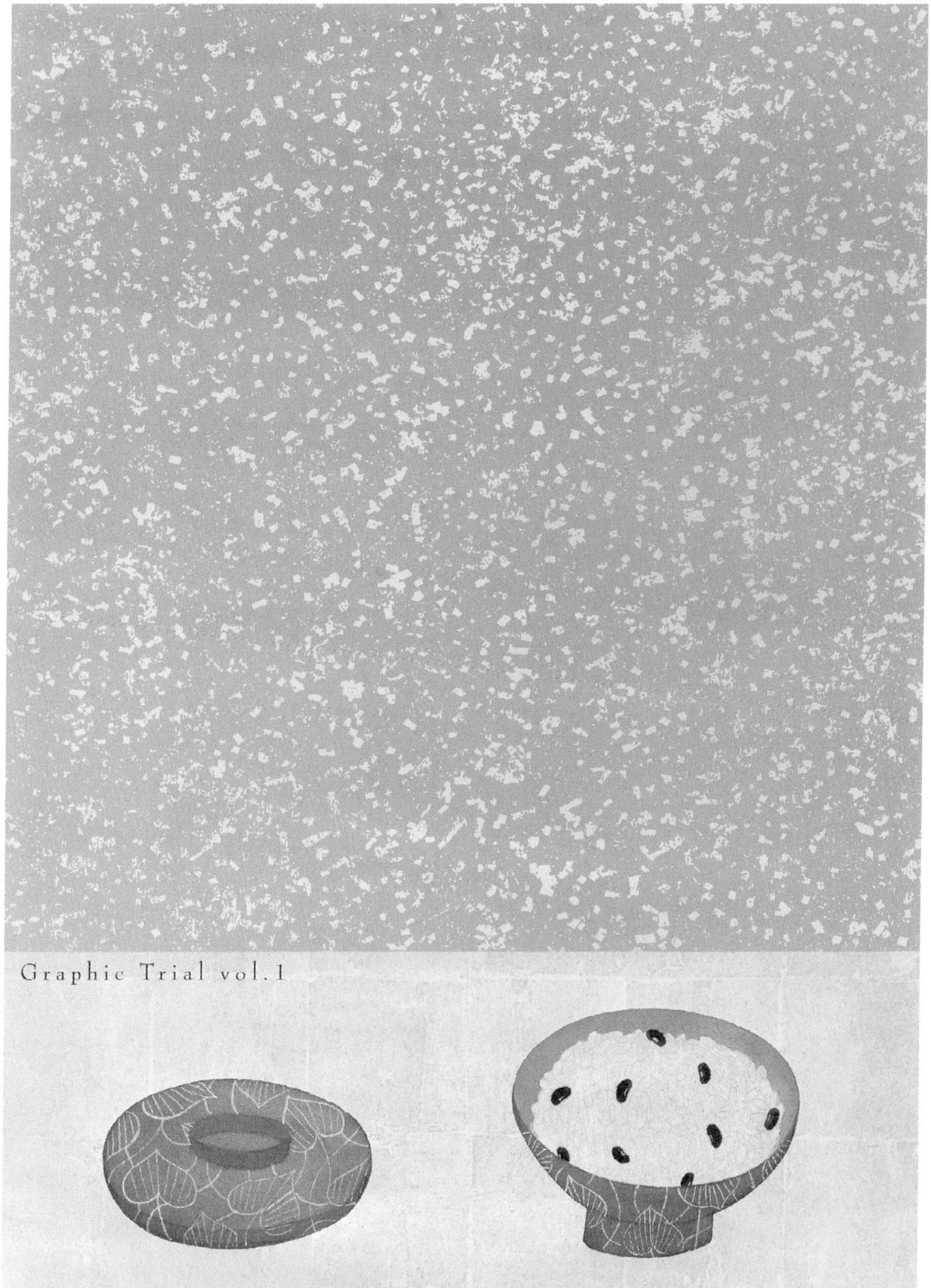

平面試作／凸版印刷株式會社 因為該公司要我進行印刷試驗，在我思考之後，運用大量的金色製作了五份 B1 海報。

猿猴絲毫不為所動，說得誇張些，我甚至覺得他們的存在近乎神明。就像印尼的峇里島，聽說是把猿猴當成神的使者來對待。我覺得人類應該回到原本的姿態，甚至我想要透過猿猴的眼睛，而不是人類的觀點來呈現我的作品。一直到現在，我總是心想如果把自己當成猿猴，應該可以做些什麼。我希望能夠多一些人，能夠像聆聽神的旨意般聆聽猿猴的戲言，接下來我就來談談猿猴形成的過程。

繞路

我想我是個有點喜歡繞遠路的人。大學時，我選擇了造形設計的研究室，而非可以直接學習平面設計的研究室。因為我覺得自己終究是要走平面設計這一行，專業技術可以出了社會再學，那時應該多學習各種不同的表現方式。

這個研究室感覺很像以前的設計科。以設計和裝飾為基本，學習如何在既有

平面試作展以及展示的情形

的事物上加以設計，或是因應需求設計造型，以成為裝飾藝術家為目標。對我來說感覺很像置身於琳派之中，是個很有意思的一個研究室。我到現在，還很懷念當時拚命閱讀研究室藏書的情形，透過書本我得以接觸東西方所有裝飾藝術的精髓。

研究室裡有從事漆藝工作者，也有染色家、陶藝家和日本畫家等各種有趣的教授。因此我們學過漆藝和型染，也學過書法、銅版畫和網版畫（絹印）等課程。雖然以繪圖為主，但也上過陶藝課。

其中最有趣的是在日本畫家教授的指導下，臨摹宇治平等院鳳凰堂內，阿彌陀如來像旁柱子上的花紋。這個紋飾於奈良前期傳入日本，被稱為雲綢彩色，不是利用模糊漸層的技法，而是將同色調的顏色從淡色排列至深色，呈現顏色濃淡變化的彩色法。我們看著畫有兩個雲上人的圖案，使用礦物顏料一邊臨摹，一邊聽著老師講授溶膠的方法、胡

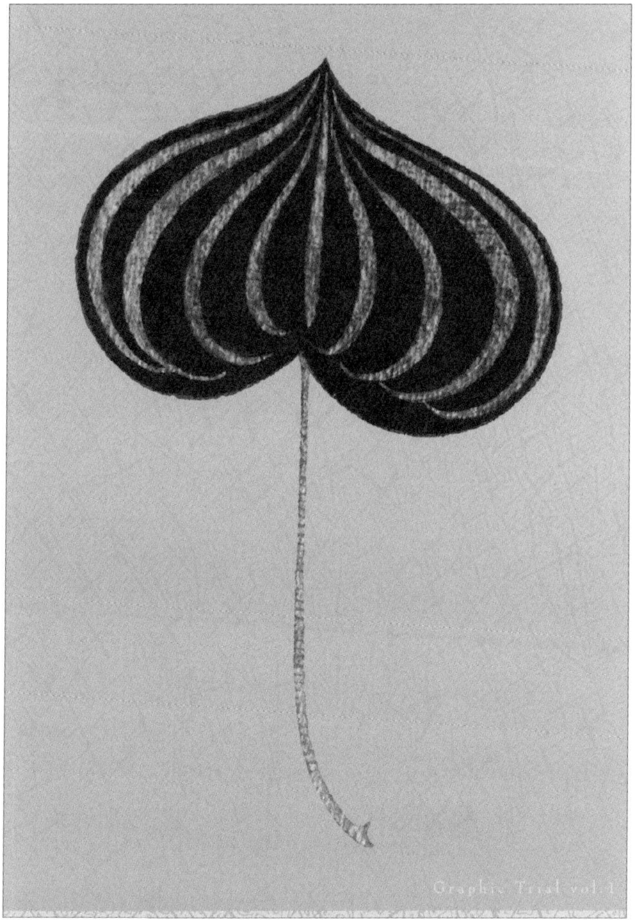

背景用的是大學時代畫的畫。
我在金色的紙上以金色顏料重複印刷，挑戰金色的效果。

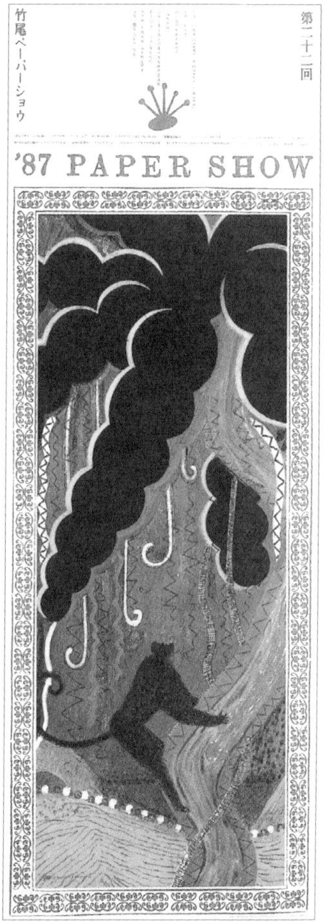

竹尾 PAPER SHOW
DISCOVERY SERIES 海報／竹尾

粉（白色顏料，由貝殼風化製成）的作法等礦物顏料的基本用法。這對只用過一般顏料的我，在了解顏料的結構後，得到相當的啟發。我們的功課不只是正確的臨摹，還可以自由地配置顏色這件事，更是讓人著迷。

當我到日本畫具店購買礦物顏料時，光是要告訴老闆選定的畫具就讓人緊張，因為這家店可是日本畫大師御用的畫具店……。和這種一流店家交手的課外學習經驗讓我受益匪淺。我覺得這堂課除了讓我們了解基本的繪畫之美外，更對我現在的繪畫在呈現的深度上，有很大的影響和意義。

其次是書法課。這堂課讓我們了解到書法的奧妙。字對平面設計非常重要，我發現在字體、凸版印刷、藝術字和字體設計的世界之外，還存在一個會呼吸的文字世界。當時學習的王羲之和顏真卿書法，成了我拓展表現領域的寶物。而福田繁雄先生的加入，則更強化了研

世界人權宣言五十週年紀念海報／
AMNESTY

開幕通知海報／
PARCO（調布）

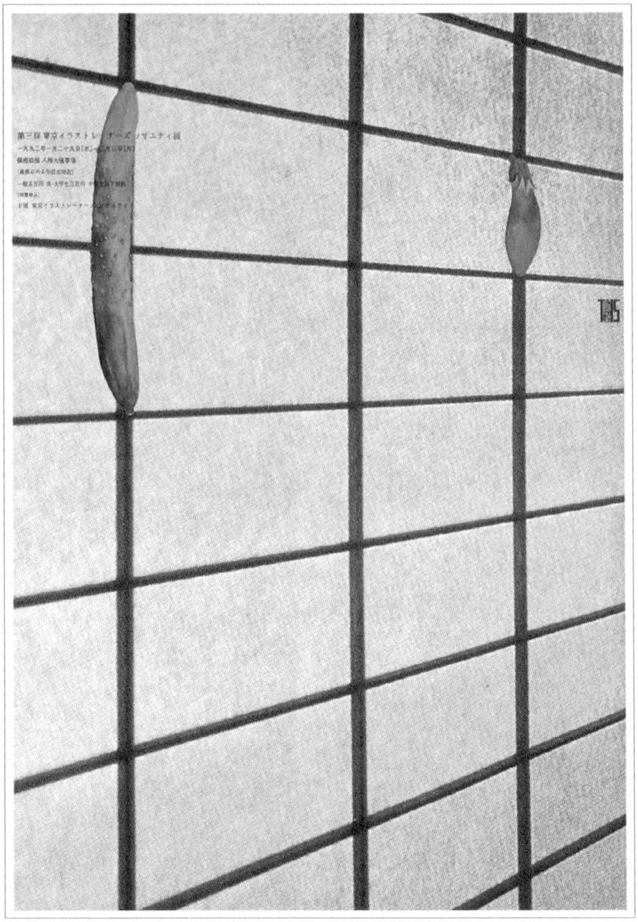

展覽會海報／
東京插畫家協會

究室中人力原本稍嫌薄弱的平面設計領域。

後來又在別的研究室見到我十分敬重的佐藤晃一先生，充分體會到平面設計現場的真實氣氛。此外也受教於當時的新銳畫家有元利夫先生，透過雲綢彩色習得日本畫的基本知識，有助於了解有元老師作品的方法論，而我在感受到這些不可思議的因果關係的同時，也激發了創作的熱情。幸運的是，三年級時的古美術研究旅行由有元老師帶隊，在那次晚飯後，我還黏著老師請教了許多事。

現在想想，當時能夠受教於眾多大師，讓我度過了一段極為幸福的學生生活，在此由衷感謝各位老師。老實說，我對自己的平面設計功力還是會擔心，當時認為出社會之後再磨練，所以曾到印刷店打工，並和朋友兩人合組「smile full moon」來承接海報等的設計工作，還實際做過字體設計、照相排版和完

HOMOSAPIENS' MEMORY

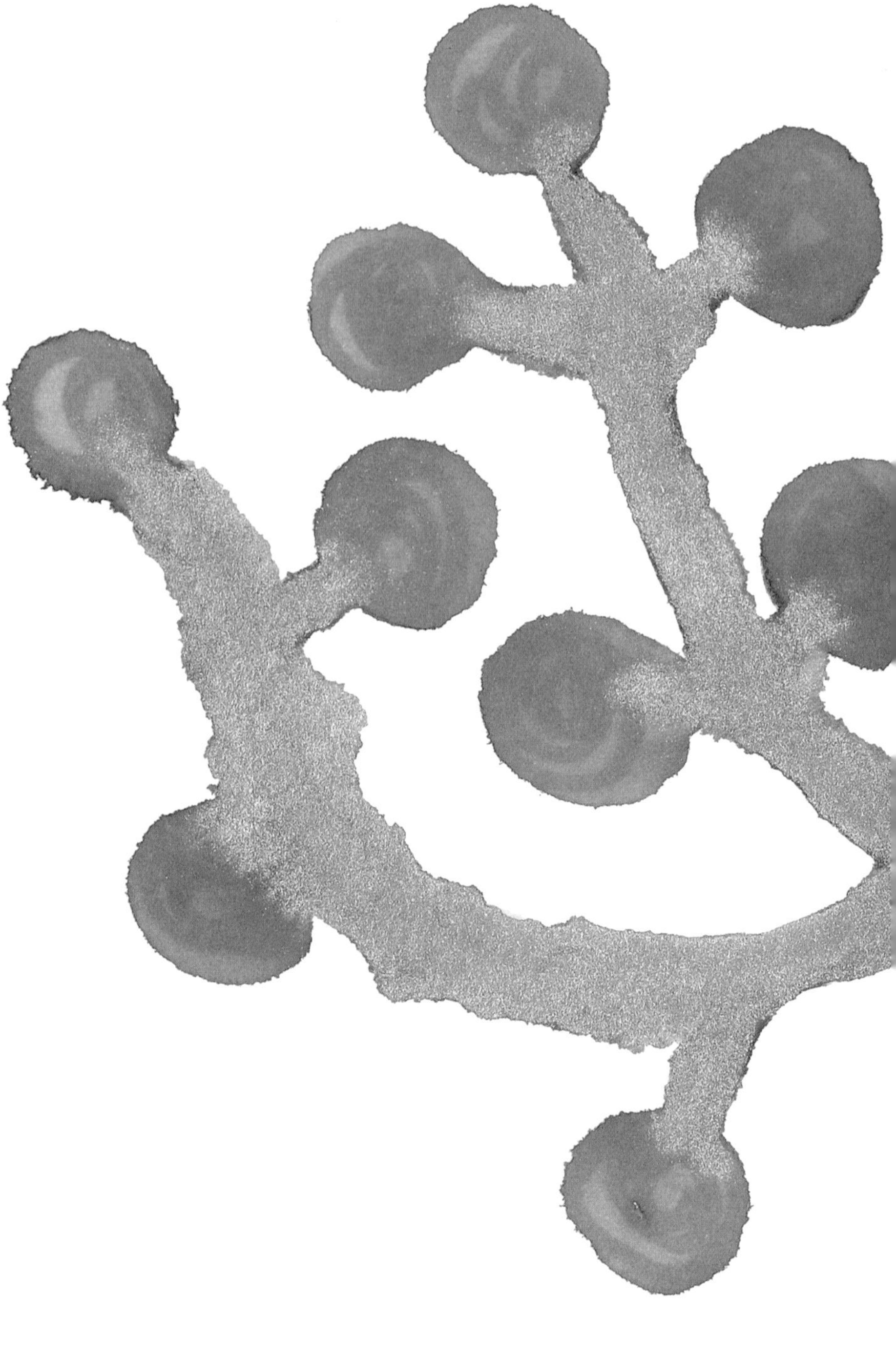

個展／猿猴的記憶（Ginza Graphic Gallery）參展作品「思考成熟的果實」

稿。那時所設計的日本舞蹈海報，到現在還覺得真是傑作。此外，也幫高爾夫球節目畫過字卡、還全權負責東京電視台連播一星期的人偶劇的美術設計工作，內容包括人偶的角色、製作和舞台設計，工作雖然辛苦卻很充實。也擔任過著名的畫家中西夏之的助手，雖然只是打打雜，卻也學到不少東西。

那時與老師的日常對話中，總是獲得許多靈感，老師以個人的角度談論著名的藝術家和作品時特別有趣，我每回都很期待去上班。另外也曾幫雜誌《女性自身》和《週刊寶石》等雜誌設計過版

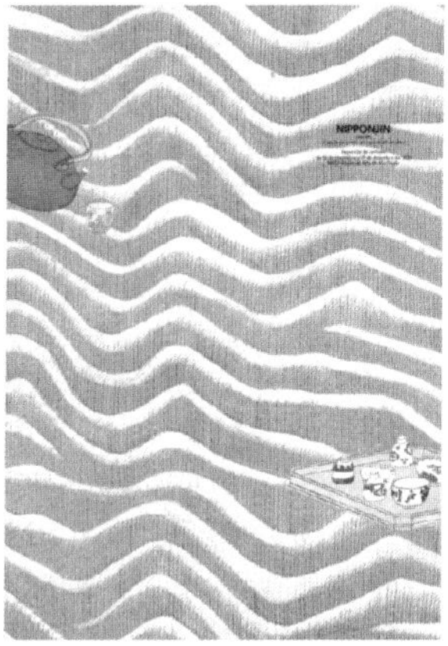

NIPPONJIN 展
參展海報／三井廣報委員會

公開招募海報／
Living Design Center OZONE

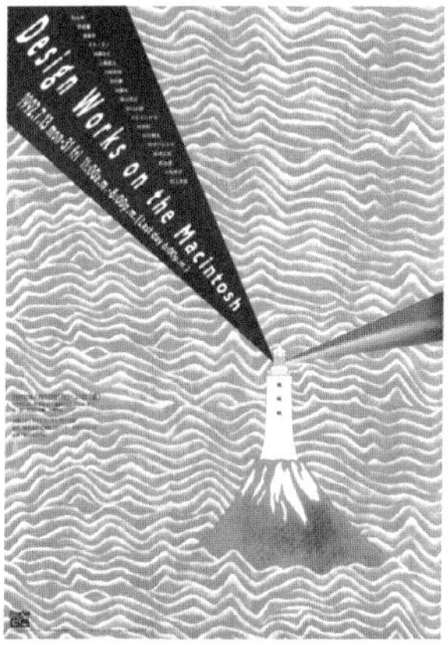

展覽的海報／
Recruit

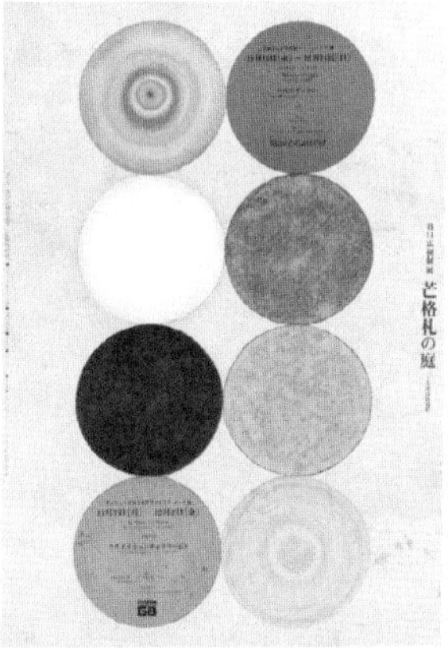

展覽的海報／
PARCO、Recruit

個展／猿猴的記憶
參展海報「土之記憶」

面，甚至還做過採訪。

有一次看到兼差製作的影像藝術展覽的傳單時，發現《Studio Voice》的總編輯也曾委託我畫過插圖讓我大吃一驚。他還曾帶著我去參加音樂評論家涉谷陽一的廣播節目，只是下場還滿慘的……。

我在寫這篇文章時，才發現回首學生時代，我還真做過不少事。之前有意義的繞遠路，和老師們的交流、和朋友的創作，以及和打工處前輩的互動，這諸多的經驗成就了今天的我。

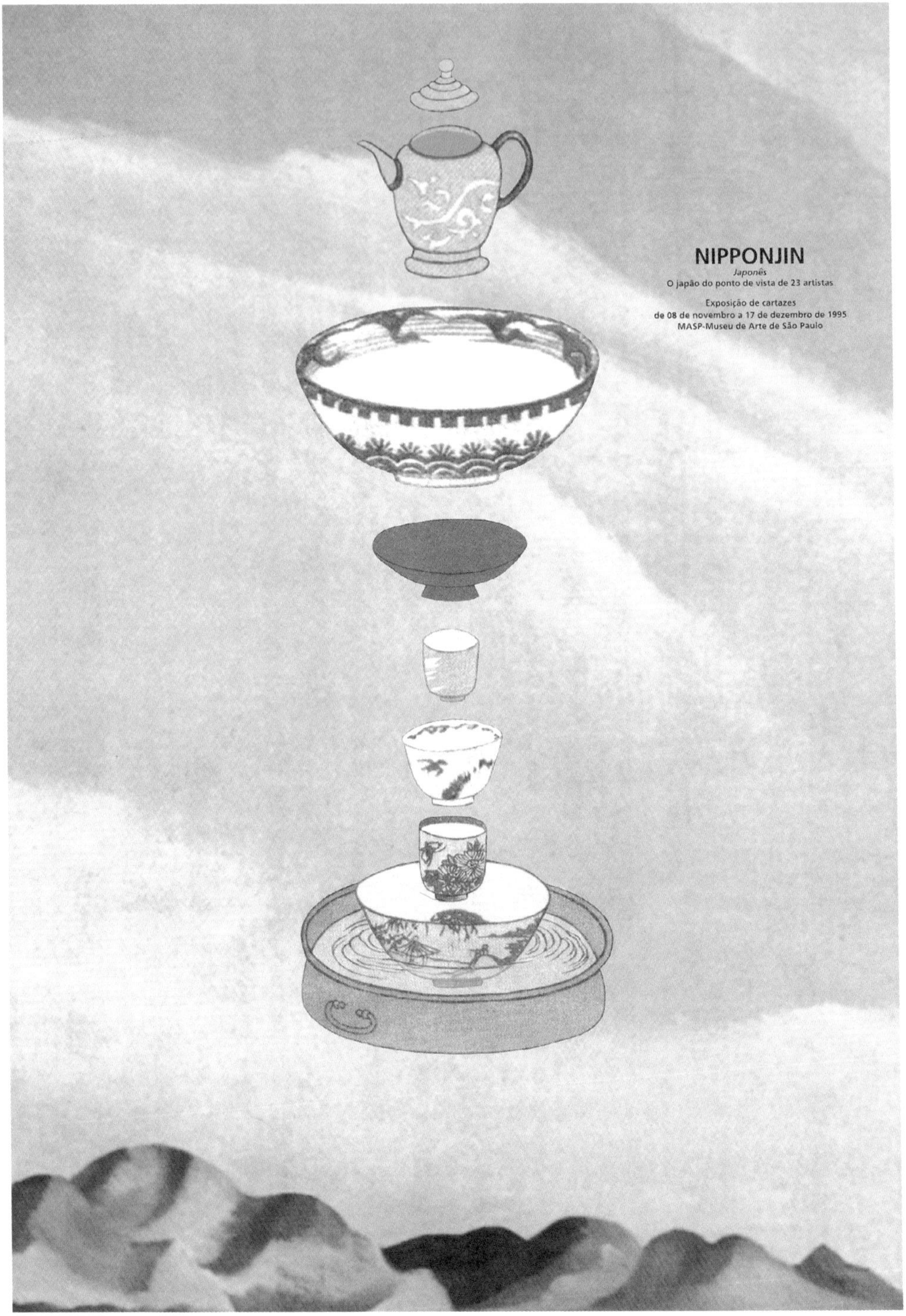
NIPPONJIN
Japonês
O japão do ponto de vista de 23 artistas
Exposição de cartazes
de 08 de novembro a 17 de dezembro de 1995
MASP-Museu de Arte de São Paulo

NIPPONJIN 展 參展海報／三井廣報委員會
以 NIPPONJIN 為主題製作兩張海報，在聖保羅美術館展出。

《小說寶石》 開卷處的詩作內頁

文藝雜誌《小說寶石》／光文社 擔任開卷處詩作的編輯設計

來到日本的猿猴如是想

學生時代還發生了另外一件重要的事，那就是在畢業前夕，我和朋友到紐約旅行，在曼哈頓成為日本人。怎麼說呢？當時我在大都會美術館（The Metropolitan Museum of Art）看到東洋美術品，尤其是日本美術品時深受震撼。雖然說之前在日本也看過，然而在那次感受到的優雅、品格高尚的靜謐細緻美感，與其說是再一次，毋寧說是第一次深刻感覺到日本的好。在那之後，我自覺到自己是日本人，即使不刻意表現出來，作品中卻開始出現日式的元素，甚至感覺到有一股使命感。

這種感覺最初發生的瞬間，是我在曼哈頓櫥窗上看見自己的反射影像時。一開始我並沒有意識到這件事，在突然發現映照在玻璃上的平凡東方人是自己時，我驚訝的程度，彷彿一直以來認為自己是西方人一般。第二次世界大戰結束已經三十五年，雖說已經從歐美的控

育兒書《快快長大》封面／倫理研究所

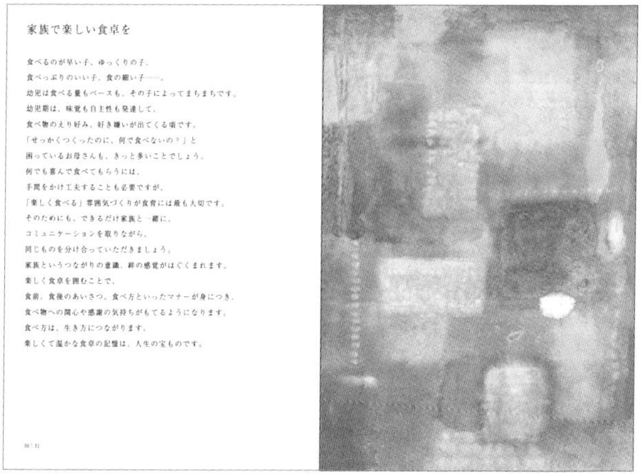

育兒書《快快長大》（おおきくなあれ）本文

書籍《一邊打掃爸媽的家》（親の家を片づけながら）／ Village Books

書籍《如果是平常，我不會哭》
（いつもなら泣かないのに）／大和書房

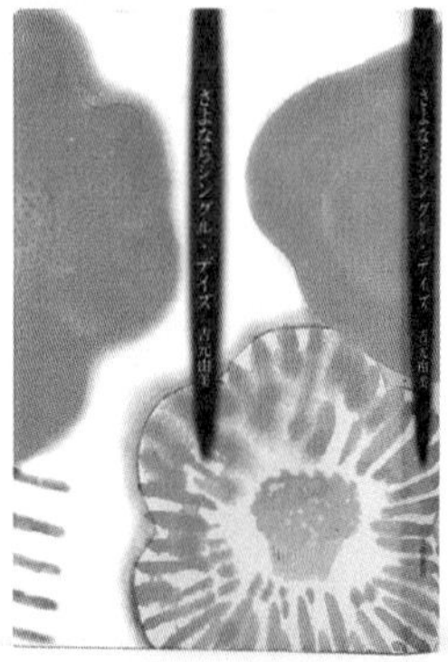

書籍《再見！單身的日子》
（さよならシングル・デイズ）／大和書房

詩畫集《船之牆》（鉛の塀）／Xylo

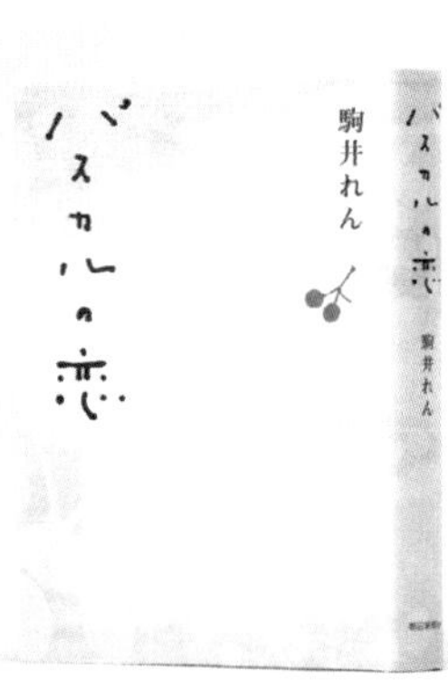

書籍《巴司卡之戀》（パスカルの恋）／
朝日出版社

制下獲得解放，但我對現今日本美國化的程度卻相當愕然。當下雖然覺得自己身為日本人有些沮喪，同時卻也在那一剎那得到自我。猿猴在高談闊論的同時，模樣已經變成黃猴子了。就像大夢初醒，好不容易才有腳踏實地的感覺，那一刻我才成為純種日本猴，踏出了第一步。

紐約之旅還有另一項成果，那就是我得以接觸到當時最先進的藝術，獲得繪畫上的自由。當時無論哪家畫廊都在流行New Painting，每幅作品都大到令人驚訝，讓我感受到繪畫的表現方式是無限自由的。我尤其受到畫家Julian Schnebel的啟發，吸收學習了他的精神。我念研究所，原本就是為了脫離制式課程，從事自由創作，而這次紐約之行則更拓展了我創作的空間。這個成果在我開始工作後的第一年夏天顯現出來，當時參加了最熱門的日本設計展比稿，並贏得了優勝。我真的認為優勝者非我莫屬，為了贏得這次的比賽，我沒日沒夜地創作，真的是拚了老命。因為在公司上班時間受限，真的只能憑著一股腦的熱情、信念、執著和自信來創作。我深刻地體會到只要堅持相信，通往羅馬的大路就會為你而開。當時受到泡沫

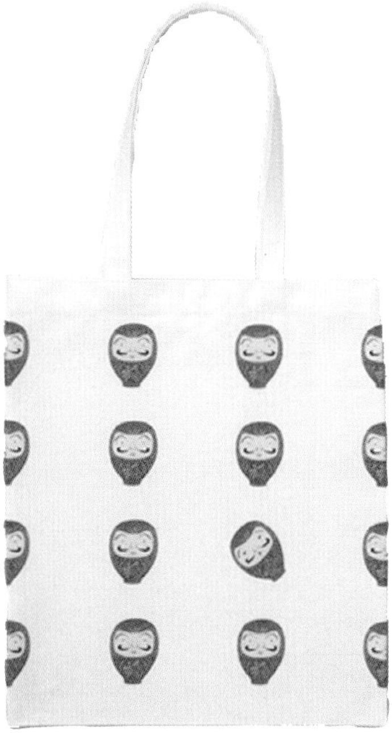

年終慈善展／Recruit
環保袋

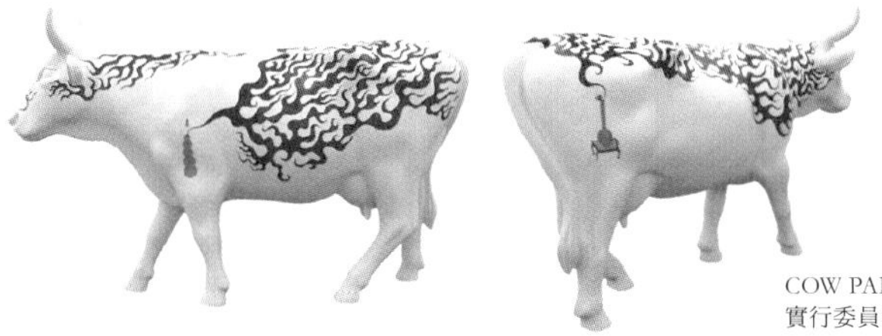

COW PARADE／ART 丸之內 2003
實行委員會「牛的祈禱，火的淨化」

包裝設計／YOKUMOKU
左起為禮品組合、夏季返鄉探親時的禮品組合、母親節的禮盒

年終慈善展／Recruit
杯盤組「Café in Forest」

扇子／山二（前三項）、年終慈善展「唐辛子」Recruit（第四項）、高橋工房（版畫）

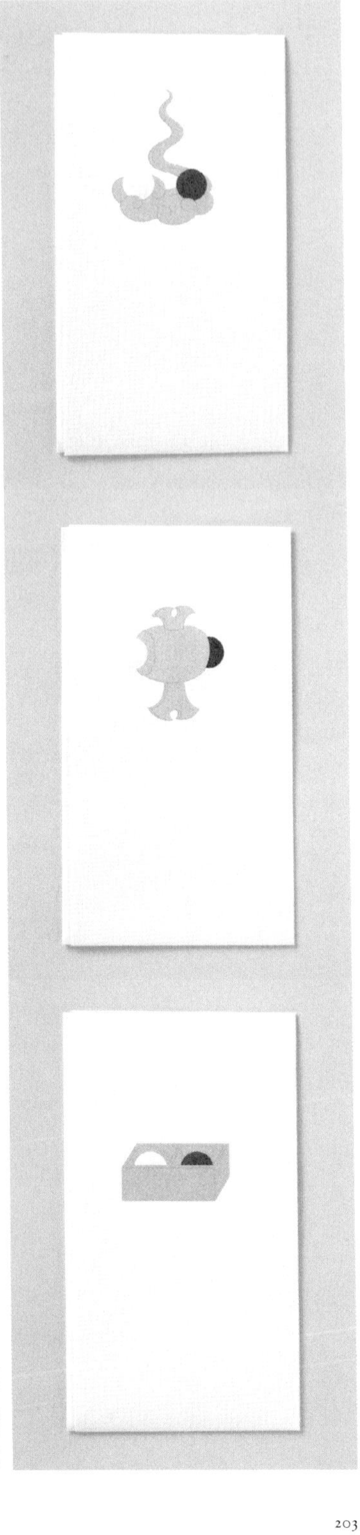

紅包袋／無印良品

HANKYU DINING STAGE

阪急 Dining Stage／阪急　梅田阪急美食街

SARUMARU／麥　和風 Nouvelle Cuisine

金之猿猴／麥　和食處

Guigui／KIRIN 無國界料理店

新宿一丁目クリニック

新宿一丁目診所／醫療法人社團慶成會

Oriental Souk／KIRIN Bar

Culture Links／NPO Culture Links

LOPLOP DESIGN／LOPLOP DESIGN Design Office

左：咖啡廳裝飾（壁畫）／PERRIER 右：餐廳裝飾（壁畫）／SEIWA「FORM」

經濟影響的大環境正在緩慢好轉，這次得獎為我帶來不少工作機會。我整理學生時代的見聞和想法，感覺好像就是發現自己是日本人的過程。所以我的創作並不是短視的日本風，而是在全球化之前先確立自己的國族認知，也就是必須先站穩自己的腳步。我在自己的作品中開始一種新的日本風格，希望可以對建構日本人的美學精神有所助益。

我之所以詳細描述學生時代的事，是覺得二十幾歲時的體驗，將會對往後的人生產生重大影響。我強烈地認為創意工作者要能夠永續經營，在年輕時必須打好基礎。大家一定要為自己築一個溫暖的巢，將幾樣曾經感興趣的事物放在其中。我在男人容易低潮的年紀，曾經找不到自己的巢而感到驚慌失措。如果你已經過了那個年齡，不妨再回憶一下，為自己創造一個只屬於自己的空間。無論幾歲都不要放棄這個精神和空間。由於我原本想當作家，所以與其把創作當成工作，毋寧說更講究作品的表現方式，透過工作的表現可以確認自己，而每份工作的結果就是答案。從好的方面來說，就是每份工作都有變成作品的可能。我之所以希望讓廣告製作的工作成為作品，是認為這樣品質會更高，也更容易傳達訊息。設計時，我希望以畫為中心來思考。有一次我用照片和字型所完成的工作，被人說不像是我的作品，這讓我開始反省自己的風格是什麼？其他設計師不做的是什麼？而我不能做的是什麼？最後得到的答案就是如果要創作，就要用自己的畫當材料。此外更要有他人無法模仿的表現方式和創作方法，以及創意工作者的原創性。

我雖然已經做過各式不同的工作，但從來都不會覺得無趣，這就是這份工作有趣的地方。今後隨著媒體的改變，我的表現方式也會愈來愈多樣化。猿猴不只沒發呆，而且還開始思考下一個表現方法了，就在牠的巢穴裡……

LA CASCADE／西鐵 Grand Hotel 法國餐廳

左：個展／芒格札庭園（Creation Gallery G8）展場　中：美食街的簽名／阪急　右：餐廳裝飾（光之屏風）／黑船「虎夢」和食處

設計師大事紀年表

年份	大事
1933	仲條正義出生。
1940	松永真出生。
1948	宮田識出生。
1950	副田高行出生。
1951	「日本宣傳美術會」（日宣美）成立。
1952	「東京 AD Art Directors Club」（現在的東京ADC）成立。
1956	仲條正義，自東京藝大圖案科畢業，進入資生堂宣傳部工作。
1957	谷口廣樹出生。
1958	原研哉出生。
1959	平野敬子出生。
1960	「日本 Design Center」成立。
1961	仲條設計事務所成立。
1964	「SUN AD」成立。 松永真，自東京藝術大學畢業，進入資生堂。
1965	青木克憲出生。
1966	宮田識，自神奈川工業高校工藝圖案科畢業，進入日本 Design Center 工作。
1968	副田高行，自東京都立工藝高等學校設計科畢業。
1970	日宣美因「日宣美粉碎共鬥」阻止舉辦展覽事件而解散。 仲條正義，接下資生堂《花椿》的設計工作。 石岡瑛子，離開資生堂成為自由工作者。
1971	松永真，自資生堂宣傳部離職成立設計事務所。
1972	水野學出生。 佐野研二郎出生。
1976	森本千繪出生。
1978	「日本 Graphic Designer 協會」（JAGDA）成立。 宮田識設計事務所（現在為DRAFT）所成立。
1979	石岡瑛子，為電影「現代啟示錄」設計海報。
1983	石岡瑛子，《EIKO BY EIKO》（日文版《石岡瑛子 風姿花傳》由求龍堂出版），於八〇年代將活動據點移往紐約。 谷口廣樹，於東京藝術大學研究所修了，進入（株）宣研（高島屋宣傳部，現在的ATA）工作。
1985	Creation Gallery G8 於銀座開幕。 谷口廣樹，成立 bise inc.。
1986	Ginza Graphic Gallery（ggg）於銀座開幕。
1989	松永真，《對談．快談．松永真》誠文堂新光社出版。
1990	（株）Recruit於涉谷スペイン坂開設「Guardian Garden」。
1993	石岡瑛子，以電影《吸血鬼》獲得奧斯卡最佳服裝設計獎。
1994	青木克憲，以斑尼頓保險套獲得眾多廣告獎項。 谷口廣樹，在 Creation Gallery G8 舉辦個展。
1995	副田高行，自SUN AD和仲畑廣告製作所離職後，成立副田設計製作所。 宮田識成立品牌 D-BROS。
1996	松永真，《Graphic Cosmos 松永真設計的世界》集英社出版。 水野學，自多摩美術大學畢業後，進入 Pablo Production 工作。
1998	仲條正義，《仲條正義的工作與相關情事》六耀社出版。
1999	青木克憲，自SUN AD離職後成立 Butterfly Stroke（株）。 水野學，自DRAFT離職後成立 good design company。 森本千繪，自武藏野美術大學畢業後進入博報堂工作。
2001	原研哉，成為無印良品的董事。
2002	仲條正義，在 Creation Gallery G8 舉行「仲條的富士之症」。 平野敬子，為東京國立近代美術館設計標誌和企業識別。 森本千繪，以 Mr. Children 的廣告獲得東京ADC賞。
2003	原研哉，以「無印良品（地平線）」的海報等作品獲得東京ADC首獎。 青木克憲，開始著手 Copet、Kami-Robo 等眾多商品的版權管理和製作。 森本千繪以「8月的Kirin」發表包裝設計處女作。
2004	平野敬子，於（銀座松屋）舉行「時代的 Icon 展 日本的平面設計五十年」。 松永真，《松永真設計的故事。+⑪》BNN出版。
2005	石岡瑛子，《私（我）的設計》講談社出版。
2006	平野敬子，和工藤青石合作設計的行動電話「F702iD所作」上市。 水野學，擔任 NTT DoCoMo「iD」的品牌設計。誠文堂新光社出版他與另外三人合著的《School of Design》。 佐野研二郎，《佐野研二郎的WORKSHOP》誠文堂新光社出版。
2007	佐野研二郎，在 Ginza Graphic Gallery 舉行

2008	「佐野研二郎 Ginza Salone」展。 森本千繪，自博報堂離職後成立 goen°。 佐野研二郎，自博報堂離職後成立 MR_DESIGN。 石岡瑛子，北京奧運開幕式服裝設計。 仲條正義，《花椿卜仲條——HANATSUBAKI and NAKAJO Hanatsubaki 1968 ~ 2008》PIE 出版。 水野學，《good design company 作品 1998 ~ 2008》（グッドデザインカンパニーの仕事——1998 ~ 2008）誠文堂新光社出版。
2009	宮田識，藤崎圭一郎著《不要設計——DRAFT代表宮田識》（デザインするな——ドラフト代表・宮田識）DNP Art Communications 出版。
2010	森本千繪，《森本千繪唱歌作品集 1999 ~ 2009》（Chie MORIMOTO Works うたう作品集 1999 ~ 2009）誠文堂新光社預定出版。

後記

作為一個編輯，雖然是藉由設計師和撰文者們的協助而得以整理成書，不過工作的過程卻不見得那麼順利。

因為時常會和設計師們有不同的意見，必須不斷修改文章或版面，調整預算和時間表，時間經常很吃緊。所幸的是，編排這本書的時候，書裡介紹的設計師們熱心協助了排版的工作。

想來對於設計師而言，書籍也是一種設計，當然會講究製作的細節，也因此使得本書的內容比當初的企劃更充實。

有關「設計創造的過程」的相關書籍，日本自八〇年代迄今共出版過五本，（本書中也介紹了幾本，但都已經絕版）。近二十年來，設計界、印刷界和出版界的變化十分驚人。就像大量使用電腦進行ＤＴＰ排版作業，對工作的想法及編輯工作也產生了大幅的影響。

但是，一些十年、二十年前關於設計的想法和實務工作的文章，相信仍對現在的創意工作者極為重要。所以本書介紹了介於三十歲到七十歲之間各年齡層的設計師。

本書運用了眾多轉載自不同作品的原稿，轉載時獲得各出版社、藝廊和美術館的幫助，在此致謝。

本書的裝幀和版型的設計，是由副田高行協助完成（日版原封面由副田高行所設計）。

每日コミュニケーションズ的小林功二先生對於編輯工作幫助不小，在此同表感謝。

二〇〇八年七月
石原編輯事務所
石原義久

原稿及照片資料提供

Creation Gallery G8
Guardian Garden
（株）Recruit
大日本印刷（株）
Ginza Graphic Gallery
（株）Transart
AD Museum 東京
藤井保（攝影師）

原稿提供

《デザインの現場》美術出版社
《廣告批評》マドラ出版
《リアル・デザイン》枻出版社
《ブレーン》宣傳會議
《NIKKEI DESIGN》日經ＢＰ社
《コマーシャル・フォト》玄光社
佐佐木宏、瀧本幹也、米村宏
〔博報堂〕川又昌宏、岡本和樹、曾原剛、宮坂隆行、嵐田光
〔ＫＤＤＩ（株）〕村山直樹

Originator 01

創意的過程

12個日本頂尖設計大師的創意故事

日文書名　12人のデザイン創造プロセス
作者（編著）　石原義久（石原エディター事務所）
譯文審修　蔡佳展
譯者　孫玉珍
責任編輯　王正宜・蔡佳展
日文版美術設計　副田高行・北原佳織（副田デザイン制作所）
中文版美術設計　王正宜
出版　光乍現工作室｜IDEAfried Studio
Tel/Fax: (02)2366-0884
www.ideafried.com｜ideafried@ideafried.com
發行　龍溪國際圖書有限公司
台北縣永和市中正路454巷5號1F
TEL: (02)3233-6838｜FAX: (02)3233-6839
www.longsea.com.tw｜info@longsea.com.tw
製版印刷　中原造像股份有限公司
初版　2010年04月
定價　499元
ISBN　978-986-85736-0-4

國家圖書館出版品預行編目資料

創意的過程：12個日本設計頂尖大師的創意故事
石原義久編著；孫玉珍譯 ——初版——
台北市：光乍現工作室；民99.4
224面；17×23公分

ISBN 978-986-85736-0-4（平裝）

1. 日本設計 2. 廣告設計 3. 廣告創意 4. 廣告案例

497.2　　98019723